Management-Reihe Corporate S
Responsibility

Reihenherausgeber

René Schmidpeter
Cologne Business School
Köln, Deutschland

Weitere Bände in dieser Reihe
http://www.springer.com/series/11764

Anne-Kathrin Kirchhof • Oliver Nickel
(Hrsg.)

CSR und Brand Management

Marken nachhaltig führen

 Springer Gabler

Herausgeber
Anne-Kathrin Kirchhof
SWELL GmbH
Nürnberg
Deutschland

Oliver Nickel
SWELL GmbH
Nürnberg
Deutschland

ISSN 2197-4322
ISBN 978-3-642-55187-1
DOI 10.1007/978-3-642-55188-8

ISSN 2197-4330 (electronic)
ISBN 978-3-642-55188-8 (eBook)

Die Deutsche Nationalbibliothek verzeichnet diese Publikation in der Deutschen Nationalbibliografie; detaillierte bibliografische Daten sind im Internet über http://dnb.d-nb.de abrufbar.

Springer Gabler

Lektorat und Coverfoto: Michael Bursik
Assistenz: Janina Sobolewski

Gedruckt auf säurefreiem und chlorfrei gebleichtem Papier

Springer Gabler ist eine Marke von Springer DE. Springer DE ist Teil der Fachverlagsgruppe Springer Science+Business Media
www.springer-gabler.de

Vorwort des Reihenherausgebers: Verantwortung als Werttreiber der Marke?

Marken leben von Qualität, Emotion und Vertrauen und sie machen einen nicht unerheblichen Anteil des Gesamtwerts eines Unternehmens aus. Ähnliche Faktoren spielen auch beim Thema Gesellschaftliche Verantwortung von Unternehmen (CSR) eine wichtige Rolle. Verantwortungsbewusste Unternehmen haben meist qualitativ hochwertige Produkte bzw. Services, genießen das Vertrauen ihrer Kunden und sind oft der präferierte Arbeitgeber bzw. Zulieferer. Schon allein deshalb sind die Themen Marke und Verantwortung eng miteinander verbunden. Insbesondere Unternehmen, die einen hohen Markenwert und Reputation besitzen sind daher oft auch Vorreiter in Sachen CSR.

Sowohl im Markenmanagement, als auch beim Thema Verantwortung geht es um Konsistenz, klare Identifikation und Differenzierung vom Wettbewerber. Übertragen auf das Thema CSR und Brand Management bedeutet dies, dass ein klarer Fit zwischen der CSR-Strategie und der Markenpolitik vorliegen muss. Hier kann und sollte es durchaus unterschiedliche Ansätze geben. So gibt es Marken für welche CSR identitätsstiftend (z. B. Bodyshop) ist und andere Marken, bei welchen andere Merkmale im Vordergrund (z. B. Design – Apple) stehen. Unabhängig davon ist die Frage der Verantwortungsübernahme in jeder Markenstrategie eine entscheidende. Zum einen weil bei jedem Markenunternehmen negative Auswirkungen des Unternehmens auf sein Umfeld über kurz oder lang negativ auf die Marke wirken bzw. weil gerade Unternehmen mit hohem Markenwert viel zu verlieren haben und dadurch oft ein Ziel von kritischen Konsumenten oder NGOs sind. Zum anderen liegen gerade im Thema nachhaltige Innovationen hohe Reputationspotentiale und neue Kundengruppen und – märkte. So entstehen laufend neue Marken (z. B. Tesla) und Geschäftsmodelle (z. B. Whole Foods Market), die neue auf Nachhaltigkeit ausgerichtete Produkte anbieten und so erfolgreich Kunden an sich binden und dabei auch bestehenden Marken vermehrt Konkurrenz machen.

CSR ist daher schon längst keine Schönwetterveranstaltung mehr, bei der man in guten Zeiten mehr und in schlechten Zeiten weniger Verantwortung zeigt. Auch ist die Zeit vorbei, bei der man Produkte, durch reine PR-Veranstaltungen sozusagen „grün" anmalt („Greenwashing"). Vielmehr geht es um eine konsistente und transparente Markenpolitik, in der auch das Thema Nachhaltigkeit und CSR authentisch integriert ist. Daher wird jedes Unternehmen die eigene Übernahme von Verantwortung passgenau zur Markenpolitik definieren müssen und dabei auch definieren wie die wirtschaftliche, soziale und ökologische Dimension in der DNA des jeweiligen Produktes zum Ausdruck kommt. Damit gewinnt das Produkt bzw. der Service im Rahmen der Markenpolitik eine wichtige Rolle als Kommunikationsmittel der jeweiligen Unternehmensphilosophie in Sachen CSR. Diese Dimension von Markenpolitik, die bereits von einigen Unternehmen erfolgreich praktiziert wird (z. B. Hipp) findet auch in bis dato klassischen Branchen immer mehr Anhänger (z. B. BMW i), denn insbesondere im Premiumbereich spielt die Fragen der Nachhaltigkeit eine immer wichtigere Rolle. Und viele Branchen (Automobil, Energie, Transport etc.) können ohne Innovationen in Sachen Nachhaltigkeit langfristig gar nicht mehr bestehen.

Somit ist es nicht verwunderlich, dass heute das Thema CSR auch Markenmanager in den Unternehmen immer mehr beschäftigt. Fragen der Ökologie, des Sozialem und der gesellschaftlichen Akzeptanz bestimmen immer öfter den Erfolg von Marken. Es zeigt sich bei erfolgreichen Unternehmen mit einschlägigen CSR- und Nachhaltigkeits-Strategien, dass insbesondere die positive Verknüpfung der Marke mit gesellschaftlichen Problemlösungen neue Perspektiven und Geschäftschancen eröffnet. CSR richtig verstanden wird so zum Wertreiber der Marke! In der Management Reihe Corporate Social Responsibility schafft die nun vorliegende Publikation mit dem Titel „CSR und Brand Management" das notwendige Grundwissen für die Verknüpfung einer erfolgreichen Markenpolitik mit der Corporate Social Responsibility des Unternehmens. Darauf aufbauend stellt das Buch konkrete Instrumente für ein modernes, nachhaltigkeitsorientiertes Brand Management dar. Alle LeserInnen sind damit herzlich eingeladen, die in der Reihe dargelegten Gedanken aufzugreifen und für die eigenen beruflichen Herausforderungen zu nutzen sowie mit den Herausgebern, Autoren und Unterstützern dieser Reihe intensiv zu diskutieren. Ich möchte mich last but not least sehr herzlich bei den Herausgebern Dr. Oliver Nickel und Anne-Kathrin Kirchhof für ihr großes Engagement, bei Michael Bursik vom Springer Gabler Verlag für die gute Zusammenarbeit sowie bei allen Unterstützern der Reihe aufrichtig bedanken und wünsche Ihnen, werte Leserinnen und werter Leser, nun eine interessante Lektüre.

Dr. René Schmidpeter

Inhaltsverzeichnis

Über die Autoren

Wilfried Franz Jahrgang 1951, verheiratet, 5 Kinder und z. Zt. 4 Enkel. Mit Leib und Seele ist er Unternehmer. Bereits mit 24 Jahren gründete er seine erste Firma, entwickelte es zu einem mittelständischen Filialunternehmen im Spielwaren- und Babyausstattungshandel, das zu den Topunternehmen seiner Branche in Deutschland zählt. Dort hatte er über viele Jahre die Funktion des Vorstandsvorsitzenden inne. Vor gut zehn Jahren startete er nochmal neu und gründete COEO Haus der guten Taten gGmbH. Ein Einzelhandelsgeschäft, schwerpunktmäßig mit Menschen mit Behinderungen und Langzeitarbeitslose als Mitarbeiter, mit einem besonderen Sortiment: Werkstattprodukte von Menschen mit Behinderungen, Fairtradeprodukte, werteorientierte Bücher und allgemeine Literatur sowie einem kleinen Gastrobereich.

Franz erläutert sehr persönlich und ausführlich Beweggründe, Überlegungen und Entwicklung der strategischen Ausrichtung der Marke.

Nele Gilch „Unser Kopf ist rund, damit das Denken die Richtung ändern kann."

Gemeinsam bewegen – individuell gestalten. Das zieht sich durch meinen gesamten beruflichen Werdegang. 1968 in Karlsruhe geboren, diplomierte ich bis 1997 an der Universität Bremen und der New School for Social Research New York als Diplom-Ökonomin und Master of International Management. Bei der Deutsch-Bosnisch-Herzegowinischen Gesellschaft in Sarajevo absolvierte ich eine Train-the-Trainer Ausbildung für Beratungsstellen, die Gründer, Kleinunternehmer und Arbeitssuchende betreuen. Zusätzlich qualifizierte ich mich als Trainer und Coach für Berater und Manager von Mikrokreditorganisationen bei der MKO Banja Luka, als Mediator für interreligiöse Konflikte bei der Belgrade Open School sowie als Coach für Berater von Arbeitssuchenden bei Work Directions in London. Ab 1996 war ich als Projektmanagerin für unterschiedliche Regierungs- und Nicht-Regierungsorganisationen (Europäische Kommission, OSZE, GTZ) in der Entwicklungsarbeit Südosteuropas mit den Schwerpunkten Wirtschaftlicher Aufbau und Unternehmensentwicklung sowie Arbeitsmarktentwicklung und Bildungspolitik tätig. Im Jahre 2000 übernahm ich die Geschäftsführung der Gesellschaft für die Entwicklung Südosteuropas e. V. (GESO), die maßgeblich Arbeitsbeschaffungsmaßnahmen, Bildungsinstitutionen und Beratungsstellen in den Ländern des ehemaligen Jugoslawiens aufbaute. Innerhalb dieser Tätigkeit war ich unter anderem als Counsellor für Mitarbeiter tätig und bildete zahlreiche Berater für Beratungsstellen aus. Im Jahr 2003 war ich Mitglied im Gründungsteam des ersten privaten Colleges of Modern Management in Banja Luka, Bosnien-Herzegowina, strikt nach den europäischen Vorgaben von Bologna. Aus dem College mit anfänglich 80 Studenten wurde über die letzten zehn Jahre die angesehene Universität Apeiron (www.apeiron-uni.eu) mit über 3.500 Studenten. Nach meiner Rückkehr nach Deutschland startete ich im Jahr 2006 zunächst als Beraterin bei Ingeus Deutschland und übernahm Anfang 2007 das Beratungsbüro in Nürnberg als Niederlassungsleiterin. Im Jahr 2009 erfand ich zusammen mit Petra Schinz das Erlebniswaschen und gründete zusammen mit ihr den Trommelwirbel.

Otto Greither Ein Leben für die Natur: Otto Greither
Seit fast 70 Jahren leitet Otto Greither die Geschicke des Naturarzneimittel-Herstellers Salus. Der 88 Jährige zählt damit zu den dienstältesten Managern Deutschlands. Mit annähernd 400 Mitarbeitern und einem Jahresumsatz von 100 Mio. € hat er das Unternehmen seines Vaters zu einem der Marktführer in der Reformwaren-Branche gemacht. Durch die konsequente Orientierung an dessen Wertvorstellungen ist Salus mit dem Leitsatz „Natur und Gesundheit sind unser höchstes Gut" zum Sinnbild für Qualität und gelebte Naturverbundenheit geworden. Der vitale Unternehmer lebt in Oberbayern und auf seiner Bio-Farm in Chile. Als Triebfedern seiner Erfolgsgeschichte nennt er: „Neugier, Offenheit, Verantwortungsbewusstsein und die lebenslange Liebe zu meinem Beruf".

Dr. Hildegard Keller-Kern Mein Interesse und Engagement für CSR Engagement beruht auf der Überzeugung, dass immer mehr Menschen an den Schaltzentralen der Macht zu der Einsicht gelangen, dass gesellschaftlich verantwortungsvolles Handeln ein unternehmerischer Grundsatz und in die Tat umgesetzt werden muss.
Mein sozusagen intra-personeller interdisziplinärere Werdegang: Nach dem Studium der Chemie tätig in R&D (P&G, R. J. Reynolds), im Innovationsmarketing (R. J. Reynolds), in der strategischen Planung (Y&R), in Market Intelligence (Campina) und in der Geschäftsführung von Icon Added Value. Seit 2007 bei Icon Added Value Verantwortung für den Bereich CSR und die CSR Studien. Mitte 2013 Gründung der Markenberatung Think Twice.

Anne-Kathrin Kirchhof M.A. rer.-pol., ist bei der Brand Planning Agentur SWELL für Kommunikation und CSR verantwortlich. Sie baut auf rund 20 Jahre Erfahrung mit den Schwerpunkten PR, Nachhaltigkeit und Unternehmensverantwortung. Hier kann sie drei Perspektiven vereinen: Extern als Beraterin für Unternehmen, Institutionen und öffentliche Verwaltung in Agenturen, intern als Pressesprecherin, Leiterin Unternehmenskommunikation und CSR-Beauftragte in national wie international tätigen Unternehmen. Die dritte Perspektive ist die der Zivilgesellschaft – in ihren ehrenamtlichen Ämtern bei NGOs auf internationaler wie lokaler Ebene. Kirchhof ist stellvertretende Vorsitzende von Germanwatch, der Lobbyorganisation mit Sitz in Bonn und Berlin, gegründet 1991, die sich für die globale Gerechtigkeit und den Erhalt der Lebensgrundlagen einsetzt.

Sie arbeitete in der Lokalen Agenda 21 Gruppe Nürnberg sowie Bad Homburg und ist Mitgründerin des Unternehmensnetzwerkes „Unternehmen Ehrensache" in Nürnberg, das sich der Förderung von Corporate Volunteering in der Region verschrieben hat. Seit 2013 ist sie im Veranstaltungsteam des Business Kongresses Nürnberg. Gemeinsam mit der IHK Nürnberg für Mittelfranken, der Bio Innung, dem Balance Institut und der Zentrifuge e. V. zeichnet sie für den 3. Nürnberger Business Kongress 2014 verantwortlich und arbeitet mit, am 21. März 2014 Impulse für Nachhaltigkeit und Innovation zu setzen. Für den Zertifikatslehrgang „CSR Manager" der IHK Nürnberg für Mittelfranken sowie IHK München und Oberbayern ist sie Referentin für den Bereich „CSR und NGO".

Dr. Carl Dominik Klepper studierte Volkswirtschaftslehre in Münster, Aix-en-Provence und Berlin. Nach einem Forschungsjahr an der UC Berkeley, USA, promovierte an der Universität Hamburg zum Doktor rer. pol. Anschließend wirkte er im ordnungspolitisch orientierten Think Tank Stiftung Marktwirtschaft, Berlin, als Leiter „Markt und Wachstum" bevor er 2005 zum Markenverband kam. Dort ist er Leiter Wirtschaftspolitik, Umwelt und Nachhaltigkeit.

Klaus Kobjoll nach der Ausbildung an der Hotelfachschule in Tegernsee und dem Lycée Technique Hôtelier in Strasbourg wagte Klaus Kobjoll im Alter von 22 Jahren und mit nur 5.000 DM Startkapital den Schritt in die Selbstständigkeit. Im Laufe der kommenden Jahre realisierte er zehn Geschäftskonzepte bei zehn Gründungen. 1984 fiel der Startschuss für den Schindlerhof – Hotel & Restaurant, Tagen & Lernen. Seit nun fast 40 Jahren ist das Lebenswerk von Klaus Kobjoll gewachsen und konnte bereits viele Auszeichnungen in Sachen Kunden- und Mitarbeiterorientierung, Marketing und Qualitätsmanagement gewinnen. Klaus Kobjoll begeistert außerdem ganz Europa mit seinen motiverenden und inspirierenden BestPractice-Vorträgen, Seminaren im Schindlerhof und mehreren Büchern zum Thema Herzlichkeit und Servicequalität.

Christian Köhler studierte in Berlin Wirtschaftsingenieurwissenschaften und in Chicago Marketing Communications. Er arbeitete u. a. in verschiedenen Unternehmen der Markenartikelindustrie und des Handels bevor er die Funktion des Hauptgeschäftsführers beim Markenverband e. V. in Berlin übernahm. So war er u. a. bei der Effem GmbH (Mars Petcare), Verden in verschiedenen Funktionen im Marketing und Vertrieb und zuletzt als Mitglied der Geschäftsleitung als Marketingdirektor tätig. Bei der Kraft Foods GmbH (Mondelez) in Bremen war Köhler in verschiedenen General Managerfunktionen für Süßwaren und Kaffee zuständig und bei der Tchibo AG als Mitglied des Vorstandes für das Kaffee- und Foodgeschäft.

Klaus Milke ist Vorstandsvorsitzender von Germanwatch und freiberuflich in entwicklungs- und umweltpolitischer Beratungsarbeit tätig. Er hat Erfahrungen als kaufmännischer Leiter eines mittelständischen Unternehmens und ist Mitbegründer und Vorstandsvorsitzender von Germanwatch. Diese seit 1991 existierende deutsche Nichtregierungsorganisation stellt eine Querverbindung zwischen nord-süd-, umwelt- und menschenrechtspolitischen Themen her (www.germanwatch.org). Zudem ist er Initiator und Vorsitzender der Germanwatch-nahen Stiftung Zukunftsfähigkeit in Bonn, welche die Nachhaltigkeitsdebatte in Deutschland vorantreibt und ist Mitinitiator sowie Beiratsvorsitzender von atmosfair, einem Klimaschutz-Handlungsangebot für unverzichtbare Flüge.

Dr. Oliver Nickel ist einer der bekanntesten Markenberater in Deutschland. Er studierte Wirtschaftsingenieurwesen an der Universität (TH) Karlsruhe und promovierte anschließend am Institut für Konsum- und Verhaltensforschung unter Werner Kroeber-Riel an der Universität des Saarlandes. Er hat über 20 Jahre Markenberatungserfahrung bei internationalen Konzernen, mittelständisch geprägten Unternehmen und inhabergeführten Familienunternehmen. Nach über zehn Jahre als Geschäftsführer in einem internationalen Markenforschungsunternehmen, gründete er 2012 SWELL, eine neuartige Brand Planning Agentur, die Inspiration und den kreativen Geist einer Innovationsagentur mit dem strukturierten Denken einer Strategieberatung verbindet.

Oliver Nickel arbeitet nach Design Thinking Methoden und ist Innovation Game Facilitator. Er ist ein gefragter Experte, was über 100 Vorträge auf Fachkonferenzen und über 60 Beiträge in Fachbüchern und Fachzeitschriften dokumentieren. Er erhielt bislang 20 Lehraufträge an deutschen Marketingfakultäten und lehrt aktuell an der Hochschule Pforzheim (Marken- und Innovationsforschung), an der Universität Nürnberg-Erlangen (Markenmanagement) und wurde 2012 zum Senior Lecturer (Brand Management) an der EBS Executive Education in Oestrich-Winkel ernannt. Er ist Kuratoriumsmitglied der G.E.M Gesellschaft zur Erforschung des Markenwesens.

Christoph Prox 49, ist CEO von Icon Added Value, einer strategischen Marketingberatung mit Sitz in Nürnberg. Schwerpunkt seiner Tätigkeit ist die Beratung von Unternehmen in Fragen der Markenführung und Kommunikation, sowohl in Deutschland als auch in hohem Maße international.

Nachdem er seine ersten Berufsjahre nach dem Studium zum Diplom-Kaufmann in der klassischen Management-Beratung verbracht hatte, stieß er 1994 zum Unternehmen. Von 2004 bis 2006 war er CEO der Region Asia/Africa der Added Value-Gruppe bevor er 2006 die Führung des deutschen Geschäfts übernahm. Christoph Prox ist seit 2004 auch Mitglied des globalen Management-Boards der Added Value-Gruppe.

Er lebt in Nürnberg, ist verheiratet und hat zwei erwachsene Töchter.

Tanja Rödig Wir lehren nicht bloß durch Worte, wir lehren auch weit eindringlicher durch unser Beispiel. J.G. Fichte

Selbstständig, Expertin für Corporate Volunteering und Beraterin für Unternehmen, Stiftungen und soziale Organisationen. Sie begleitet Unternehmen speziell bei Einführung von CSR-Managementansätzen im Bereich CV, findet die richtigen Kooperationspartner sowie den roten Faden bei bestehenden Projekten, unterstützt bei Stagnation und motiviert die Mitarbeiter. Mit Stiftungen und sozialen Organisationen erarbeitet sie gemeinsam einen CSR-Ansatz, um Unternehmen als Kooperationspartner auf Augenhöhe zu begegnen.

Sie ist eines der Gründungsmitglieder von „Unternehmen Ehrensache" – dem Corporate Volunteering Netzwerk der Stadt Nürnberg, Vorstandsmitglied im Lions Club Nürnberg Lug ins Land, Mentorin beim Projekt women2women der Technischen Hochschule
Nürnberg und CSR-Managerin (IHK). Sie hat das CV Programm „Wir für die Region" der
HypoVereinsbank 2009 in Nürnberg auf- und ausgebaut, verantwortet es nun deutsch-
landweit und leitet zudem das Projekt Barrierefreies Banking und Inklusion im Bereich
Nachhaltigkeitsmanagement der HVB.

Ihre jahrelangen Erfahrungen in den Bereichen Vertrieb, Human Resources, Öffentlichkeitsarbeit, Kommunikation, CSR und die Umsetzung von Corporate Volunteering-
Projekten ermöglichen ihr einen übergeordneten Blick und machen ihren Beruf zur Be-
rufung.

Hubert Rottner Defet wurde am 30. Mai 1951 in Nürnberg geboren. Als Ältester von fünf
Kindern wuchs er bei seinen Eltern Irma und Konrad Rottner in dem damals noch sehr
ländlichen Großreuth bei Nürnberg auf. Die Eltern hatten eine kleine Landwirtschaft mit
Spargelfeldern und Tieren. Das dazugehörige Gasthaus war anfänglich eine Dorf- und Aus-
flugswirtschaft, bei der Hubert schon als Kind mithalf. Es wurde gekocht, was regional und
saisonal auf den Feldern wuchs und ergänzt durch die Jagdausbeute von Huberts Vater. Die
Basis zu Huberts Naturverbundenheit wurde somit im Elternhaus gelegt. Obwohl Hubert
als Jugendlicher Fußball spannender fand und sich von Vaters Jagdausflügen abseilte, hatte
er schon sehr viel über die Tier- und Pflanzenwelt gelernt.

Als 1968 die politische Aufbruchstimmung sehr viel in Bewegung brachte, war Hubert
mit großem Engagement dabei. Er zog in Wohngemeinschaften, gründete Lehrlingszeit-
ungen und war offen für Experimente. Diese prägende Zeit war ein weiterer Baustein für
sein gesellschaftliches und umweltpolitisches Interesse.

1975 kaufte Hubert den Nagelhof, um eine Wohn- und Lebensgemeinschaft auf Selbst-
versorgerbasis aufzubauen. Es wurde vieles ausprobiert, Gemüse angebaut, Ziegen gehalten und auch größere Feste veranstaltet. Immer wieder waren aktuelle, politische Themen Huberts Antrieb und er engagierte sich gegen Atomkraft und Umweltzerstörung.
Bei Protesten gegen die WAA Wackersdorf war er ebenso dabei wie bei Aktionen von
unterschiedlichen Umweltverbänden. Aber Hubert wollte nicht nur protestieren, sondern
auch im persönlichem Bereich alles umweltfreundlich gestalten. So baute er als erster im
Landkreis eine Photovoltaikanlage auf das Hausdach, als dies noch sehr unpopulär war.
Später kam dann noch eine Wasserzisterne dazu, Solarenergie und vieles mehr … Den
Umweltschutz leben – das war und ist sein Motto. Und dieses setzte er ab 1985 weiter fort.
Zusammen mit seinem Partner Hagen Sunder führte er die erste Umweltmesse „Ökomenta" in Roth durch. Weitere Umweltmessen (Ökologa, BioFach) folgten und somit wurde
aus dem Kameramann und Schreiner ein Umweltmessenorganisator. Die BioFach wurde
als Fachmesse international bekannt und wird nun von der Messe Nürnberg weitergeführt.

Hubert wandte sich wieder den kleinen, regionalen Märkten zu und seit 12 Jahren veranstaltet er auf dem Wolfgangshof bei Anwanden die Grüne Lust und die Frühjahrslust.
Weiterhin organisiert er gemeinsam mit seinen Töchtern den Sommer- und den Winter-

Kiosk in Nürnberg – ebenfalls kleine Märkte für regionale und faire Produkte. Um den Zusammenschluss der ganzen Ökogemeinschaft in der Region besser zu koordinieren und zu vernetzen, hat er vor 2 Jahren die BioInnung ins Leben gerufen., denn eine Innung als politische Vertretung im Ökobereich gibt es bis dahin noch nicht. Neustes Projekt ist die Klimafach, eine internationale Fachmesse für Klimaschutz und Klimaanpassung in 2015, in Ludwigshafen, der Geburtsstadt der Biofach.

Matthias Schamel Bereits während des Studiums der Betriebswirtschaftslehre an der Friedrich-Alexander-Universität in Nürnberg, arbeitete Matthias Schamel im elterlichen Familienbetrieb mit. Die Schwerpunkte des Studiums bildeten dabei Unternehmensführung und Wirtschaftspsychologie insbesondere Konsumentenverhalten. Nach dem erfolgreichen Abschluss als Diplom Kaufmann sammelte er Erfahrung im Familienbetrieb von Dr. C. Soldan, ebenfalls ein traditionsreiches Unternehmen aus der Region. Anfang des Jahres 2013 kehrte Matthias Schamel als 6. Generation in das elterliche Unternehmen zurück und unterstützt seitdem die Geschäftsleitung bei der strategischen und operativen Ausrichtung.

Judith Schäpe studierte von 1996–2001 Psychologie mit dem Schwerpunkt Arbeits- und Organisationspsychologie an der Albert-Ludwigs-Universität Freiburg im Breisgau. Zwischen 2002 und 2004 arbeitete sie bei der Schweizer Bundesbahn in Basel als Kommunikationsreferentin, danach wechselte sie zur Robert Bosch GmbH nach Stuttgart. Dort war Frau Schäpe in der Weiterbildung und Kommunikation tätig. Aktuell ist sie für die Kommunikationsmaßnahmen der Geschäftsstelle Nachhaltigkeit zuständig

Petra Schinz „Der Horizont ist nur für den eine Grenze, der stehenbleibt."
Getreu meinem Motto bin ich immer in Bewegung und gestalte meinen Berufsweg aktiv selbst. 1963 in Nürnberg geboren, studierte ich Technische Chemie an der FAU Erlangen-Nürnberg. Allerdings orientierte ich mich noch einmal komplett um, schloss eine Ausbildung zur Steuerfachassistentin ab und bildete mich u.a. zum Bilanzbuchhalter und Personalkaufmann weiter. Ab 1989 war ich in unterschiedlichen Bereichen der Steuerberatung und Wirtschaftsprüfung tätig und baute bei Ernst & Young die Abteilung zur Betreuung von Expatriates in Nürnberg auf. Bei First Data International/Western Union war ich von 1999 bis 2006 zunächst als Personalleiterin Deutschland für das gesamte Spektrum der Personalarbeit verantwortlich: Personalbeschaffung, Personalbetreuung, Personalführung, Personalentwicklung, Seminare & Training, Personalplanung, Personalcontrolling, Personalmarketing, Personalpolitik, Organisationsentwicklung und Veränderungsmanagement. 2004 wechselte ich ins europäische Management von First Data International und war u.a. für internationale HR Projekte, M&A-Projekte und die HR-Integration akquirierter Unternehmen zuständig. Im Jahr 2006 startete ich als Prokuristin bei Ingeus. Im September 2009 wagte ich zusammen mit Nele Gilch den Schritt in die Selbständigkeit und wir gründeten den Erlebniswaschsalon Trommelwirbel.

Bernhard Schwager studierte von 1980 bis 1985 Technische Chemie an der Fachhochschule Nürnberg. Zwischen 1985 und 2005 war er zuerst als Umweltschutzbeauftragter eines Werkes und später als Referent für die Unternehmensreferate Umweltschutz und Technische Sicherheit der Siemens AG tätig, anschließend wechselte er zur Robert Bosch GmbH. Im Mai 2006 wurde Schwager zum Präsidenten des Verbandes der Betriebsbeauftragten für Umweltschutz e. V. (VBU) und im Mai 2008 zum Obmann des Ausschusses Umweltmanagementsystem/Umweltaudit im deutschen Institut für Normung (DIN NAGUS) gewählt. Seit Januar 2009 hält er einen Master der Umweltwissenschaften. Schwager ist innerhalb der zentralen Kommunikationsabteilung als Leiter der Geschäftsstelle Nachhaltigkeit von Bosch tätig. In dieser Funktion ist er unter anderem Ansprechpartner für die verschiedenen Stakeholdergruppen und treibt Nachhaltigkeitsthemen voran. Dazu vertritt der Umweltwissenschaftler das Unternehmen in verschiedenen nationalen und internationalen Organisationen und Verbänden, wie B.A.U.M., VBU, AfW, GRI, GC, ISO, DIN, ecosense, BDI oder ZVEI.

Matthias W. Send Prokurist, Bereichsleiter Nachhaltige Wirtschaft und Gesellschaft, HSE AG

Matthias W. Send (*1960) studierte von 1980 bis 1990 Jura in Bielefeld, Osnabrück und Münster. Von 1991 bis 1996 war er als Büroleiter/Persönlicher Referent im Deutschen Bundestag für u. a. B. Zurheide, H. Lanfermann und Dr. G. Westerwelle tätig. Im Anschluss wechselte er als Leiter Public Relations/Leiter Personalwesen, Handlungsbevollmächtigter zur Hecker Unternehmensgruppe, Dortmund. Ab 1999 war er als Geschäftsführer/Pressesprecher bei der IHK Frankfurt am Main tätig.

Seit 2006 leitet Herr Matthias W. Send den Bereich Nachhaltige Wirtschaft und Gesellschaft der HEAG Südhessische Energie AG in Darmstadt. Seit 2007 ist er zudem als Stellv. Vorstandsvorsitzender der HSE Stiftung sowie als Vorsitzender der Geschäftsführung des NATURpur Institut für Klima- und Umweltschutz gGmbH tätig – beides Töchter der HSE AG.

Marc Sommer Vorsitzender Geschäftsführer bei hessnatur

Seit dem 1. Oktober 2012 ist Marc Sommer Vorsitzender der Geschäftsführung von hessnatur neben Geschäftsführer Maximilian Lang. Marc Sommer, 50 Jahre alt, war von Juli bis September 2012 Vorsitzender des Beirats von hessnatur.

Der gebürtige Hamburger und Vater von drei Kindern belegte neben dem Studium der Wirtschaftswissenschaften die Fächer Dirigieren und Komponieren am Conservatoire National Supérieur in Paris. In den 1990er Jahren verantwortete er als Marketing Direktor und Geschäftsführer das Musiklabel BMG Ariola Classics. Bis 2005 wirkte er als Geschäftsführer der France Loisirs Gruppe in Paris; er managte erfolgreich die Repositionierung der Marke, trieb den Ausbau der E-Commerce-Aktivitäten voran und baute neue Geschäftsfelder auf, zudem ist er Mitglied im Aufsichtsrat eines in Europa führenden Buchdruckunternehmens, der CPI Group Paris.

In den Jahren 2006 bis 2010 war Marc Sommer Mitglied des Vorstands von Arcandor (ehemals KarstadtQuelle) und für die Versandhandelsgeschäfte von Quelle und mehreren Spezialversendern verantwortlich. In dieser Zeit lernte Sommer das Unternehmen hessnatur bereits gut kennen, das zur Spezialversendergruppe des Konzerns gehörte.

Bei hessnatur verantwortet Marc Sommer direkt die Bereiche Marketing und Vertrieb, die Markenführung und Unternehmenskommunikation sowie die Kundenbetreuung, Logistik und IT, Personal und Finanzen. Gemeinsam mit seinem Geschäftsführungskollegen Maximilian Lang und den Mitarbeiterinnen und Mitarbeitern will Marc Sommer die Innovationskraft des Unternehmens stärken und die hessnatur-Standards kontinuierlich weiter entwickeln. Ein besonderes Augenmerk legt Marc Sommer auf Transparenz und aktive Einbindung der hessnatur-Community, die neben den erfolgreich eingeführten Produkttester-Aktionen durch persönliche „Round Table"-Gespräche und den hessnatur-Kundenrat in 2013 intensiviert werden wird.

Marken nachhaltig erfolgreich führen

Anne-Kathrin Kirchhof und Oliver Nickel

Zusammenfassung

Warum bedingen sich CSR und Brand Management? Marken zählen zu den wichtigsten Werttreibern von Unternehmen. Zugleich sind sie relevante Bindeglieder und Vertrauensanker zwischen Unternehmen und Gesellschaft. Positioniert sich eine Marke gezielt als CSR-Marke, kann ein Image- und Reputationsaufbau auf längere Sicht erfolgen. Marken können auf diese Weise Ausdruck des CSR-Engagements eines Unternehmens werden. CSR impliziert Vertrauen, Transparenz, Partizipation – sind das nicht genau die Prinzipien, die Marken heute auch in sich tragen müssen?

CSR ist kein Add-On, sondern elementarer Teil der Unternehmensstrategie. Und damit ist CSR auch Bestandteil einer nachhaltigen Markenführung. Die erfolgreiche Navigation von Marken durch diese sich wandelnde Zeiten bleibt ein komplexes facettenreiches Dauerthema. Der Grat wird schmaler und die Herausforderungen diffiziler, dies erfolgreich zu tun. Wie Marken systematisch und mit einem ganzheitlichen Ansatz erfolgreich geführt werden können erläutert dieser Beitrag.

A.-K. Kirchhof (✉) · O. Nickel
SWELL GmbH, Ulmenstr. 52f, 90433 Nürnberg, Deutschland
E-Mail: anne-kathrin.kirchhof@swell.de

O. Nickel
E-Mail: oliver.nickel@swell.de

A.-K. Kirchhof, O. Nickel (Hrsg.), *CSR und Brand Management,* Management-Reihe Corporate Social Responsibility, DOI 10.1007/978-3-642-55188-8_1,
© Springer-Verlag Berlin Heidelberg 2014

1 Einleitung: Warum CSR & Brand Management sich einander bedingen

Marken zählen zu den wichtigsten Werttreibern von Unternehmen. Erfolgreiche Marken haben in erster Linie die Aufgabe der zielgruppengerechten Vermarktung von Produkten oder Dienstleistungen. Sie stehen für ein Versprechen, vermitteln Sinn, wecken Emotionen, befriedigen latente Bedürfnisse und Wünsche, und schaffen am Ende Identifikation und Bindungen. Marken sind wie ein sensorischer Fingerabdruck eines Unternehmens, denn mit ihren Logos und dem gesamten Markenauftritt sind sie eindeutig und unverwechselbar erkennbar. Dazu zahlen die Claims in die Marke ein. Mit Beschreibungen wie beispielsweise „Strom ist gelb", „Vorsprung durch Technik", „Aus Freude am Fahren" verbinden die meisten Menschen in Sekundenschnelle ein bestimmtes Logo, einen Werbespot oder ein persönliches Erlebnis. Produkt- oder Unternehmensmarken prägen sich über Jahre im Gedächtnis von Menschen ein und sind Folge einer ausgeklügelten und konsequenten Markenführung. Eine starke Marke „steht für etwas", hat eine spezifische Haltung und verfügt daher über ihre eigene, unverwechselbare Markenidentität.

Dabei hat Markenführung eine dynamische und eine statische Komponenten. Marken müssen sich an den Bedürfnissen und Wünschen ihrer Zielgruppen orientieren und reflektieren den aktuellen Zeitgeist und den kulturellen Kontext, dürfen andererseits aber dabei ihren Markenkern nicht verlieren. Mit Maß und Vorsicht müssen Marken aber sich ändernden Rahmenbedingungen oder dem gesellschaftlichen Wandel anpassen, neue Trends im Sinne einer Stilanpassung reflektieren oder gar selber als erste beschreiten. Dynamisierung kann man daher mit Aktualität gleichsetzen.[1] Tradition ist für Marken immer dann interessant, wenn man sie auch im Zeitverlauf fortsetzen kann. Insofern sind Dynamik und Statik in der Markenführung auch kein Widerspruch.

Der aktuelle kulturelle Kontext scheint auf den ersten Blick positiv und befördernd: Nachhaltigkeit ist einer der Megatrends. Gerade in Deutschland treffen Marken auf eine sensibilisierte Gesellschaft, die besonders intensiv und in kurzen Frequenzen nachhaltige Themen über die Medien reflektiert, von Energiewende und CO-Austoßquoten, über Fair-Play und Burn-Out, bis zu Toleranz und Frauenquote. „Der gesellschaftliche Druck auf die Unternehmen und die gesellschaftlichen Erwartungen an Unternehmen, verantwortlich zu handeln, ist in Deutschland größer als in den anderen europäischen Ländern" so Klaus Rainer Kirchhoff im Vorwort des „Good Company Ranking 2013" (Kirchhoff 2013).

Aber auch im übrigen Europa ist eine Sensibilisierung der Gesellschaft spürbar. In England findet man einen bunten Mix aus Nachhaltigkeit und Protektionismus vor: Von der „Transition Town" Totnes in Südengland, wo sich eine ganze Stadt gemeinschaftlich auf den Pfad zum Wandel hin zu einer postfossilen, relokalisierten Wirtschaft begeben hat, bis hin zu Kampagnen für Milch mit dem Appell „Think global, buy local". Britische Kreati-

---

[1] Lebensmittel Zeitung 10 vom 09.03.2012 Seite 053, „Marketing: Dynamisierung erfordert Augenmaß. Markenführung bleibt heikles Thema GEM diskutiert Herausforderungen Marke muss aktiv gelebt werden", Verlagsgruppe Deutscher Fachverlag GmbH.

vität plus Begeisterung entfachen seit einigen Jahren immer wieder neue Gemeinschafts-
gefühle auf dem Weg in eine bessere Welt mit weniger Stress, weniger Eile, weniger Angst,
besserer Nahrung, besserer Gesundheit, mehr Achtsamkeit.

Dies wird verstärkt durch die digitale Transformation in der gesellschaftlichen Kommunikation, die dank der technischen Innovationen immer mehr Transparenz fordert und
lebt, dialogische Formen ausbildet und neue Lebensformen initiiert – Sharing Economy
und Internet der Dinge sind zwei Stichworte. Die Millennium-Generation mit ihren veränderten Werten, Einstellungen und Lebensweisen manifestiert dies noch.

Dazu stehen wir vor massiven Globalisierungsproblemen der Unternehmen. Eine
Inselbetrachtung des eigenen Handelns kann sich schon der Mittelstand nicht mehr er-
lauben. Diese Konstellation wird sich eher verstärken, denn auflösen. Und die Einstellung
der Menschen unterliegt global einem bemerkenswerten Wandel – einem Wandel, der sich
jahrelang angedeutet hat und dabei ist, sich zu einem Megatrend zu entwickeln. Selbst in
Ländern wie den USA, wo Ökologie jahrzehntelang ein Fremdwort war, oder Großbritannien, wo Umweltschutz lange nicht über Tierschutz hinausging, haben sich die Menschen
der Bewegung angeschlossen oder führen sie sogar mit an. Das Thema heißt Verantwortung. Unternehmen sind in wachsendem Maße Adressaten von Forderungen nach verantwortungsvollem Handeln. Je größer sie sind und je globaler sie agieren, desto mehr. Die
Erwartungshaltung an sie steigt.

Marken wiederum sind wichtige Bindeglieder und Vertrauensanker zwischen Unternehmen und Gesellschaft. Richtig eingesetzt wirken sie nahezu wie Vitamin B für die Markenführung, denn Marken können zum einen hohe Strahlkraft nach draußen entwickeln,
zum anderen ist Vertrauen das zentrale Bindeglied zwischen der Marke und der unternehmerischen Verantwortung. Menschen vertrauen dem Qualitätsversprechen von Marken
und entlasten sich damit bei der Informationssuche und Kaufentscheidung. Ist im Qualitätsversprechen der Marken das CSR-Engagement des Unternehmens glaubwürdig und
nachvollziehbar beinhaltet, dann weitet sich das Vertrauen auch darauf aus.

Das klingt nach einer simplen Wirkungskette, so wie „frisch->gesund->schön", ist aber
erheblich komplexer, denn die Merkmale verantwortlichen Handelns sind Vertrauensei-
genschaften, die der Konsument nur sehr bedingt erfahren und überprüfen kann. In verschiedenen Studien kann man jedoch eine wachsende Bedeutung „moralischer Mehrwerte" bei Markenprodukten finden. Das zeigt den Wunsch der Verbraucher, beim Kauf von
Produkten die sozialen und ökologischen Herstellungsqualitäten zu berücksichtigen. Wir
treffen auf ein zunehmendes Hinterfragen der Qualitäts- und Imageversprechen, und viele
Konsumenten sind nicht nur an den sozialen und ökologischen Qualitäten der Markenprodukte interessiert, sondern auch an dem verantwortlichen Verhalten der Markenan-
bieter.

Positioniert sich eine Marke gezielt als CSR-Marke, kann ein Image- und Reputationsaufbau auf längere Sicht erfolgen. Transportiert die Marke sogar die CSR-Strategie eines
Unternehmens kann die Strategie effektive Ansatzpunkte zur Schaffung von Markenpräfe-
renzen, -loyalitäten und Mehrpreisbereitschaften bei den Käufern schaffen. „Damit muss

ein Unternehmen, das eine nachhaltige Strategie einführen will, auch eine nachhaltige Markenführung umsetzen. Corporate Social Responsibility, kurz: CSR, ist kein Add-On, sondern elementarer Teil der Unternehmensstrategie".[2]

Marken können auf diese Weise Ausdruck des CSR-Engagements eines Unternehmens werden. CSR bedeutet Vertrauen, Transparenz, Partizipation – sind das nicht genau die Prinzipien, die Marken heute auch in sich tragen müssen? Es geht dabei um die Haltung eines Unternehmens, die sich in Richtung der Gesellschaft vor allem in der Marke ausdrücken kann. Und darum soll es in diesem Beitrag gehen.

2   Grundlagen – Definition und Stand der Forschung

Definition Corporate Social Responsibility – kurz CSR – ist ein komplexer Metabegriff und das Verständnis ist noch uneinheitlich. Fragt man zehn Personen aus der Wirtschaft, was sie darunter verstehen, dann erhält man 13 Antworten. Mindestens.

Noch 2001 definierte das Grünbuch der Europäischen Kommission CSR als ein „Konzept, das den Unternehmen als Grundlage dient, auf freiwilliger Basis soziale Belange und Umweltbelange in ihre Unternehmenstätigkeit und in die Wechselbeziehungen mit den Anspruchs- bzw. Interessengruppen (Stakeholdern) zu integrieren.[3] Inzwischen wird CSR jedoch als ein umfassenderes, alle Nachhaltigkeitsdimensionen integrierendes Unternehmenskonzept aufgefasst, ein verantwortliches unternehmerisches Handeln im Kerngeschäft, das „gesellschaftliche, ökologische und ökonomische Beiträge eines Unternehmens zur freiwilligen Übernahme gesellschaftlicher Verantwortung" beinhaltet (Meffert und Münstermann 2005, S. 20 f.).

In der Umsetzung bedeutet dies verantwortungsvolles, unternehmerisches Handel entlang der gesamten Wertschöpfungskette. Ein CSR-Management umfasst das gesamte unternehmerische Handeln, das Management ökologischer Leistungsindikatoren (Naturkapital), das Management sozialer Leistungsindikatoren (Sozialkapital) und das Management ökonomischer Leistungsindikatoren (Geldkapital). Das Konzept des Triple Bottom Line Reporting dient der Dokumentation dieser Ziele, denn es wird gleichzeitig auf die Ergebnisse auf ökonomischer, gesellschaftlicher und ökologischer Hinsicht fokussiert. Die dem TBL-Konzept zugrunde liegende Forderung ist, dass nachhaltige Unternehmen gemessen an allen drei Formen des Kapitals erfolgreich sein müssen und dass das traditionelle Rechnungswesen mit gesellschaftlichem und ökologischem Rechnungswesen integriert werden muss.

Erfolgsfaktoren für CSR-Marken Starke Marken haben immer die Bedürfnisse, Sehnsüchte und Wünsche der Verbraucher widergespiegelt und dies mit einem entsprechenden

---

[2] „Grünbuch Europäische Rahmenbedingungen für die soziale Verantwortung der Unternehmen. (PDF; 198 kB) KOM (2001) 366 endgültig", Brüssel 2001.

[3] „Grünbuch Europäische Rahmenbedingungen für die soziale Verantwortung der Unternehmen. (PDF; 198 kB) KOM (2001) 366 endgültig", Brüssel 2001.

Storytelling kommuniziert. In verschiedenen Studien kann man eine wachsende Bedeutung „moralischer Mehrwerte" bei Markenprodukten finden. Sie bestätigen generell den Wunsch der Verbraucher, beim Kauf von Produkten die gesellschaftlichen und ökologischen Herstellungsqualitäten zu beachten. So auch in der Studie „CSR auf dem Prüfstand", die im Beitrag von Dr. Hildegard Keller-Kern und Christoph Prox näher vorgestellt wird.

Seit einigen Jahren ist eine neue Strömung zu beobachten. Marken nehmen sich gesellschaftlich relevanter Themen an und kommunizieren ihre Lösungsansätze direkt dem Verbraucher. Unilever mit seinem Living Plan, dm mit den Büchertausch-Regalen in den Filialen oder Edeka mit den vom WWF-empfohlenen Produkten. Dabei werden gerne Aspekte wie Integrität, Vertrauen, Ehrlichkeit und Authentizität genutzt, um das Markenvertrauen zu bestärken.

Erfolgsfaktoren für CSR-Marken wurden bereits in mehreren Studien mit unterschiedlichen Ansätzen untersucht. Zusammenfassend kann man folgende Erfolgsfaktoren benennen, die sich aus den Studien der vergangenen zehn Jahre ergeben:

- altruistische und langfristige Motivation des Managements für den Einsatz von CSR,
- ein hoher erkennbarer Zusammenhang zwischen CSR und Unternehmenstätigkeit,
- Deckung von Produktqualität und CSR-Anspruch,
- ein Top-Management, das als Role Model agiert,
- eine unternehmensweite, globale CSR-Strategie in allen Prozessen und Stufen der Wertschöpfungskette,
- ein von innen nach außen angelegter Entwicklungsprozess der CSR-Identität und
- eine transparente, dialogische und kohärente Kommunikation zum Aufbau und Ausbau der Glaubwürdigkeit (Baumgarth und Binckebanck 2011).

Ein wissenschaftlich fundiertes CSR-Markenmanagement-Modell liegt noch nicht vor. Baumgarth und Binckebanck haben ein Strukturmodell zur Beschreibung, Evaluation und Führung von CSR-Marken und für erfolgreiches CSR-Markenmanagement entwickelt, das sich aus fünf Bausteinen zusammensetzt: Positionierung, Unternehmenskultur, Verhalten, Kommunikation und schließlich den Gaps.

Zur Positionierung: Hier geht es um die Entscheidung des (Top-)Managements über die grundsätzliche Ausrichtung der Marke. Die Vision und Mission des Unternehmens sind dabei integrale Bestandteile. Beschreibungs- und Beurteilungsmerkmale sind, ob und in welchem Umfang die Markenpositionierung CSR umfassend beinhaltet, ob diese aus altruistischen Motiven des Top-Managements resultiert, ob die Markenpositionierung verschriftlicht wurde, ob diese vom Top-Management als relevant eingeschätzt und auch aktiv vorgelebt wird sowie ob ein hoher Zusammenhang zwischen der Positionierung und der eigentlichen Geschäftstätigkeit besteht.

Zur Unternehmenskultur: Diese umfasst die Werte, die von allen Mitarbeitern geteilt werden. Diese Werte können sich in expliziten und impliziten Normen (z. B. Richtlinien zum Energiesparen) und Symbolen (z. B. Einsatz von Elektroautos, Gebäudearchitektur, Arbeitsplatzgestaltung) widerspiegeln. Eine CSR-Marke basiert darauf, dass alle Mitarbeiter die CSR-Idee als relevant wahrnehmen, diese leben und sich aktiv dafür einsetzen.

Zum Verhalten: Darunter werden konkrete, nach innen und außen wirkende CSR-Maßnahmen des Unternehmens verstanden. Der CSR-Bezug lässt sich mit Hilfe des Wertschöpfungsprozesses von der Beschaffung und Produktion über den Vertrieb bis hin zum Recycling beschreiben und bewerten. Weiterhin ist zu beurteilen, ob die CSR-relevanten Maßnahmen alle Funktionsbereiche und auch die regionalen Standorte umfassen.

Zur Kommunikation: Hier geht es um die Gestaltung der persönlichen oder medialen Kontakte mit den verschiedenen Stakeholdergruppen. Dabei ist aus CSR-Sicht insbesondere die Glaubwürdigkeit, die durch Faktoren wie Transparenz, Reportings und Zertifikate, Offenheit und echte Interaktion mit den verschiedenen Stakeholdern beeinflusst wird, von Bedeutung. Zudem bildet auch das eigentliche Branding (Name, Logo, Markenfarben etc.) einen zentralen Markenkontaktpunkt, der die CSR-Identität wahrnehmbar und erlebbar machen kann.

Zu den Gaps: Zwischen den vier bisher behandelten Struktur-Elementen Positionierung, Unternehmenskultur, Verhalten und Kommunikation sollte eine möglichst hohe Übereinstimmung vorliegen. Ist dies nicht der Fall, können unterschiedliche Gaps auftreten. Ein Verankerungs-Gap liegt dann vor, wenn die vom Top-Management propagierte und fixierte Ausrichtung der Marke nicht mit den von den Mitarbeitern gelebten Überzeugungen und Werten übereinstimmt. Ein Erlebnis-Gap resultiert aus Abweichungen des tatsächlichen Verhaltens des Unternehmens (z. B. Produkte) und den innerhalb der Belegschaft gelebten Werten. Ein Umsetzungs-Gap bedeutet, dass die festgelegten CSR-Werte nicht in konkrete Verhaltensweisen umgesetzt sind. Ein Glaubwürdigkeits-Gap liegt dann vor, wenn die CSR-Markenidentität und die nach außen gerichtete Kommunikation nicht übereinstimmen.

Vor allem fehlt in dem Modell der Produktbezug, der sich ein wenig im Modellbaustein Verhalten versteckt. In der Diskussion um CSR und Markenführung spielt jedoch das Produkt eine zentrale Rolle, da es viel Glaubwürdigkeit nach außen transportiert und ohnehin die Basis der Markenführung darstellt: sei es über Umweltfreundlichkeit, über das Cradle2Cradle-Prinzip (Fabian 2013, S. 6)[4], über faire Produktionsbedingungen, über Produktsicherheit und Schadstofffreiheit, über faire Verpackungsgrößen oder Etikettierung, über faire Garantieleistungen oder gar über die Vermeidung diskriminierender Produkte.

Verbraucher stimmen bereits heute mit der Brieftasche ab und wenden sich von denjenigen Marken ab, die ethisch fragwürdige Produktionsmethoden praktizieren oder unter ebensolchen Bedingungen produzieren. Die Markenwirkung auf den Verbraucher ist besonders dann positiv, wenn eine altruistische und strategische Motivation des Unternehmens erkennbar zugrunde liegt (Ellen et al. 2006). Verstärkt wird diese Wirkung, wenn

---

[4] Das Cradle2Cradle- Prinzip, ein an natürlichen Kreisläufen orientiertes System mit zwei geschlossenen Stoffströmen. Im ersten zirkulieren biologische Materialien wie Kleidungsfasern, die kompostiert werden können und so zum Aufbau neuer Biomasse dienen. Im zweiten Stoffstrom werden technische Rohstoffe wie Metalle für Haushaltsgeräte so verarbeitet, dass sie ohne Substanzverluste in den Produktionskreislauf zurückgeführt werden können. Also keine Abkehr vom Konsum, sondern ein Umdenken in der Verwendung der Materialien, im Design und während der Nutzungsphase der Produkte.

ein Zusammenhang zwischen CSR und Unternehmenstätigkeit wahrgenommen werden kann, (Woisetschläger und Backhaus 2010) also die Verankerung in der Wertschöpfungskette. Damit ist bereits eine grundlegende Anforderung definiert. Den größten Einfluss auf das Kaufverhalten von Marken haben dabei Sicherheit und die gesundheitliche Unbedenklichkeit von Produkten sowie Recycling von Verpackungen. Die Befragten einer Studie, durchgeführt vom Marktforschungsinstitut Icon Added Value in Deutschland, Frankreich und UK, äußerten vor allem Kritik an unnötigen Verpackungen, speziell, wenn diese Materialien nicht wieder verwendbar sind. 73 % der Franzosen, 63 % der Briten und 59 % der Deutschen gaben an, dass die Art der Verpackung ihre Kaufentscheidung beeinflusst. Der relativ geringe Anteil der Deutschen wird auf die längere Historie von Recycling in Deutschland zurückgeführt.[5]

Interessant ist auch die erneute implizite Erkenntnis, dass räumliche Nähe soziale Nähe schafft. So stieg die durch ethische Themen aktivierte Preisbereitschaft in dem Testszenario von Icon Added Value für Orangensaft, je stärker die ethischen Themen einen Bezug zum direkten Lebensumfeld der Befragten aufwiesen. Und noch eines ist zu beachten: je näher einem das Produkt kommt, desto sensibler wird die Kaufentscheidung getroffen. Kurz – bei Lebensmittel und mit etwas Abstand bei Kosmetik achtet der Verbraucher darauf, dass es möglichst sauber, gesund und nachhaltig sein soll. Ob aber die Gesundheit eines Baumwollbauerns oder Färbers auf dem Spiel steht, ob eine Näherin in Bangladesch ausgebeutet wird, ist weniger relevant, da physisch weiter weg.[6] Die Studie „Umweltbewusstsein in Deutschland 2012" zeigte ebenfalls, das bei der Auswahl der Lebensmittel Qualität, Frische und Preis die kaufentscheidenden Kriterien sind, dass die Kaufentscheidungen aber auch auf dem Vertrauen in Gütesiegel oder Regionalmarken fußen.

Zwei Entwicklungen haben direkte Auswirkungen auf die Marken, der Trend von „bio" zu „regio" und von „grün" zu „sozial". Konsumethik ist längst nicht mehr mit „bio" gleichzusetzen. Der Verbraucher ist besser informiert, die konstante Medienberichterstattung über Lebensmittelskandale, die anhaltende Gentechnik-Diskussion und zahlreiche Reportagen über Arbeitsbedingungen in Deutschland und weltweit tragen zu einer breiten Sensibilisierung in der Bevölkerung bei. Wenn aber der Bio-Markt stetig wächst, geht damit einher, dass er unpersönlicher und undurchschaubarer wird. Manche Marken bringen eigene Öko-Labels auf den Markt, andere Labels basieren nur auf freiwilligen und nicht verpflichtenden Bedingungen. So entstand die stärker Orientierung der Verbraucher hin zu mehr Regionalität. Dies ist auch als Gegenbewegung zur komplexen Globalisierung zu verstehen. Die Sehnsucht nach mehr Transparenz und Vertrauen kann das regionale Produkt bieten. Denn Regionales ist vertraut, nah und nachvollziehbar. Die örtliche Nähe stiftet eine Verbindung zwischen dem Verbraucher und der regionalen Marke und setzt

---

[5] „CSR auf dem Prüfstand" – Ländervergleich mit Frankreich und UK, 15.10.2007 http://source.icon-added-value.com/icon-eigenstudie-csr-auf-dem-prufstand-landervergleich-mit-frankreich-und-uk/.

[6] „Egoistische Motive für ‚nachhaltige' Kaufentscheidung", in: http://derstandard.at/1381369324944/egoistische-motive-fuer-nachhaltige-kaufentscheidung.

eine gemeinsame Lebenswelt voraus. Seit Anfang des Jahres 2013 gibt es ein neues Regionallabel, das sogenannte Regionalfenster. Ein weiteres Label, das für sich in Anspruch nimmt, für mehr Transparenz und Verbrauchersicherheit zu sorgen. Um nicht zuletzt auch den höheren Endpreis zu rechtfertigen. Es kommuniziert die Herkunft der Hauptzutaten und den Verarbeitungsort.

Belegt wird dieser Erfolgshebel auch in einer anderen Conjoint-Analyse in der Produktgruppe der frei verkäuflichen Arzneimittel am Beispiel des Hustensaftes. Für die Befragten machte das soziale oder ökologische Engagement des Hustensaftherstellers 18 % des Gesamtnutzens des Medikamentes aus. Lediglich Darreichungsform und Packungsgröße hatten einen größeren Anteil am Gesamtnutzen. Je stärker die CSR-Aktivität den Idealen der Kunden entspricht, desto höher die Kaufentscheidung. Aber dies nicht selbstlos – 72 % der Teilnehmer ziehen ein halbherzig formuliertes Engagement in Deutschland wie „die Aufklärung zu Asthmaerkrankungen in deutschen Schulen" einem starken Engagement im Ausland „50 Cent pro gekaufte Packung für Antibiotika gegen Tuberkulose in Simbabwe" vor.[7]

Nachhaltigkeit hat sich auch deshalb für das Marketing zu einer relevanten Dimension entwickelt, da die Verbraucher inzwischen Marken und Unternehmen wahrnehmen, die sich nachhaltig verhalten. Gemessen wird dies in diversen Studien, zum Beispiel auch mit dem „Sustainability Image Score" von Serviceplan. Die Studie zeigt, welchen Einfluss nachhaltiges Agieren von Unternehmen durch ihre Marken auf das Image, die Kaufbereitschaft und die Kundenbindung haben. Die nachhaltigsten Unternehmen waren hier Hipp, damit führt ein Babynahrungshersteller mit seiner sehr sensiblen und sensibilisierten Zielgruppe das Ranking an. Gefolgt von Miele und dm Drogeriemärkte. Zehn relevante Einflussfaktoren auf das CSR-Image wurden hier ermittelt: An erster Stellte das Engagement für Umweltschutzthemen, gefolgt von verantwortungsvollem Umgang mit Ressourcen, dem Beitrag zur Steigerung der Lebensqualität, einem guten Verhältnis zu Umweltschutzorganisationen, umweltfreundlichen Technologien und dem Engagement in Produktionsländern. An siebter Stelle folgt die Erfüllung relevanter Umweltnormen und –standards, dann der Erhalt von Auszeichnungen wie dem Ökosiegel, ein klares Profil der ökologischen Aktivitäten und schließlich recyclebare Verpackung.

Die Kommunikation des verantwortlichen Handelns sollte sich aber an den Erwartungen und am Verständnis der Verbraucher ausrichten. Und hier hat der Verbraucher je nach Kategorie seine eigene Logik, wie die Studie von Icon Added Value zeigt.[8]

- Verpackungsmüll und Recycling wird hauptsächlich mit dem Einzelhandel, Food und Haushaltsgeräten in Verbindung gebracht.
- Sicherheit und Gesundheit sind Themen für Food, Haushaltsreiniger und Personal Care.

---

[7] CSR hat ihren Preis, 27.12.2012, http://www.harvardbusinessmanager.de/heft/artikel/a-834379-2.html.

[8] Siehe Keller-Kern, H. Dr., „CSR auf dem Prüfstand" in diesem Buch.

- Die CO_2-Reduktion zielt auf den Automobilbereich, Energie und Airlines.
- Bei Banken wiederum geht es um mehr Transparenz.

Qualität ist und bleibt weiterhin wichtig. Im 21. Jahrhundert erweitert sich jedoch der Begriff, so eine Studie des Zukunftsinstituts. Produkte und Marken müssen nicht mehr nur Grundbedürfnisse befriedigen, sondern auch zum Lebensstil passen. Die sechs zentralen Thesen lauten: 1) Einzigartigkeit statt Vergleichbarkeit: In der Ära der Massenproduktion kam es auf möglichst hohe Standardisierung an. Was künftig jedoch zählt, ist Uniquability. 2) Flexibilität schlägt Erwartbarkeit: Zuverlässigkeit allein reicht nicht mehr aus. Agilität und Anpassungsfähigkeit werden wichtiger. 3) Nachhaltigkeit statt Haltbarkeit: Ressourceneffizienz und Ökoeffektivität von Produkten werden wichtiger als ihre bloße Lebensdauer. 4) Transparenz ist die neue Sicherheit: Es geht nicht mehr nur um Unversehrtheit von Leib und Leben. Transparenz, Herkunft und globale Verantwortung sind die Vertrauen stiftenden Kriterien der Zukunft. 5) Usability is Quality: Funktionalität kommt ohne gute Bedienbarkeit und exzellenten Service nicht mehr aus. Design wird damit zum neuen Qualitätskriterium. 6) Funktionaler Zusatznutzen: Früher reichte es aus, wenn Produkte und Prozesse nicht krank machten, künftig müssen sie gesundheitsfördernd sein.[9] Die Arbeits- und Produktionsbedingungen gewinnen in einer immer transparenteren Gesellschaft an Bedeutung. Zudem wird die Wiederverwertung von Materialien und Produkten auch betriebswirtschaftlich immer attraktiver. Mehr Qualität durch mehr Transparenz lautet daher die Devise. Transparenz bedingt Ehrlichkeit, Authentizität. Und so bauen Marken Glaubwürdigkeit und schließlich Vertrauen auf.

Eine gut umgesetzte CSR-Strategie kann in der Markenführungspraxis Wettbewerbsvorteile generieren und zu einer prägenden Komponente des Markenimages werden. In einer weiteren Studie der Universität Würzburg konnte nachgewiesen werden, dass die CSR-Aktivitäten von Unternehmen die Markenassoziationen und die Einstellung gegenüber dem Unternehmen und seinen Produkten erhöhen und somit den Wettbewerbsvorteil positiv beeinflussen können. Ist der Fit der CSR-Aktivitäten zur Marke jedoch gering, kann dies zu negativen Einstellungen der Konsumenten und zu dessen Kaufabsichten führen (Waßmann 2011).

Die Rolle des Reputation Managements Der gute Ruf eines Unternehmens entsteht aus der selbst gewählten Identität mit den damit verbundenen Werten, den daraus folgenden glaubwürdigen Handlungen und Haltungen sowie der Integrierbarkeit in aktuelle und allgemein gültige Normen und Werte einer Gesellschaft. Dazu kommt eine sich dynamisch verändernden Erwartungshaltung aller unterschiedlichen Stakeholder. Aktuell wird diese Erwartungshaltung bestimmt durch

- die gesellschaftlichen Einstellungen zum Strukturwandel in der Wirtschaft,
- durch eine zunehmende Globalisierung,

---

[9] http://www.zukunftsinstitut.de/verlag/studien_detail.php?nr=111.

- durch den technologischer Wandel und dessen Auswirkungen beispielsweise auf die Informationstechnologie
- durch den gesellschaftlichen Wandel hin zu mehr Mobilität, Individualisierung und Wohlstand bis hin zum familiären Wandel, wie Work-Life-Balance oder Frauen-Quote auf Vorstandsebene

All das befindet sich in einem dynamischen, zum Teil volatilen Prozess. Dem müssen sich Unternehmen stellen. Da die Verbraucher nicht in der Breite bereit sind, höhere Preise für CSR-Marken zu akzeptieren, ist die Reputation des Unternehmens ein weiteres Entscheidungskriterium und ein Hygienefaktor beim Kauf (Godelnik 2013).

2012 war nach Eike Wenzel das Jahr des „Green Grounding". Der Bio-Hype kam auf den Boden der Tatsachen an, Bio-Bashing ist zum Volkssport geworden. Internetseiten wie lebensmittelklarheit.de oder abgespeist.de bieten die Plattform des Anprangerns. Der Greenwashing-Verdacht ist dort schnell erhoben. Das zwingt Unternehmen zum Umdenken, denn sie müssen nun dauerhaft mit dem ständigen Risiko des Vertrauensverlustes und den damit verbundenen Reputationsrisiken leben lernen. Es ist eine permanente Vertrauenskrise in der Beziehung zu Vertretern aus Wirtschaft, Politik und Gesellschaft entstanden.

In der Studie „UN Global Compact-Accenture CEO Study 2010" befragte das Beratungsunternehmen Accenture 766 CEOs aus internationalen Unternehmen hinsichtlich der Bedeutung einer CSR-Strategie für den künftigen Unternehmenserfolg. Das Ergebnis ist ein klares Abbild des oben beschriebenen Wandels in der Gesellschaft: 93 % der befragten CEOs bestätigten, dass Nachhaltigkeit als erfolgskritischer Faktor an Bedeutung gewinnen werde. 80 % betonten, dass die weltweite Wirtschaftskrise die Bedeutung eines nachhaltigen Engagements sogar gesteigert habe. Konsumenten wurden hierbei als wichtigste Stakeholder-Zielgruppe identifiziert, da sie verstärkt nachhaltige Produktion und Dienstleistung einfordern. Während man in der Krise das Thema Nachhaltigkeit eher defensiv bewertet habe, sei es nun an der Zeit, CSR-Engagement enger entlang der Wertschöpfungskette zu vernetzen und zu implementieren. Dabei wurde auch die Komplexität der Implementierung erwähnt. Während 88 % der befragten CEOs es für wichtig erachten, dass Nachhaltigkeit sich durch die gesamte Lieferantenkette ziehen solle, glaubten lediglich 54 %, dass dies im eigenen Unternehmen der Fall sei. So sehen die Vorstände zukünftig einen stärkeren Fokus auf eine konsequente Implementierung über alle Unternehmensbereiche hinweg (Wüst 2012).

Die Relevanz von Reputation hat nicht zuletzt auch dadurch gewonnen, dass gut ausgebildete Mitarbeiter heute und in den kommenden Jahren aufgrund der veränderten Altersstruktur in der Gesellschaft mehr denn je zu einer heißbegehrten Mangelware werden. „In Zukunft und das ist der große Wandel aus Arbeitnehmersicht, wird es so sein, dass wenn man heute seinen Job verliert oder selbst kündigt, dann hat man, so man gut ausgebildet ist, morgen fünf oder zehn oder vielleicht sogar 20 neue Angebote", so Trendforscher Sven

Gabor Janszky.[10] Wie können Unternehmen und Marken hier agieren? Zum einen, in dem sie präsent und klar positioniert sind. Zum anderen, in dem sie Bindungen aufbauen, Bindungen eingehen und Bindungen zur Verfügung stellen. Janszky spricht hier von „Caring Companies"[11], Unternehmen, die das Arbeitsumfeld so gestalten, dass es der heutigen und zukünftigen Lebensformen unserer Gesellschaft entspricht, also beispielsweise mehr flexible Stellen, Kitas mit ansässigen Unternehmen am Ort. Gerade für den Mittelstand wäre dies ein spannender Weg und würde die Philosophie vieler familiengeführten Unternehmen fortsetzen.

3   Herausforderungen – Gesellschaftlicher Wandel

Die Moralisierung der Märkte Die Menschen fordern Moral von Wirtschaft und Politik, konsumieren aber in Breite und Konsequenz nicht entsprechend. Und sie wollen es simpel – sich am besten mit dem Kauf eines Produktes freikaufen von moralischen Verpflichtungen – ein moderner Ablasshandel. Prof. Ludger Heidbrink, Wirtschaftsethiker und Professor am Philosophischen Seminar der Universität Kiel, empfiehlt Unternehmen, gezielter und spitzer zu informieren, weil die Verbraucher bereit sind, einen gewissen Betrag – beispielsweise für ein T-Shirt – mehr auszugeben, wenn es unter humanen Bedingungen produziert wurde (Groh-Konito). Warum handeln wir Konsumenten, wie wir handeln? Bleiben wir beim Beispiel T-Shirt. Über 1.100 Toten beim Brand einer Textilfabrik in Bangladesch Anfang 2013 führten zu einem globalen Aufschrei. Der Medienhype war groß, eine spürbare Änderung im Konsumverhalten folgte nicht.

Doch Non Governmental Organisations (NGOs) wie Clean Clothes Campaign u. a. und Gewerkschaften organisierten via Social Media den öffentlichen Druck, schmiedeten Allianzen und erreichten so, dass Textilhersteller ein Memorandum zur Verbesserung der Arbeitsbedingungen unterschrieben.[12] Warum wurden Marken an den Pranger gestellt, aber weiterhin gekauft? „Im Grunde sind wir gespaltene Wesen und handeln genauso wie die Unternehmen, die wir kritisieren, nämlich nutzenmaximierend und profitorientiert und am Ende geht es um die Renditen, die wir beim Einkauf machen", so Heidbrink (Groh-Konito). Hier liegt eine Chance für die Markenführung, denn CSR-Marken können die mangelnde Verbindung zwischen dem eigenen Handeln und dem eigentlich gutem Willen auflösen. Sie verbinden ihre Leistungsstärke mit der Verantwortung für Mensch und Umwelt.

---

[10] „Arbeitswelt 2015. Sven Gabor Janszkys Vision von der Zukunft der Arbeit", Interview vom 11.10.2013 auf http://goodplace.org/blog/2025-sven-gabor-janszkys-vision-von-der-zukunftder-arbeit/.

[11] „Arbeitswelt 2015. Sven Gabor Janskys Vision von der Zukunft der Arbeit", Interview vom 11.10.2013 auf http://goodplace.org/blog/2025-sven-gabor-janskys-vision-von-der-zukunftder-arbeit/.

[12] http://www.iccr.org/news/press_releases/2013/pr_bangladeshletter051613.php.

Tatsache ist, dass sich die Gesellschaft in vielen Bereichen in einem langsamen aber fundamentalen Wandel befindet. Wir sehen eine Schwächung der Nationalstaaten in ihrer Rechtsetzenden Funktion. Wir sehen eine Erstarkung von gesellschaftlichen Bewegungen, wie Bürgerinitiativen, die punktuell und themenbezogen agieren, und eine Erstarkung der NGO's, die immer mehr die früheren Kontrollaufgaben der Nationalstaaten übernehmen, und die quasi als dritter Sektor immer mehr Einfluss gewinnen und öffentlichen Druck auf die Unternehmen ausüben.

Öffentlichkeitswirksame Aktionen auf Youtube oder Facebook, Protest bzw. viele virtuelle Unterschriften sind leicht zu organisieren. Für den Einzelnen ist es ja nur ein Click, und die NGOs haben schnell gelernt und zeigen viel Kommunikationsgeschick. Ob der vielzitierte Youtube-Spot zu Kit Kat mit seiner Anklage, aufgrund der Palmöl-Gewinnung den Lebensraum von Orang-Utans zu vernichten. Oder die Persiflage des VW Star-Wars-Werbefilms, in dem Greenpeace dem Unternehmen mangelndes Engagement bei der CO_2 Reduktion vorwarf. Ein weiteres Beispiel ist die Kampagne „Behind the Brands" der Entwicklungsorganisation Oxfam. Oxfam durchleuchtete die Nachhaltigkeitsstrategien der zehn größten Lebensmittelkonzerne hinsichtlich einer nachhaltigen landwirtschaftlichen Produktion. Wissenschaftlich fundiert, breit kommuniziert, mit der Oxfam-Expertise ausgestattet ein medialer Erfolg für die NGO.[13]

Unternehmen müssen diese Entwicklung ernst nehmen, denn eine Studie des Trendforschers Peter Wippermann und der Universität Essen zeigt, dass sich Verbraucher von NGOs besser informiert fühlen als von Unternehmen und staatlichen Institutionen (Mayer-Johanssen 2013). NGOs genießen per se ein höheres Vertrauen, mehr Glaubwürdigkeit durch ihre Unabhängigkeit und ihren als gesellschaftlich relevant anzusehenden Gründungsimpuls. Gleichzeitig sind Glaubwürdigkeit und Vertrauen elementare Bestandteile eines ganzheitlichen Markenbewusstseins und die Kernziele der Markenführung.

In der Otto Group Trendstudie 2013 zeichnet sich die weiter steigende Relevanz der NGOs ab. 2009 sahen noch 12 % aller Befragten Medien und NGOs als wichtigste Impulsgeber für Konsumethik an, 2013 waren es schon 22 % (Voigt 2013, S. 8).

Verändertes Markenbewusstsein und Konsumverhalten in der Share Economy Es gibt da draußen eine größer werdende Gruppe von Menschen, für die ist das Ideal des Teilens das verbindende Element der Gemeinschaft. Ob aus altruistischen Motiven, weil es ein Ur-Bedürfnis von uns Menschen ist oder aus wirtschaftlichen Interessen. Besitz belastet zunehmend. Relevanter sind der Zugang und die Möglichkeiten. Die reine Konsumhaltung ist out – postulieren da manche schon.[14] Von Drive Now über Terracyle bis zu Airbnb, inzwischen gibt es viele Angebote, die dem Grundgedanken der Share Economy folgen (Share 2013). Warum sich in einem unpersönlichen Zimmer einer globalen Hotelkette ein-

---

[13] Oxfam International, „Behind the Brands – Food justice and the ‚Big10' food and beverage companies", Oxford, 26.02.2013.
[14] Wohlstand und Konsum: World Sharety Project – für eine „Kultur des Teilens", in: RAL6010.de, 28.09.2012, http://www.ral6010.de/leben-soziales/fuer-eine-kultur-des-teilens.html.

buchen, wenn man höchst individuelle private Wohnungen zu einem Bruchteil des Preises mieten kann? Dazu kommt der zwischenmenschliche Aspekt. Man lernt Menschen auf der ganzen Welt kennen, die mindestens in einem Punkt die gleichen Ansichten teilen: Offenheit und Lust auf Neues. Share-Economy Angebote bieten den Menschen die Möglichkeit, jeden Tag ein anderer zu sein. Heute für den Geschäftstermin den A3 gemietet, morgen den Lieferwagen, um Materialien für das nächste DIY-Projekt aus dem Baumarkt zu holen. Diese Menschen sind eine sehr attraktive Zielgruppe: Meist unter 40 Jahren, aus der Stadt und mit akademischem Abschluss (Bernau 2013).

Die LOHAS, so genannt die Menschen, die willens sind für gesunde und ökologisch korrekte Produkte auch mehr Geld auszugeben, haben inzwischen den Mainstream erreicht (Voigt 2011, S. 12). Und nun machen Trendforscher die nächste Bewegung aus – die LOVOS. Das sind die Anhänger einer Lifestyle Of VOluntary Simplicity – eines Lebensstil der freiwilligen Einfachheit. Diese Einfachheit ist gleichzusetzen mit Konsumverzicht im klassischen Sinne. Doch diese Gruppe ist interessant für Marken, denn wer weniger konsumiert, konsumiert bewusster: Die LOVOS achten stärker auf Qualität und sind bereit, dafür auch mehr auszugeben. Was sie sich auch leisten können, denn sie stellen eine relativ elitäre Avantgarde dar, deren Potential zur allgemeinen Meinungsbildung über Medien und Internet nicht zu unterschätzen ist. Gut möglich, dass Teilaspekte dieses Lebensstiles sich auch bald im Mainstream etablieren. Mit Urban Gardening, DIY und dem Selbstversorger-Prinzip zeigen sich schon seit geraumer Zeit ein paar starke Indizien.[15]

Jeremy Rifkin sprach bereits 2000 von der „Access society", der Zugangsgesellschaft. Seine These: der rasche Zugang und Zugriff auf Ideen, Güter und Dienstleistungen zählt in der sich herausbildenden „Zugangsgesellschaft" mehr als dauerhafter und schwerfälliger Besitz[16]. Prof. Harald Heinrichs geht in seiner Studie zum Thema kollaborativer Konsum noch weiter. „Jedes Unternehmen muss sich fragen, ob es ein Produkt hat, das sich für das Teilen und Tauschen eignet, und die entsprechenden Modelle untersuchen – sonst machen andere das Geschäft", so Heinrichs. Als die am stärksten wirkenden Kräfte für diesen Konsumwandel macht er das steigende Nachhaltigkeitsbewusstsein, die Selbstverständlichkeit sozialer Medien und ein Klima der ökonomischen Unsicherheit aus. Und dabei ist die Gruppe der sogenannten Kollaborativkonsumenten mit 25 % nicht gering. „Weitere knapp 14 Prozent sind Konsumpragmatiker, für die das Thema aus Kostengründen interessant ist. Die mit gut 37 Prozent größte Gruppe kauft konventionell und hat das Thema nicht im Blick – und ein gutes Viertel sind Basiskonsumenten mit beschränktem Budget, für die es erstaunlicherweise noch kaum zielgerichtete Angebote gibt", erläutert Hinrichs.[17] Vertrauen wird hier zur neuen Bonität im Web, gespeist durch Bewertungen anderer zu Nutzern, oder Anbietern, aber natürlich auch aufgrund eigener Erfahrungen zu Marken.

---

[15] „Buy less, buy used." – Patagonia zeigt die ehrlichste Art, seinen ökologischen Fußabdruck zu verringern, in: http://www.werteindex.de/blog/%E2%80%9Ebuy-less-buy-used-%E2%80%9C-patagonia-zeigt-die-ehrlichste-art-seinen-fusabdruck-zu-verringen/.

[16] http://de.wikipedia.org/wiki/Jeremy_Rifkin.

[17] http://www.manager-magazin.de/lifestyle/artikel/0,2828,880972,00.html.

Karin Frick, Leiterin der Studie „Sharity – die Zukunft des Teilens" am Gottlieb Dutt-weiler Institut, ist davon überzeugt, dass sich Wirtschaftsunternehmen diesem Trend an-passen und umstellen müssen: Entweder die anklagen, die das Verleihen praktizieren, oder selber Verleih-Stationen erreichten, wie zum Beispiel BMW, Mercedes oder die Deutsche Bahn (Share 2013). Das eigene Auto an sich hat in der deutschen Bevölkerung an Bedeu-tung verloren. Mobilität hingegen überhaupt nicht. Die Zwischenräume besetzen bereits mit Erfolg die Car-Sharing Angebote der Automobilhersteller. Große Marken „kaufen" sich Trendbewusstsein von Rulebreaker Start-ups ein und erschließen sich neue Zielgrup-pen, die sie mit ihrem regulären Angebot nicht erreicht hätten. Doch muss man hier sorg-sam markentechnisch gut durchdacht vorgehen. Die Zielgruppen und Kunden verfolgen unterschiedliche Ziele, haben gänzlich differenzierende Motive für den Kauf oder die Nut-zung bzw. Dienstleistung.

Immer mehr Menschen legen also mehr Wert auf Nachhaltigkeit als auf Eigentum, wol-len aber weiter konsumieren. Der Motor dieses Trends sind Online-Plattformen, die ein Gefühl transportieren: wir wollen etwas Neues, gepaart mit sozialer Interaktion, mit Hu-man Touch, mit garantiertem Kennenlernen neuer Menschen, Erfahrungsaustausch, mehr Emotionalität. Und ganz sicher: konsumieren, allerdings anderer Qualität. In Deutschland sind schon fast 25 % Ko-Konsumenten (Theile 2013). Regionalwährungen, Second-Hand-Läden und Tauschringe sind ein alter Hut, aber mit dem Internet haben sie eine neue, ganz andere Dynamik erhalten. Und das Konsumverhalten deutlich verändert. Denn diese neue Form ist massentauglich und vor allen Dingen sozial akzeptiert. Weniger ideologisch mo-tiviert, sondern vielmehr Konsumpragmatismus.

Digitalisierung der Gesellschaft und seine Auswirkungen Mit dem Internet erlebt das Marketing den Beginn eines paradigmatischen Wandels – vergleichbar mit der Einführung des Buchdrucks. Denn plötzlich erleben wir nun in zehn Jahren fünfmal mehr Evolution als in den 50 Jahren zuvor. Mit Apps, Social Media, Geotracking, RFID oder Augmented Reality wird klar, dass wir eine nachhaltige Veränderung der Kommunikation zwischen Öffentlichkeit, Kunden und Unternehmen vollziehen, die nicht mehr umkehrbar ist.

Seit einigen Jahren werfen Menschen zunehmend Dinge über sich selber in einen di-gitalen Fluss. Gedanken, Gefühle, Meinungen über Produkte, Liebe zu Marken. Unter-nehmen haben nicht mehr die alleinige Kontrolle über die Kommunikation. Blogs, Fo-ren und Communities im Internet schaffen perfekte Transparenz und Meinungsbildung in Echtzeit. Ungereimtheiten werden unmittelbar und öffentlichkeitswirksam entlarvt. Es gibt keine Produktkategorie, zu der es im Internet keine Foren und Blogs gibt und zu der man nicht binnen kürzester Zeit genaue Informationen über Produktqualität und Erfah-rungen von Nutzern finden könnte. Quasi alle unter 60 sind vernetzt und checken täglich digital verfügbare Empfehlungen und Einschätzung Dritter über Marken. Denn wir ha-ben Erfahrungen anderer schnell in unser Kommunikationsverhalten integriert, nutzen sie bei Kaufentscheidungen, geben die eigenen wider und kommentieren andere. Das ist die Konsumentensicht. Und was bedeutet das für Unternehmen und für das Management von Marken?

„Unternehmen müssen sich fragen, wo ihre Unternehmenskultur endet. Wenn ihre Kultur dort endet, wo die ‚Community' anfängt, dann werden sie keinen Markt haben. Märkte wollen mit Unternehmen sprechen." So drei der 95 Thesen für die neue Unternehmenskultur im digitalen Zeitalter aus dem Cluetrain-Manifest, das 1999 von vier Vordenkern der Netzwerkcommunity verfasst wurde. Märkte sind Gespräche. Marken müssen sich das positive Berichten und die Gespräche innerhalb ihrer Zielgruppen verdienen („Earned-Media"). Selbst über ein Jahrzehnt später kann man jedem Marketingmanager nur raten, das Cluetrain-Manifest zu lesen.

Russel Belk, Professor für Marketing an der York University, beschreibt dies in seinem Aufsatz „Extended Shelf in a Digital World" mit den vier Begriffen Dematerialisierung, Reembodiment, Sharing, Co-Construction of Self und Distributed memory. Insbesondere bei dem Begriff Dematerialisierung werden die Konsequenzen des veränderten Konsumverhaltens deutlich: Der Besitz von Ware oder deren Verfügbarkeit verschwindet nahezu sprichwörtlich vor unseren Augen, denn es geht hier vielmehr um die Möglichkeit des Zugriffs. Nicht der eigentliche Kauf sondern die reine Option, überhaupt zu kaufen, prägt den Einzelnen. Damit gewinnt auch die Bewertung anderer immer mehr an Bedeutung, denn in der heutigen globalisierten, digitalen Welt hat man immer weniger die Möglichkeit, sich durch eigenes Berühren einen persönlichen Eindruck zu verschaffen. Und diese Empfehlungen teilt man auf Plattformen, auf denen man auch seine eigene Identität formt. So wie Belk es mit Reembodiment umschreibt, also seinen eigenen Avatar im Web erschafft. Eigentum verflüchtigt sich, die physische Präsenz des eigenen Körpers wird im Netz neu geschaffen (Graff 2013).

Und der Horizont wird erweitert. Es geht nicht mehr allein darum, dass ein Produkt die eigene Lebensqualität verbessert. Es geht auch darum, die Lebensqualität von anderen zu erhöhen. Entsprechend rückt das Produktumfeld mehr in den Vordergrund (Voigt 2013, S. 26). Eigennutz und Sozialverantwortung schließen sich nicht mehr aus. Das trifft den Nerv vor allem der Generation Y, die sich das Gegenbild ihrer öffentlichen Inszenierung wünschen.[18] Marken, die hier dem Verbraucher eine Lösung anbieten, sind attraktiv. Im kleinen Stil, beim täglichen Einkauf, ohne Einschränkung, sondern mit CSR als für sich sinnigem Add-On, das automatisch mitgekauft wird.

Manche, wie Trendforscherin Katarina Kiéck, sprechen von einer Ära der Kundenerfahrung, die nun anbreche (Budde 2013). Der Fokus liege auf Beziehungen und Interaktionen, der zentrale Wert sei nun die Selbstverwirklichung. Vom Haben zum Werden wird dieser Trend umschrieben. Während in der Ära der Hersteller und Produkte in den 50er und 60er Jahren des vergangenen Jahrhunderts für materielle Werte und Produktfunktionen bezahlt wurde, wurde in der Ära der Dienstleistung und Information, die vor wenigen Jahren endete, für „Ersparnis, Erlebnis und Bedeutung im Faktor Zeit" bezahlt. In Zukunft zahlen Menschen schließlich für „persönliche Effekte" und die „individuelle Weiterentwicklung". Kundenerfahrung wird die neue Leitwährung. Unternehmens- und Service-

---

[18] „Wie kauft die Generation Y ein?", 4.07.2012, http://www.planung-analyse.de/news/studien/pages/protected/Wie-kauft-die-Generation-Y-ein_6054.html.

konzepte müssen Kunden deshalb Anreize bieten, sich regelmäßig mit Unternehmen und Produkten auseinanderzusetzen – ähnlich dem Nutzererlebnis eines Computerspiels, das seit jeher von Anreizen und Belohnungen lebt.

Einige Praxislösungen für die „Ära der Kundenerfahrung": Ikea arbeitet in digitalen Magazinen mit der „ThingLink"-Technologie. Dadurch werden Produkte in Bildern an-klick- und kaufbar. Die Modemarke Brooks Brothers arbeitet mit „Rapid Analytics" um Besuchern der eigenen Website in Echtzeit nur diejenigen Inhalte anzubieten, die für sie auch interessant sind. Der „Tour Builder" von Google ermöglicht das persönliche Storytelling über eine Kombination aus Bildern, Videos, Text und Orten sowie Routen in Google Earth und Maps. Die Carnegie Mellon University Pittsburgh erstellt mittels eines Algorithmus biografische Lebensläufe von Twitter-Nutzern. Datensponsoring sei nach Geld und Zeit die nächste Wohltätigkeitswährung erklärt Kiéck. Twitter spendet sein Archiv, Google Daten zur Früherkennung von Krankheiten.

Wenn ein Unternehmen Werte für sich beansprucht, dann muss es sie auch im Produkt entlang des gesamten Lebensweges und im Service leben. Dann endet werte-orientiertes Unternehmertum nicht in der Produktion und Bereitstellung von Waren, sondern durchdenkt und konzipiert den Prozess bis zum Ende. In der Marketingwissenschaft vollzogen Vargo und Lusch 2004 den Wechsel von einer güter- und anbieterzentrierten zu einer service- und netzwerkorientierten Perspektive. Der bahnbrechende Initialbeitrag im Journal of Marketing wurde in der Marketingwissenschaft zu einem der am meisten zitierten der letzten zehn Jahre. Inzwischen sprechen wir vom (S-D) „Service-Dominant Branding": Der Kunde wird zum Mitgestalter von Markenwerten. Und der Service einer Marke wird zur fundamentalen Basis für den Austausch zwischen Marken und Menschen. Mehr als früher wird dadurch der Wert, den eine Marke für den Menschen darstellt, experimentell und kontextbezogen abgeleitet.

4   Brand Management für CSR-Marken

Wie finden Marken ihren Weg? Marke ist nicht nur Logo, Slogan oder Werbung. Sie berühren uns und erzählen uns emotionale Geschichten – wie beispielsweise Innocent, der Hersteller von Smoothies aus Großbritannien. Sie gestalten die Zukunft von Menschen positiv – wie beispielsweise Bosch. Sie bieten uns außergewöhnlichen Service für ein perfektes Produkterlebnis – wie beispielsweise Starbucks. Sie haben spürbares kulturelles Momentum – wie beispielsweise Amazon. Marke entsteht vor allem durch Handeln, d. h. indem wir die Haltung von Marken erfahren. Denken Sie an Harley Davidson und Sie haben sofort die klare Haltung der Marke vor Augen, transportiert nicht zuletzt in der Breite durch die stringente Bildsprache in den Anzeigen. Marken differenzieren sich mit ihrer Haltung im Markt. Und sie halten immer ihr Markenversprechen – so zum Beispiel bei Aldi, denn hier kauft man immer günstig. Kurz und bündig in Konsumentensprache: „Aldi bescheißt Dich nie".

Hinter jeder Marke steht ein „Business Case": Ein Auftrag, wie und warum die Marke für das Unternehmen Geld einbringen soll. Entsprechend ist Marke bzw. die Markenpositionierung der Handlungsrahmen, um Unternehmensziele effektiv und effizient zu erreichen. Wir müssen die Marken klar definieren, damit „Marke" im Unternehmen nicht dem Einzelgeschmack oder der Beliebigkeit von Agenturen unterliegt. Jede Lebensäußerung einer Marke bietet die Chance, die Marke zu stärken oder zu verwässern. Umsetzung ist Strategie. Marken treffen uns dabei möglichst kreativ und nah an der Kaufentscheidung – ein Paradebeispiel sind der Markenauftritt von Sixt, aktuell, frech, laut, auf Angriff getrimmt, immer mit einer Produktempfehlung.

Wir stehen mitten in einem paradigmatischen Wechsel in der Art und Weise, wie Menschen miteinander kommunizieren, wie Menschen mit Marken interagieren und wie sich eigentlich Markenwert bildet. Mehr und mehr geht es darum, welche Bedeutung und gesellschaftliche Relevanz Marken haben und ob sie substantielle Spuren hinterlassen, und inwieweit Konsumenten die Bedeutung von Marken aktiv mitgestalten. Das Image einer Marke wird nicht nur am Produkt festgemacht, sondern zunehmend auch an Services, gesellschaftlich relevanten Taten und am aktiven Mitgestalten von Markenerleben durch Konsumenten. Die Veränderungen im kommunikativen Umfeld der neuen Medien lenken den Marketingblick vom netten Werbefilm wieder stärker auf das, was ganz natürlich die wichtigste Schnittstelle zwischen Mensch und Marke darstellt: auf das Design von Produkt- und Service-Erfahrungen.

Die erfolgreiche Navigation von Marken durch diese sich wandelnde Zeiten bleibt ein komplexes facettenreiches Dauerthema. Sprechen wir von Markenführung von CSR konformen Marken, dann wird der Grat schmaler und die Herausforderungen diffiziler, dies erfolgreich zu tun. Denn ein Misserfolg, beispielsweise ein Maßnahme, die in der Öffentlichkeit oder von Stakeholdern wie NGOs als Greenwashing abgetan und beurteilt wird, kann erhebliche Auswirkungen auf die Reputation haben.

Eine CSR-konforme Markenführung ist oft genug eine Gratwanderung: Gelingt eine glaubwürdige Integration von ökologisch-gesellschaftlichem Engagement und Strategie des Unternehmens in die Markenidentität, so sind zunehmend strategische Wettbewerbsvorteile realisierbar. Allen voran steht ein Bekenntnis des Unternehmens zu seiner unternehmerischen Verantwortung. Ein solches Bekenntnis hat immer eine Voraussetzung – eine Erkenntnis. Die Erkenntnis, dass man als Unternehmen mit seinen Produkten oder Dienstleistungen eine klare Haltung einnehmen und die Werte identifizieren muss, nach denen es seine CSR-Strategie entwickelt. Damit sind keine Nachhaltigkeitsprojekte gemeint, die zwar vorbildlich sein können, aber nicht das Kerngeschäft tangieren, denn dies wird zu Recht als Greenwashing bezeichnet. Besonders prekär und geradezu pervers wird die Situation dann, wenn der Kommunikationsaufwand (Kosten) für ein Nachhaltigkeitsprojekt den Aufwand (Kosten) für dieses Projekt übersteigt. Oder wenn die 95 % der Geschäftstätigkeit so ganz und gar nicht nachhaltig ablaufen, dass man sich deshalb in der Lage sieht 5 % Feigenblattgeschäft zu betreiben und dieses dazu noch breit angelegt, imageträchtig der Öffentlichkeit zu kommunizieren.

Die CSR-Strategie muss dagegen immer im Kontext mit der eigenen Marke stehen und im Wertschöpfungsprozess verankert sein. Denn in der Marke liegt das Leistungsversprechen für die Kunden und alle Stakeholder. Mit der Integration von CSR in die Marke ist auch die Grundlage für die unternehmensweite Nachhaltigskeitsstrategie geschaffen. Und das wiederum ist die Voraussetzung für eine positive Reputation des Unternehmens.

Folgt man dem Shared-Value-Ansatz von Michel E. Porter und Mark R. Kramer, dann können Unternehmen den gesellschaftlichen und unternehmerischen Mehrwert gleichzeitig steigern (Smith 2012). Dieser Ansatz kann kurz umschrieben werden mit „Doing well by doing good". Unternehmen stellen ihre Strategie um und verbinden Wirtschaft und Gesellschaft, nutzen Ressourcen und die Expertise um zu wachsen und gleichzeitig einen Beitrag zu gesellschaftlichen Wertschöpfung zu leisten. Dadurch, so Porter und Kramer, können diese Unternehmen ihre Produkte und Märkte neu konzipieren, die Wertschöpfungskette hinsichtlich ihrer Produktivität optimieren bzw. entsprechende Investitionen tätigen, und sich als verantwortungsvolles Unternehmen positionieren, das Lösungsansätze mit seinen nachhaltigen Produkten für die drängendsten Herausforderungen bietet. Jedoch ist ein grundlegendes Umdenken erforderlich: Die Abkehr vom Quartalsdenken hin zu einer langfristigeren Planung und Strategieausrichtung. Auch hinsichtlich des Return on Investment, der eher mittel- und langfristig angelegt werden muss.

Die CSR-Welt fühlt sich zu Beginn fremd und bedrohlich an – hinter jeder Kurve lauert Gefahr: Skeptische NGO's und Prüfer, Medien, Kunden, die sich im Internet, bei Twitter und Facebook & Co. zu Wort melden und jeden vermeintlichen Fehltritt anprangern. Die Konsumenten stellen jedoch in der Welt der Nachhaltigkeit nur einen Teil des Puzzles dar. Um sie zu verstehen, müssen wir verstehen, was und wer Einfluss auf ihre Entscheidungen hat. Aktivisten von verschiedensten Lobbies, Organisationen, Blogs wie Clean Clothes Campaign oder Greenwashindes.com, Blogs mit Bezug zu bestimmten Marken wie beispielsweise McDonald's, auf denen Kritiker die CSR-Richtlinien oder die Geschäftspraxis kritisieren können. Wenn man auf Interessensgruppen hört und mit den Konsumenten interagiert, kann man überzeugender wirken. Ein Beispiel: Bionade, in der Rhön mit einem Bio Landbauprojekt vertreten, hat das Rhön Biosphärenreservat der UNESCO gewählt, um einen Beitrag zu Schutz, Pflege und Entwicklung dieser Landschaft zu sichern.

Um zu einer zukunftsfähigen Marketingstrategie zu kommen, gilt es zunächst, die Situation der eigenen Branche realistisch einzuschätzen. Keine leichte Aufgabe für eine Marke. Und wie nun sich positionieren? Ganz gleich ob bereits bei Unternehmensgründung ein nachhaltiges Wertekonzept vorlag wie z. B. bei Bosch, Hess Natur oder Trommelwirbel. Oder bei Unternehmen wie H&M, die sich nun auf dem Weg machen – mit diesen schwer zu kommunizierbaren Themen im Rucksack? Wie differenzieren von denen, die Greenwashing betreiben, weil sie ihren Gewinn nachhaltig spenden, stiften und sponsorn, aber ihren Gewinn nicht nachhaltig erwirtschaftet haben?

Das alles entscheidende ist ein systematischer und ganzheitlicher Ansatz für die Evolution einer CSR-Marke. So wie sich Vertrauen langsam bildet, aber schnell verloren gehen kann, so muss man bei der Markenführung ebenfalls behutsam vorgehen und einen längeren Atem haben.

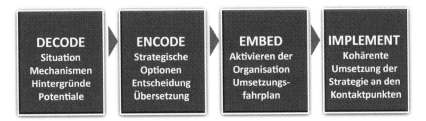

Abb. 1 Pragmatischer Positionierungsprozess

Der Impact des Unternehmers auf die Marke CSR ist ein Leadership-Thema und muss Top-down gelebt werden. Vor diesem Hintergrund erhält der Unternehmer oder das Top-Management mit seinem Verhalten im Unternehmen wie im öffentlichen Raum eine neue Bedeutung und Einfluss auf die Markenführung. Am Beispiel von Götz Werner, Inhaber von dm, kann man dies gut belegen: Werner sieht seine Aufgabe als Unternehmer darin, unternehmensintern den Mitarbeitern Einsicht in die Gesamtzusammenhänge des Unternehmens zu ermöglichen und mit einer dialogischen Mitarbeiterführung eigenverantwortliches Handeln im Miteinander zu fördern. Bei dm heißt dies „Maxime des Füreinander-Leistens". Diese Grundsätze sind in der Unternehmungsführung verankert und werden insbesondere von Werner vorgelebt. Ein wesentlicher Erfolgsfaktor der unternehmenseigenen CSR-Strategie, weil so gesellschaftliche Verantwortung in allen Unternehmensbereichen als integraler Bestandteil existiert. Auch die Entscheidung, dass Werner nach Beendigung seiner Tätigkeit als Geschäftsführer 2010 seine Unternehmensanteile an die dm-Werner-Stiftung übertrug, die den langfristigen Unternehmenserfolg des dm-Konzerns zum Ziel hat, wirkt positiv und glaubwürdig auf die Marke dm. Das Unternehmen kann dadurch weitgehend unabhängig von kurzfristigen Interessen des Kapitalmarktes agieren, da es mehrheitlich durch die Stiftung kontrolliert wird (Meyer und Waßmann 2011, S. 28 f.). Götz Werner nutzt seine Bekanntheit und kommuniziert über Medien, eigene Publikationen und in den unternehmenseigenen Kommunikationskanälen seine Haltung und sein Wertekonzept, das seinen Ausdruck in der Marke dm findet.

Finden sich im Top-Management Unternehmerpersönlichkeiten wie Werner, die ihre eigenen Wertvorstellungen auf die Unternehmensphilosophie kongruent übertragen, wird auch der ökonomische Erfolg einer CSR wahrscheinlicher (Meyer und Waßmann 2011, S. 38 f.).

Der Weg zum strategischen Umgang mit der Nachhaltigkeit Voraussetzung für einen erfolgreichen Prozess ist das Begreifen und Verinnerlichen der Positionierung als ein systematischer Prozess. Hier gibt es zahlreiche wissenschaftliche Modelle mit vielen Kästchen, Pfeilchen und Metabegriffen. Die meisten sind für die Praxis ungeeignet, da sie Positionierung als megakomplex beschreiben und die Menschen in den Unternehmen eher abschrecken. In „The Alchemy of Brand-Led Growth" (Sherrington 2003) hat Sherrington jedoch ein sehr pragmatisches Vier-Phasenmodell beschrieben, das besonders praxistauglich ist und mit dem wir seit vielen Jahren erfolgreich Positionierungsprozesse begleiten: Decode – Encode – Embed – Implement (Abb. 1).

Abb. 2 Der CSR-Markencheck

Decode: Ohne systematische Analyse keine Strategie

Encode: Ohne inspirierende Strategie kein Bekenntnis der Mitarbeiter

Embed: Ohne das uneingeschränkte Bekenntnis der Mitarbeiter keine Sichtbarkeit im Markt

Implement: Ohne die klare Sichtbarkeit an den Schnittstellen zu den Kunden keinen spürbaren Einfluss auf die zukünftige Wertschöpfung

Am Anfang steht also die Analyse der aktuellen Situation – im Kontext des hier diskutierten Themas – der CSR-Markencheck.

Der CSR-Markencheck Um das Thema erfolgreich im eigenen Unternehmen zu etablieren, sollte am Anfang eine objektive und umfassende Bestandsaufnahme stehen – der CSR-Markencheck. Diese dient dazu, die eigene Marke und damit das Unternehmen im Kontext von Zielgruppen, Wettbewerbern und Gesellschaft kritisch zu hinterfragen und auf seine CSR-Konformität zu überprüfen.

Eine solche Analyse als Bestandsaufnahme lässt sich gut anhand des generellen Handlungsrahmens der Markenführung durchführen (Brand Growth Strategy Framework). Denn markeninduziertes Wachstum lässt sich entweder aus dem besseren Umgang mit den eigenen Potenzialen erzielen (Suchfeld: Identität, Image), aus der gezielten Suche nach Nischen im Wettbewerbsumfeld (Suchfeld: Markt), aus einer relevanteren Adressierung von Verbrauchern (Suchfeld: Mensch), oder aus einer intelligenten Interpretation einer bevorstehenden Veränderung im gesellschaftlichen Umfeld (Suchfeld: Kultur) (Abb. 2).

Bei der **Analyse der Identität** schafft man intern Klarheit darüber, von welchen Ausgangskriterien man ausgehen kann und welche Ansatzpunkte aktuell vorliegen. Was sind unsere glaubwürdigen Identitätswurzeln? Was sind unsere latenten Talente? Was trägt die Markensubstanz? Wo liegen unsere Prioritäten? Inwieweit wurde CSR bereits in die Unternehmensstrategie implementiert und ist dies bereits in der Markenpositionierung berücksichtigt? Ausschlaggebend ist vor allem das Wissen um die eigene Wertschöpfungskette, um darauf fußend entscheiden zu können, welchen CSR-Erfüllungsgrad aktuell das Unternehmen und damit die Marke hat, inwieweit CSR-Maßnahmen am Markenkern ansetzen bzw. mit dem Markenkern kompatibel sind.

Beispiel: Im Zuge der Nachhaltigkeitsdiskussion in der Foodbranche haben sicher viele Marken in den letzten Jahren nach Ankern für „natural food" oder „moral food" gesucht. Viele haben in ihrer Markenhistorie und in ihren Unternehmenswurzeln nichts gefunden. Anders H. J. Heinz, Hersteller von Ketchup aller Art, denn hier zeigt allein schon die Tatsache, das man in 125 Jahren gerade mal sechs CEO's hatte, das Stabilität und Festhalten an Bewährtem eine starke Rolle spielt. In Zeiten von zunehmenden Forderungen nach Transparenz sicher auch von Vorteil, dass schon der Firmengründer Henry John Heinz als erster überhaupt Gurken und Tomaten in klare Gläser statt in Blechdosen verpackte, um offen zu zeigen, was drin ist und damit ein Qualitätsversprechen abgab. Auch war es Henry John Heinz, der in den USA die Lobby anführte, die 1906 zum Pure Food Act führte, ein erheblicher Schritt zur Verbesserung der Produktionsprozesse für mehr Lebensmittelqualität, die zu einem deutlichen Absinken der Mortalitätsrate führte. Um nur einige Errungenschaften in der Historie von Heinz zu nennen, die im Rahmen einer CSR-Bestandsaufnahme glaubwürdigen historischen Besitzstände sind, die keiner der Wettbewerber in seiner Historie hat.

Dazu bietet es sich auch gleich an, das Image der Marke aus Sicht der wichtigsten Anspruchsgruppen neben die Identität zu stellen. Welche Identitätsaspekte fallen – ob gezielt durch die Positionierungsarbeit früherer Jahre oder ohne eigenes Zutun – bis ins Image durch? Wo liegen andererseits die größten Wahrnehmungs-Gaps? Was sind die Markentreiber bzw. Markenpotentiale aus Sicht meiner Zielgruppen? Welche CSR-relevanten Zeichen (Taten, Siegel, Begriffe) fallen aktuell extern auf bzw. haben welches Gewicht bei Einstellungsbildung oder Kaufentscheidung?

Bei der **Analyse des Marktes** betrachtet man, in welche Richtung der Markt in Sachen CSR unterwegs ist. Was sind die speziellen Konventionen des Marktes? Welche kategorietypischen Erwartungen und Ausprägungen findet man für die ökonomischen, gesellschaftlichen und ökologischen Nachhaltigkeitsvariablen? Wie und an welchen Stellen ändern sich aktuell die Kategoriecodes? Wie spricht man üblicherweise in der Branche über Nachhaltigkeit? Welche Codes (Bilder, Zeichen, Siegel, Bedeutungsfelder etc.) sind dabei typisch? Gab es dabei in letzter Zeit deutliche Veränderungen und was sind gegebenenfalls die aufstrebenden Codes? Wie sind wir selber und unsere Wettbewerber in diesem Raum an Codes zu verorten? Und wo liegen Bereiche, mit denen man sich im Wettbewerbsumfeld am besten abgrenzen könnte?

Beispiel: Setzen im Markt der probiotischen Drinks Actimel von Danone und LC1 von Nestlè auf Gesundheitserhaltung durch intelligente Leistungsbringer (Functional Food, „Doping"), so suchte sich Yakult genau den Gegenentwurf zu diesen beiden starken Wettbewerbern und setzte auf Gesundheitserhaltung durch Regeneration und Entschleunigung (Moral Food). Yakult wurde das weise Elixir, das dir innere Kraft gibt. Viele Kategorien haben ihre spezifische latente, aber sehr wichtige „Psychobarriere". So wie „das schlechte Gewissen", das fast jeden Kauf von Schokolade „begleitet". Man muss solche Kategoriemechanismen genau kennen und dann die aktuellen Anbieter daran vergleichen.

Bei der **Analyse der Anspruchsgruppen** geht es darum, die Beziehung zwischen Menschen und Produktkategorie genau zu verstehen. Denn Marken sollten generell Sehnsüchte von Menschen ansprechen. Die „Geschichte der Marke" muss sich mit den „Sehnsüchten der Menschen" in Balance befinden. Im Kern geht es daher hier um die Frage, auf welchen Motiven, Einstellungen und emotionalen Zuständen die aktuelle Beziehung zwischen Mensch und Produktkategorie basiert. Was bewegt die Käufer von Marken eigentlich? Durch welche Motive ist die Verwendung getrieben? Welchen Anteil haben dabei CSR-relevante Aspekte? Was sind die expliziten und impliziten Handlungsziele?

Beispiel: In den 90er Jahren konnte beispielsweise McDonalds sein negatives Gesundheitsimage bei den Burgern nur dadurch kurieren, dass auch Salat angeboten wurde. Allein „Salat auf der Karte" macht Burger-essen „gesünder". Unilever hat sich von der Ansprache des „bösen Gewissens" bei Hausfrauen verabschiedet, wenn es darum geht, Waschmittel zu verargumentieren. Moderne Mütter wollen sich nicht mehr für Schmutz schämen. So wurde „Dirt is good" zu einer radikal auf Bedürfnisse und Lebensumfeld der Zielgruppen ausgerichteten Positionierung und zum globalen Erfolg für Unilever.

Bei der **Analyse des gesellschaftlichen Umfelds** geht es um den gezielten Blick über den Tellerrand der eigenen Branche. Wo erkennen wir Einflüsse aus kultureller Veränderung? Wo ändern sich gesellschaftliche Codes? Wie sieht beispielsweise „Achtsamkeit" heute aus, was ist ein „Friend", welche Ausprägungen von „Sicherheit" gibt es aktuell, was macht „Zuverlässigkeit" aus? Wo sehen wir neue Strömungen im Wertekosmos einer Gesellschaft?

Marken sind Teil der Kultur. Im optimalen Fall prägen Marken die Kultur. Wenn der 11-Jährige Dan auf die Frage, warum er Nike gut findet, sagt: „What do I like about NIKE? NIKE never ends. It just keeps going", dann ist das genau sein Gefühl, dass Nike sein Leben prägt, sich mit ihm immer weiterentwickelt. So hat sich Dove als erste große internationale Kosmetikmarke zu einem neuen Frauenbild bekannt und diese Haltung auch im Dove Self-Esteem Fund und anderen Maßnahmen immer konsequenter vertreten. Frosta hat sehr früh als erste große Foodmarke das Thema Nachhaltigkeit umgesetzt und konsequent auf Farb- und Aromastoffe, Geschmacksverstärker und andere chemischen Zusätze verzichtet. Diese frühe konsequente Haltungsänderung – CSR war als gesellschaftliches Thema noch weniger im Fokus – hatte erst einmal zu Umsatzrückgang geführt, hat aber im Endeffekt Frosta nachhaltige Glaubwürdigkeit eingebracht, von der man dort heute profitiert.

Aber es geht auch ganz pragmatisch um das Erkennen und Übertragen von Mechanismen aus anderen Lebensbereichen. Beispielsweise spielt „Frische" als Positionierungsfeld in vielen Branchen eine Rolle und ist ein kulturell vielfältig sichtbarer Begriff. Ein Bier kann für „Frische" stehen, aber auch ein Waschmittel, eine Zahnpasta, eine Gesichtscreme, eine Urlaubsdestination, eine Beratung, eine Theateraufführung, eine Idee. Doch es gibt dabei sehr unterschiedliche Begriffe, Erklärungshintergründe, Bilder, Farben etc. Das Erkennen dieser Codes eröffnet Raum für eigene Veränderung.

Nachhaltigkeitsthemen sind ebenfalls nicht zwingend branchenspezifisch und können je nach Veränderung des Umfeldes und Agenda Setting schnell die Branchen wechseln. Das „Bio"-Thema hat sich mittlerweile auch in die Modeindustrie vorgearbeitet, der CO_2-

Verbrauch wird inzwischen schon auf einigen Lebensmittelverpackungen angegeben. Nur wer die Trends (nicht die Hypes) um sich herum sicher im Blick hat, wird adäquate strategische Ableitungen finden. Der Blick über den Tellerrand auf andere Branchen ist hilfreich, um zu erfahren, was dort aktuell CSR-technisch passiert und um ggf. Querverbindungen zur eigenen Branche zu ziehen.

Die Strategieableitung Wenn man im ersten Schritt „Licht" und „Schatten" der eigenen Marke im Umfeld von Unternehmen, Anspruchsgruppen, Wettbewerb und Gesellschaft analysiert hat, geht es zunächst um die Ableitung der Strategie, der Verortung des eigenen Unternehmens im CSR-Kontext. „It is always wise to look ahead, but difficult to look further than you can see." Winston Churchill (1874–1965). Die Ableitung einer Zukunftsstrategie ist immer eine spannende Herausforderung. Was könnten in Zukunft glaubwürdige Themen werden? Und wie lassen sich nachhaltige Wettbewerbsvorteile für das eigene Geschäft aufbauen? Welche Haltung wollen wir als Unternehmen im Hinblick auf unsere CSR-Verantwortung einnehmen?

Ein verantwortungsvolles unternehmerisches Handeln bedeutet neben dem Management ökologischer Leistungsindikatoren mit dem Ziel „Schutz der Umwelt" zugleich auch das Management gesellschaftlicher oder sozialer sowie ökonomischer Leistungsindikatoren global entlang der Wertschöpfungskette. Beabsichtigt man eine unternehmenseigene CSR-Strategie nicht im Produkt oder der Dienstleistung zu verankern, braucht man sich über eine CSR-Markenführung erst recht keine Gedanken zu machen. Bevor wir auf spezielle CSR-Positionierungsfelder kommen, gilt es, sich daher drei Fragen zu stellen, die gewisse strategische Leitplanken setzen.

Agiere ich glaubwürdig auf der Grundlage von im Management verankerten nachhaltigen Zielen? Hat das Unternehmen hat in seinem Wertschöpfungsprozess nachhaltiges Handeln verankert und setzt dies um? Das gilt häufig für inhabergeführte Unternehmen wie Trigema oder auch für Stiftungen, die ja von Haus aus die Verwirklichung gemeinnütziger und sozialer Bestrebungen verfolgen, wie z. B. bei Bosch oder Mahle. Auch bei dm geht es um eine werteorientierte Grundhaltung, also im Wesentlichen um Motive, die im Management verankert sind.

Oder stehen eher die öffentlichkeits-orientierten Motive im Vordergrund? Dies kann man bei mehr und mehr Markenartikelunternehmen beobachten, auch und insbesondere bei den großen Marken, nicht zuletzt weil die Finanzwelt und das angemahnte Risikomanagement dies erforderlich machen, die solche Themen verstärkt in ihre Risikoberechnungen einfließen lassen. Oder auch gegenüber NGO's, um Argumente auf deren Fragen parat zu haben. CSR quasi als Hygienefaktor. Oft befinden sich Unternehmen dann erst auf dem Weg zu einer CSR-Marke. Dieser zu beschreitende Weg, der nur parallel zur Implementierung einer CSR-Strategie stattfinden kann, muss unterschiedlich begangen werden. Abhängig vom Grad der CSR-Konformität, der bisherigen Positionierung und strategischen Unternehmenszielsetzung.

Oder spielen marktorientierte Motive die zentrale Rolle? Wenn also ein direkter Zusammenhang zwischen einem nachhaltigen Wirtschaften und dem Angebot glaubwürdig hergestellt werden kann. Wie testiere ich mein nachhaltiges Produkt? Wie kommuniziere ich meine komplexe Nachhaltigkeitsstrategie, damit ich meine Zielgruppen erreiche? Bei Hipp kommt das aus dem marktorientierten Motiv. Man produziert besonders hochwertige, nachhaltige Produkte für eine sehr sensible Zielgruppe. Man kann und will daher glaubwürdig dafür stehen, auch mit den dafür notwendigen Produktionsgrundlagen sorgsam umzugehen.

Die Abhängigkeit der Markenstrategie von der Unternehmensstrategie ist ohnehin schon eine schwierige Herausforderung, sonst hätte wohl Porsche nie einen Cayenne gebaut, aber Landliebe hätte sehr wohl den Schwenk zu Milch aus genfreiem Anbau gemacht. Aber vor allem wenn es um CSR als Themenfeld der Markenführung geht, wird des augenscheinlich besonders diffizil.

Beispiel: H&M, ihr „Code of Conduct" und die „Recycling-Initiative", gestartet im Februar 2013. Ein Spannungsfeld. Denn H&M bietet Massenprodukte und die Unternehmensstrategie ist klar auf Wachstum ausgelegt. Auf der einen Seite ist H&M das erste weltweit agierende Textilunternehmen, das seine Lieferantenliste veröffentlicht. Und es ist ebenfalls das erste Textilunternehmen der Welt, das eine globale Initiative zur Rücknahme von Kleidung gestartet hat. Zwei Ziele werden damit verfolgt. Zum einen soll das Bewusstsein der Konsumenten geschärft werden, dass textile Kleidung eine Ressource ist (Balch 2013). Des Weiteren sollen die Altkleider recycelt werden. Der Gewinn fließt in einen Forschungsfond mit Ziel der Aufbereitung von Altkleidern zu neuen Textilien. Damit soll die bereits eingeführte „Conscious Collection" weiter ausgebaut werden. Diese Kollektion beinhaltet Textilien, die aus biologischem Anbau stammen und/oder aus recycelten Fasern bestehen. Doch selbst wenn die ehrgeizigen Recycling-Pläne und das Ziel eines ressourcenschonenden Wassermanagement entlang der gesamten Lieferkette – mit dem WWF als Partner – erfolgreich sind (Nachhaltigkeitsbericht H&M 2013), fressen die wachsenden Umsatzzahlen und damit eine stetig steigende Textilproduktion die guten Ansätze wieder auf? Sind derartige Strategien nicht gefährlich für das Vertrauen der Kunden in eine Marke?

Eine Modemarke lebt von ihrem Image. Bei H&M ist dies jung, trendig, Fast Fashion für die Massen. Doch H&M entfernt sich nicht zu sehr von seinem Markenkern – günstige trendy Mode für junge Käuferschichten – und verbindet das Sensibilisieren ihrer Kunden mit einem direkten Nutzen, dem Rabatt beim Kauf im Laden. Das Konsumverhalten und damit ein Markenkern – Fast Fashion – werden nicht verändert, aber das Produkt wird im nachhaltigen Sinne gewandelt, wenn so beim Kunden gutes Gefühl erzeugt wird. Der Zielgruppe wird damit also die Entscheidung abgenommen, den Sehnsüchten nachzukommen oder gesellschaftlich korrekt einzukaufen. Im Nachhaltigkeitsbericht wird darüber hinaus dokumentiert, dass H&M zum zweiten Mal in Folge weltweit der größte Abnehmer von Bio-Baumwolle ist. Während eines persönlichen Treffens zwischen der Premierministerin von Bangladesch, Sheikh Hasina, und dem CEO von H&M, Karl-Johan Persson, verstärkte H&M den Einsatz für höhere Löhne und eine jährlich höhere Lohnentwicklung für Textilarbeiter. Neben dem Rohstoffanbau und dem hohen Wasserverbrauch in der Produktion sind die Arbeitsbedingungen ein elementarer Meilenstein, globale Verantwortung für sein Produkt zu übernehmen.

Die Marke ist also auf einem Weg, gibt ein Versprechen ab gegenüber seinen Kunden und der Öffentlichkeit. Doch der Weg ist noch sehr lange, ein geschlossener textiler Kreislauf beispielsweise ist in weiter Ferne. Die Marke H&M muss sehr umsichtig kommunizieren, denn mit diesen starken Aussagen und dem progressiven Vorgehen hat die Marke klar Stellung bezogen und wird nun auf ihrem Weg von den Medien, vielen NGOs, allen voran der CleanClothesCampaign, und auch von aufgeklärten Kunden aufmerksam begleitet.

Die Positionierung als CSR-Marke Verfügt das Unternehmen über eine nachhaltige Unternehmensstrategie ist im zweiten Schritt eine Positionierung der Marke im CSR-Kontext vorzunehmen. Mit der Positionierung der Marke erhalten Unternehmen den Handlungsrahmen und zugleich den Ausgangspunkt der Markenführung.

Hinter der Ableitung der Positionierung sollte kein mathematisches Modell stehen, bei dem aus vielen Analysezahlen am Ende eine Positionierung herauspurzelt. Und wer doch meint, Strategie rein nach Zahlen aus der Analyse der vier genannten Bereiche entwickeln zu müssen, soll das tun. Die Wettbewerber, die versuchen, die Analysezahlen mit Erfahrung zu kombinieren und das dann eher als Basis für Kreativitäts- und Inspirationsprozesse einzusetzen, werden sich freuen. „You can't make any sense of facts until you've had an idea", so sagte einst der wohl berühmteste Markenplaner und –Stratege, Stephen King (1931–2006).

Schon aus markentechnischer Sicht gibt es zentrale Gründe bzw. das Ziel, einer Marke eine klare Haltung mitzugeben.

1. **Ziel „Marge sichern"**: Eine klare Haltung hilft, dass einzelne markenprägende Elemente treffend ausgewählt werden und dass das Leistungsangebot nicht unscharf wird.
2. **Ziel „Eintrittsbarrieren für Wettbewerber schaffen"**: Eine klare Haltung hilft, den Markenwert insgesamt zu stärken und abzusichern.
3. **Ziel „Begehrlichkeit als Kaufmotiv stützen"**: Eine klare Haltung hilft, den Käufern ein gutes Gefühl bei der Entscheidung für eine Marke zu geben.
4. **Ziel „Differenzierung als Treiber festigen"**: Eine klare Haltung hilft, die Marke im Wettbewerbsumfeld abzugrenzen und ihre Besonderheitsfunktionen zu verankern.

Marken dürfen dabei eines nicht aufgeben – sie müssen Orientierung bieten. Wenn ein globales Unternehmen wie IKEA die Aussage trifft, dass sie keine Ökoprodukte entwickeln und anbieten wollen, sondern vielmehr das gesamte Sortiment nachhaltiger zu gestalten, schwingt da die klare Aussage mit, keine grüne Marke zu werden (Reuter 2013). Und die Botschaft an die Kunden – wir implementieren CSR, das Produkt wird wertiger, Du kannst Dich nach dem Kauf besser fühlen, weil Du globale Verantwortung gelebt hast. CSR auf Knopfdruck und ohne groß nachzudenken für den Kunden – perfekt. Eine wichtige Voraussetzung für erfolgreiche Markenführung: „Simplify, Seduce and Surprise" – Gestalte Nachhaltigkeit für den Kunden verblüffend einfach und verbinde es mit positiven Emotionen.

Haltung ist für die Positionierung von Marken von entscheidender Bedeutung, gewinnt jedoch im CSR-Kontext stark an Relevanz hinzu und muss daher gesondert betrachtet werden. Denn Haltung ist hier komplexer und beinhaltet Aspekte wie Interaktion mit den Stakeholdern, Transparenz, Dialog und Partizipation. Und dies nach innen und außen, denn Haltung muss von innen, vom Unternehmen gelebt und nach außen transportiert werden. Sie verkörpert die Sinnhaftigkeit der Marke, ihre Aufrichtigkeit und ist ein fundamentales Element der Vertrauensbildung im sensiblen Wettbewerbsumfeld. Haltung drückt sich hierbei in verschiedenen Aspekten aus:

Outdoorausrüster Patagonia ruft Kunden vor dem Kauf neuer Produkte dazu auf, dies zu überdenken und eine Reparatur in Betracht zu ziehen. Mit ihrer Kampagne „Buy less, buy used." folgt Patagonia konsequent seinem ökologischen Gedanken und kommuniziert eine klare Geisteshaltung. Das CSR-Programm basiert auf vier Säulen: Reduce. Repair. Reuse. Recycle. Um den ökologischen Impact zu reduzieren muss das Unternehmen weniger verkaufen. Und dazu muss die Marke die Kunden anhalten darüber nachzudenken, was sie wirklich brauchen. Dazu gibt es auch eine bislang einmalige Kooperation mit ebay, deren Auktionen erstmals in eine externe Website mit eingebunden sind. Dass mit dieser Strategie auch wirklich Geld gemacht werden kann, analysierte die Harvard Business Review: Mit der Kampagne wird gleichzeitig unterschwellig kommuniziert, dass Patagonia-Bekleidung extrem langlebig und haltbar ist. Die Bereitschaft, höhere Preise zu bezahlen, steigt. Darüber hinaus profitiert Patagonia enorm vom Image-Gewinn dieser ehrlichen Kampagne und zieht insbesondere kaufkräftige, elitäre Käuferkreise an. Der Handel mit gebrauchten Materialien wird in Zeiten von Ressourcenknappheit immer lukrativer, und zudem lernt Patagonia durch Reparaturen, welche Schwachstellen das Produkt im Lebenszyklus beim Kunden hat.[19]

Das CSR-Brand-Modell Für die Positionierung von CSR-Marken hat SWELL nun ein bewährtes Positionierungsmodell weiterentwickelt, so dass es zum einen der Besonderheit im CSR-Kontext gerecht wird und zugleich die Komplexität von CSR abbildet. Grundannahme des Modells bildet die wiederholt angesprochene Erkenntnis, dass vor allem eine CSR-Marke eine spezielle Geisteshaltung als Grundlage einer Positionierung benötigt. Denn ein verbindlicher Markencharakter sorgt für eine authentische Markenwahrnehmung, stärkt das Markenverhalten und steigert damit die Bindungsqualität an die Käufer (Vertrautheit) und damit langfristig den Markenwert (Vertrauen).

Mit dem nachfolgend vorgestellten CSR-Brand Modell werden der jeweilige Erfüllungsgrad der unternehmenseigenen Nachhaltigkeitsstrategie (Innere Orientierung) in Relation zum individuellen Kommunikationsstil (Äußere Orientierung) gesetzt. So entsteht ein Raster aus neun Feldern mit relativ gut abgrenzbaren, praxisnahen Geisteshaltungen, die auf der Theorie der Archetypen nach C. G. Jung aufbauen (Mark und Pearson 2001).

---

[19] „Buy less, buy used." – Patagonia zeigt die ehrlichste Art, seinen ökologischen Fußabdruck zu verringern, in: http://www.werteindex.de/blog/%E2%80%9Ebuy-less-buy-used-%E2%80%9C-patagonia-zeigt-die-ehrlichste-art-seinen-fusabdruck-zu-verringen/.

Archetypen prägen seit Jahrhunderten die Literatur unserer Welt. Durch Carl Gustav Jung fanden sie zu Beginn des 20. Jahrhunderts auch Eingang in die Persönlichkeitsdiagnostik. Demnach sind bestimmte Charaktere im kollektiven Unbewussten verankert und werden intuitiv von Menschen überall auf der Welt verstanden. Es gibt kulturunabhängige Hauptarchetypen, die in engem Bezug zu grundlegenden menschlichen Bedürfnissen, Werten und Emotionen stehen.

Der Archetypen-Ansatz kann auch herangezogen werden, um die Persönlichkeit von Marken zu veranschaulichen. Einige der stärksten Marken der Welt (die über die Kulturen hinweg erfolgreich sind) verkörpern einen Archetypen (z. B. Harley Davidson = Der Gesetzlose, Apple = Der Gestalter, oder Microsoft = Der Herrscher). Marken mit einem prägnanten archetypisch definierbaren Charakter sind für Kunden einfacher zu dekodieren und prägen sich besser ein. Als Grundlage einer CSR-Positionierung sind sie schon deshalb gut geeignet, weil sie zu einer klaren Geisteshaltung für die Marke führen (Abb. 3).

Weitere Aspekte, die im CSR-Brand-Modell berücksichtigt sind, ist die Kategorie-abhängige Markenführung. Diese sind entscheidend für Tonalität und Exekution, je nach Branche, je nach Erfüllungsgrad der unternehmenseigenen CSR-Strategie, in Abhängigkeit, ob B2C oder B2B.

Zur Erläuterung der Archetypen:

Der Unschuldige Das Unternehmen orientiert sich hin zu mehr unternehmerischer Verantwortung. Flankierende Maßnahmen wie Sponsoring, Chartiy-Aktionen oder auch punktuell ausgearbeitet Umweltmaßnahmen werden bereits umgesetzt und zum Teil in unterschiedlichen Kanälen kommuniziert. CSR ist jedoch noch nicht in die Unternehmensstrategie implementiert, nicht im Kerngeschäft ersichtlich. Ein Beispiel sind die Sparkassen.

Der Entdecker Im Kerngeschäft sind noch keine umgreifenden Veränderungen hinsichtlich einer nachhaltigen Wertschöpfung zu erkennen. Jedoch findet man erste strategische Ansätze im Marktauftritt, die als Beleg für ein Umdenken dienen. Dies können einzelne Produkte des Portfolios sein. Ein Bespiel ist die Hypovereinsbank mit ihren Regionalfonds.

Der Rebell Das Unternehmen kommuniziert als Vorreiter laut und eindeutig im Markt seine Vision, CSR in die Unternehmensstrategie zu implementieren. Getrieben von äußeren Einflüssen, einem veränderten Bewusstsein der Kunden bzw. potentiellen Kunden oder dem Wirken von NGOs kommuniziert das Unternehmen unmissverständlich in Richtung Verbraucher, Markt und Wettbewerbern den angestrebten Wandel hin zu mehr unternehmerischer Verantwortung. Einzelne Produkte oder Produktgruppen werden bereits nachhaltig produziert und beworben. Ein Beispiel ist H&M mit seiner Conscious Collection und weiteren Maßnahmen.

Der Beschützer In der Unternehmensstrategie ist mehr unternehmerische Verantwortung verankert. Die Umsetzung ist gestartet, die Marke aber transportiert diese Entwick-

Abb. 3 Das CSR-Brand
Modell basierend auf

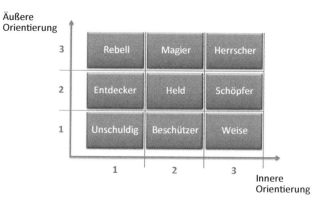

lung nur zum Teil. Dies können Gütesiegel sein, wie das EU-Bio Siegel, und sind als erster Schritt zu sehen. Oder das Unternehmen engagiert sich in weniger aufmerksamkeitsstarken, dafür aber glaubwürdigen und reputationsfördernden Initiativen. Ein Beispiel ist Henkel und sein Wirken im Forum Waschen.

Der Held Die innere Orientierung und die Positionierung am Markt sind deckungsgleich. Dies findet seinen Ausdruck im sensiblen Marktauftritt mit einer auf Glaubwürdigkeit fokussierten Markenführung, die eher von Zurückhaltung geprägt ist. Fortschritte in der Umsetzung werden erst dann kommunikativ genutzt, wenn sie gelebt werden. Ein Beispiel ist Schamel.

Der Magier Das Unternehmen kennt seine Stären und Schwächen hinsichtlich seiner unternehmerischen Verantwortung sehr genau, kommuniziert diese transparent und legt sein Bestreben, die Schwäche zu verbessern, kontinuierlich und für Dritte einsehbar vor. Seine Stärken nutzt das Unternehmen stetig, um seine Wettbewerbsvorteile zu sichern und weiter auszubauen in einer sehr aktiven Art und Weise. Ein Beispiel ist der Schindlerhof.

Der Weise Das Unternehmen nimmt nachweislich seine unternehmerische Verantwortung wahr. Es verfügt über eine CSR-Strategie, die in der Unternehmensstrategie verankert ist. Es engagiert sich in nationalen wie internationalen Gremien und Institutionen, um den Nachhaltigkeitsgedanken voranzubringen. Doch aus unterschiedlichen Gründen wird dies nicht in der Markenführung eingesetzt. Ein Beispiel: Bosch.

Der Schöpfer Die CSR-Strategie des Unternehmens ist tief verankert und wird kontinuierlich optimiert. CSR ist Teil des Markenkerns und dient der Differenzierung, wird jedoch im Unterschied zum „Herrscher" nur gezielt oder punktuell eingesetzt. Priorität hat nicht mehr die pure Beweisführung, dass die Marke CSR-konform ist. Vielmehr treten andere Kernprinzipien in den Vordergrund – so zum Beispiel der dialogische Austausch mit bzw. die Einbeziehung der Kunden. Ein Beispiel ist Hess Natur mit seiner neuen Markenstrategie.

Der Herrscher Das Unternehmen spiegelt seine umfassend wahrgenommene unternehmerische Verantwortung in seiner Wertschöpfung wider, kommuniziert transparent, kontinuierlich und dialogisch seine CSR-Strategie und positioniert sich damit am Markt. Diese Unternehmen sind die Pioniere. Beispiel sind hier Alnatura, memo und die Umweltbank.

Das CSR-Brand-Modell berücksichtigt auch den starken prozessualen Charakter, der der Markenführung im CSR-Kontext zugrunde liegt. So wie sich das Unternehmen in der Umsetzung seiner Nachhaltigkeitsstrategie weiterentwickelt, so spiegelt sich dieser Erfüllungsgrad im Zusammenspiel mit den kategoriegetriebenen Kommunikationsstilen in der Markenführung wider. So kann ein Start-up wie der Erlebniswaschsalon Trommelwirbel seine CSR-Strategie umsetzen. Ein bestehendes Unternehmen mit langer Tradition muss jedoch im laufendeden Betrieb Top-Down eingreifen, umsteuern, neu positionieren.

Kommt zur Tradition und heutigen Größe eine bestimmte Kategoriesituation dann muss man die CSR-Positionierung stufenweise im Modell entwickeln. Beispiel: Schokoladenhersteller mit mehreren 1.000 Mitarbeitern. Eine konsequente Umstellung auf nachhaltigen Anbau hätte einen massiven Verlust an verarbeiteter Tonnage und damit Stellenabbau zur Folge, da kaum ein Markenhersteller eigene Kakaoplantagen hat und da es weltweit kaum ausreichende nachhaltige Anbaukapazitäten gibt. Im Sinne des Triple-Bottom-Line kann man unterm Strich nicht glücklich sein.

Ein weiteres Beispiel: Hess Natur als Pionier der Öko-Mode ist auf dem Weg vom „Herrscher" zum „Schöpfer". Über 30 Jahre nach Unternehmensgründung und aufgrund der gestiegenen Sensibilität in Teilen der Gesellschaft hinsichtlich umweltbewusster Kleidung und Arbeitsbedingungen in der Textilproduktion muss das Unternehmen seinen Marktauftritt ändern. Die klassische, monologische Kommunikation über Anzeigen, Direktmailing und Pressearbeit wirkt nicht mehr. Kunden und potentiellen Kunden sind in diesem Umfeld eher werberesistent. Zudem haben die Kunden und potentiellen Kunden einen hohen Bedarf an Dialog mit dem Unternehmen. Word-of-Mouth ist eine Kommunikationsstrategie, die nun eingeschlagen wird, wie Marc Sommer in diesem Buch erläutert.

Manche Branchen haben per se ein schlechteres Image. Deutlich sichtbar ist der Zusammenhang, den wahrgenommene Verantwortung von Unternehmen aus einer bestimmten Branche auf die gefühlsmäßige Einstellung diesen gegenüber hat. Wo scheinbar wenig Verantwortung übernommen wird, werden die Unternehmen dann generell auch nicht so sehr gemocht – siehe im Beitrag von Dr. Hildegard Keller-Kern und Christoph Prox in diesem Buch. So hat man als Fast Food Konzern, Airline oder Alkohol- und Tabakkonzern und auch als Energieanbieter von vornherein ein negatives Image als Ausgangspunkt. Je negativer das Branchen-Image, desto mehr sollten sich die Unternehmen auf die dringlichsten und relevantesten CSR-Themen konzentrieren – auf diejenigen, die dem Verbraucher als erstes „Problem" einfallen, wenn er an die Kategorie denkt. Am Ende der

Negativrangliste finden sich neben den zu erwartenden Branchen Tabak, Alkohol und Fast Food auch Mode und Fluggesellschaften.

Das Aktivieren der Organisation Markenführung ist Chefsache. Eine grundlegende Entscheidung für eine CSR-Markenpositionierung kann nicht effektiv den Weg zu externen Anspruchsgruppen finden, wenn sie nicht auch intern „von oben" kommt und gelebt wird.

Am Beispiel des Unternehmers Götz Werner wird deutlich, welche Rolle das Top-Management bei der strategischen CSR-Implementierung und seinen Auswirkungen auf die Marke hat. Eine erfolgreiche Implementierung hängt primär von den Entscheidungen und dem Verhalten der Unternehmensspitze ab. Hier haben mittelständische Markenartikelunternehmen in Familienhand klare strategische Vorteile, da sie eher eine langfristige Zielorientierung definieren könne, die die gesellschaftlichen und ökologischen Dimensionen berücksichtigt.

Bis eine so wegweisende Entscheidung dann aber auch in der Markenorganisation verankert ist, dauert es. Markenführungskultur „mal eben in vier Workshops" ändern, funktioniert nicht – obwohl man aus der Praxis der Change-Management-Berater immer wieder diese unglaublichen Geschichten hört. Es geht zunächst um die Aktivierung auf der psychologischen Ebene. Verstehen, warum man was ändert und das auch ernst meint und konsequent umsetzen wird. Dann die Frage, welche Abteilungen der Markenführung besonders betroffen sind. Konzentration auf die Dinge, die das Markenmanagementteam gemeinsam tun kann, um eine wirkliche Veränderung hervorzurufen. Öffentlichkeitsarbeit, Packaging, Design, klassische Kommunikation, New Media. Sind unsere Mitarbeiter dort auch unsere CSR-Markenbotschafter?

Die wichtigen Abteilungen gilt es dann auf der Ebene der Arbeitsunterlagen und Kernprozesse zu durchleuchten. Briefingunterlagen, die an Agenturen gehen, müssen die Haltung der Marke auf den Punkt bringen und die Hintergründe im Unternehmen klar machen. Müssen sogar die Prozesse geändert werden, damit der Umgang mit Agenturen und anderen Dienstleister, Lieferanten auch der gesellschaftlichen Dimension der Nachhaltigkeit gerecht wird?

Wenn sich eine Marke auf den Weg der Nachhaltigkeit begibt, sollte man über den gesamten internen Prozess von der Strategie zur Exekution sicherstellen, dass man das Ziel auch effizient in den Köpfen und Herzen der Mitarbeiter erreicht.

- **Authentischer Umgang und Handeln**: Das heißt, intern reden und handeln in einer Weise, die glaubwürdig für die Zielsetzung ist.
- **Hoher Grad an Operationalisierung**: CSR ist ein komplexer Metabegriff. Damit die Vision „fliegt" sollte das Handeln möglichst greifbar, konkret und überprüfbar sein.
- **Transparente und partizipative Prozesse**: Offen geführte, ehrliche Kommunikation in den internen Teams. Ziel ist es, aus den Fehlern zu lernen – in partizipativen Strukturen.
- Das charmante an diesem Weg ist, dass er nicht nur die Marke stärkt, sondern uns zur werthaltigen Seite unserer Marketingprofession zurückbringt.

Erfolgshebel in der Umsetzung Nach der Aktivierung der Organisation geht es an Umsetzung der CSR-Strategie an den Kontaktpunkten nach außen. Entscheidend ist der Einblick in die Wertschöpfungskette, weil sich allein dort zeigt, welchen CSR-Erfüllungsgrad die Marke oder die Dienstleistung hat.

Gute CSR-Kommunikation ist ein Drahtseilakt. Hier scheitern viele Marken. Wenn Dinge vorschnell umgesetzt werden, kommt man leicht zu dem zweifelhaften Ruf, lediglich „Greenwashing" zu betreiben.

Ein weiteres Risiko im Zusammenhang mit der Kommunikation von CSR besteht darin, im „Meer der Gleichförmigkeit" verloren zu gehen, wenn die Kommunikationsinhalte und –Form keine unverwechselbare Handschrift tragen, die nur für die eigene Marke zutrifft.

Wie man dieses Spannungsfeld jedoch positiv lösen kann, zeigt Walmart, das amerikanische Einzelhandelsunternehmen, auf Platz drei der umsatzstärksten Unternehmen weltweit. Auf den ersten Blick bringt man den Handelsriesen nicht in Verbindung mit gesellschaftlicher Verantwortung, sind Walmart-Filialen doch der Todesstoß für manch einen lokalen Einzelhändler. Am 7. März 2013 anlässlich des Weltfrauentag startete Walmart die Kampagne „Empowering Women Together". Im Onlineshop werden Produkte angeboten, die von kleinen bis kleinsten Unternehmen in den USA und weltweit hergestellt wurden. Das Besondere daran ist, dass diese Unternehmen von Frauen geführt werden müssen. Höhere Glaubwürdigkeit erfährt die Kampagne durch ein strategisches Element in der Grundkonzeption: Mit den Partnern Full Circle Exchange, einem Social Business, spezialisiert auf Frauenförderung in Entwicklungsländern, und Global Goods Partner, einer gleichgelagerten NGO. Die Botschaft von Walmart ist neben der Förderung von Frauen im Wirtschaftsleben und deren Bestreben, aus eigener Kraft der Armut zu entkommen, der Aufruf, sich als Unternehmen nicht dem reinen Betriebszweck zu widmen. Es kann als Statement eines Unternehmens gesehen werden, sich der Verantwortung als Teil der Gesellschaft zu stellen und zu agieren. Und was könnte ein Einzelhandler besser als zu handeln – im wahrsten Sinne des Wortes.[20]

Für die Umsetzung einer CSR-Strategie zeigen sich thematisch bedingt bestimmte Erfolgshebel. Damit sind bestimmte Arten von Umsetzungsmaßnahmen gemeint, die besonders gut zur CSR-Haltung bzw. zur Positionierung als CSR-Marke passen. Die Kommunikation muss stärker als zuvor dialogisch, transparent, partizipativ, 360° angelegt sein und umgesetzt werden.

Interaktion als Element der Umsetzung Hier geht es um gemeinsames Handeln von verschiedenen Akteuren bzw. Stakeholdern. Ein Beispiel: Procter & Gamble, Henkel und andere Wasch- und Reinigungshersteller sind Mitglied im „Forum Waschen"[21], einer deutschlandweiten Initiative für nachhaltiges Handeln beim Waschen, Spülen und Reinigen im Haushalt. Das Forum Waschen ist eine Dialogplattform mit Akteuren, die sich für

---

[20] http://corporate.walmart.com/global-responsibility/womens-economic-empowerment/empowering-women-together-program.

[21] http://forum-waschen.de/.

Nachhaltigkeit engagieren. Die Glaubwürdigkeit dieser Plattform liegt in ihrer Struktur und Organisation begründet. Sie besteht aus Fachleuten von Behörden, Bundesministerien, Forschungsinstitutionen, Gewerkschaft, Herstellern von Wasch- und Reinigungsmittel und Haushaltsgeräten, Kirchen, Umweltorganisationen, Universitäten und Verbraucherverbänden. Ziel der Dialogplattform ist es, das Verhalten von Verbrauchern und Industrie in Richtung nachhaltigen Konsumierens und Produzierens im Zusammenhang mit Waschen, Abwaschen und Reinigen in privaten Haushalten zu ändern. Damit wird ein Beitrag zur öffentlichen Meinungsbildung, aber auch zur individuellen und gesellschaftlichen Verhaltensorientierung angestrebt. Für Akteure wie Henkel und P&G kann hier Vertrauen und Glaubwürdigkeit in ihre Marken aufgebaut werden. Sicherlich über einen längeren Zeitpunkt mit diffiziler begleitender Kommunikation. Aber mit starken Partnern, glaubwürdigen Zielen und einem Gütesiegel sowie zwei wichtigen Auszeichnung: Das Forum Waschen ist als offizielles Projekt der UN-Weltdekade 2013/2014 „Bildung für nachhaltige Entwicklung" ausgezeichnet. Der Rat für Nachhaltige Entwicklung zeichnete das Forum Waschen wiederum im Februar 2011 und Januar 2012 jeweils als eines von einhundert „Werkstatt-N Projekten" aus.

Transparenz als Element der Umsetzung Kunden geben immer mehr von sich via Facebook, Pinterest oder auch Amazon-Bewertungen preis. Daher steigt auch die Erwartung an Marken, transparenter zu werden und Einblicke zu ermöglichen – für manche ein radikaler Kulturwandel. Transparenz wird mehr und mehr von der Gesellschaft gefordert und wird in der dann ausgebildeten digitalen Gesellschaft unabdingbar.

Werfen wir einen Blick auf Unilever, einen der international führenden Konsumgüterhersteller. Nach eigenen Angaben hat Unilever Niederlassungen in über 100 Ländern, vertreibt seine Produkte in 190 Ländern und erwirtschaftet mit weltweit 171.000 Mitarbeitern einen Umsatz von 46,5 Mrd. € (2011).[22] 2012 erhielt Unilever den Deutschen Nachhaltigkeitspreis für sein Nachhaltigkeitsprogramm „Sustainable Living Plan". Die drei Kernziele will das Unternehmen bis 2020 erreicht haben. 1 Milliarde Menschen zu besserer Gesundheit und mehr Lebensqualität verhelfen, die Auswirkungen auf die Umwelt halbieren und 100 % der landwirtschaftlichen Rohwaren aus nachhaltigem Anbau beziehen. Insgesamt umfasst das Nachhaltigkeitsprogramm knapp 60 spezifische Zielvorgaben und macht Nachhaltigkeit zum festen Bestandteil der Geschäftsstrategie. Die Auszeichnung erhielt das Unternehmen auch für die transparente Kommunikation dieser Ziele, denn eines ist damit gewiss: in unserer heutigen digitalen Gesellschaft steht es damit unter ständiger Beobachtung der NGOs und dem kritischen Blick (sensibilisierter) Verbraucher. Der Konzern verfolgt damit eine CSR-Strategie, die der Käufer nicht unmittelbar mit den Konzernmarken verbindet.

---

[22] http://www.presseportal.de/pm/24435/2379411/unilever-gewinnt-deutschen-nachhaltigkeitspreis-2012-bild.

Dialog als Element der Umsetzung Hier geht es explizit um den Dialog mit den Stakeholdern. Ein Beispiel ist das Frosta Reinheitsgebot: Warum? Frosta hat von Beginn an den Dialog mit der Zielgruppe forciert und startete bereits 2005 seinen Frosta-Blog. Hier beschrieben zum einen Frosta-Mitarbeiter die Wandlung des Unternehmens mit all seinen Schwierigkeiten und zum anderen schuf das Unternehmen damit eine Plattform für den Austausch mit den Verbrauchern. Mit diesem Frosta-Blog hat das Unternehmen einen Best-Practice Case in Sachen CSR-Kommunikation geschaffen. Und ein erfolgreiches Beispiel für Word-of-Mouth-Marketing. Beispielsweise wurden Mitglieder von Utopia – dem führenden deutschsprachigen Verbraucherportal für Nachhaltigkeit – zu Produkttests eingeladen. Ein Produkt wurde für gut befunden, aber die Styroporverpackung und der Tiefkühllaster als nicht nachhaltig kritisiert. Frosta beantwortet die Kritik mit Fakten, ein Logistik-Experte beschrieb die Herausforderung, in den Lieferketten die Energiebilanz zu verbessern. Der Schritt zur Transparenz in den Sozialen Medien – weitere Aktivitäten auf Facebook etc. folgten – sowie die Konsequenz, auch bei den intensivsten Diskussionen jede Kritik zuzulassen und sich damit auseinanderzusetzen, wurden belohnt. Seit 2009 stiegen die Umsätze. 2012 erhielt Frosta den deutschen Nachhaltigkeitspreis für die nachhaltigste Marke des Jahres.

Partizipation als Element der Umsetzung Hier geht es um die Teilnahme der Stakeholder in relevanten Prozessen. Unternehmen müssen Menschen stärker signalisieren, dass sie ihnen im Alltag begegnen wollen, müssen Kommunikationskanäle schaffen und öffnen. Sei es durch Einladung zu Co-Creation, sei es durch Schaffung von Austausch mit der Marke aber auch untereinander. Ernsthaft, aufrichtig und gewissenhaft. Dies können Kundenforen wie bei Hess Natur oder dem Erlebniswaschsalon Trommelwirbel sein, bei dem Kunden und Interessierte regelmäßig die Möglichkeit zum direkten Dialog und Diskurs mit der Geschäftsleitung haben. Hier teilen Kunden ihre Wünsche, äußern ihre Kritik und können Impulse für Innovationen geben. Es gehört sicher Mut dazu, dies zum ersten Mal umzusetzen. Doch die gewonnen Einsichten wiegen dies um ein vielfaches auf.

5 Fazit

Klimawandel, Nachhaltigkeit und gesellschaftliche Verantwortung verlangen ein Denken und Planen in Zeithorizonten von 30, 40 und 50 Jahren. Unser aller Denken, Fühlen und Handeln ist aber vielmehr auf das Hier & Jetzt ausgerichtet. So ticken wir Menschen nun mal, aber eben auch die Politik und die Wirtschaft, insbesondere Großunternehmen. Dieses langfristige Denken in größeren Zeitdimensionen müssen wir uns aber mehr und mehr zu eigen machen, müssen analysierender, vorrausschauender denken und planen, wenn alle ihrer gesellschaftlicher Verantwortung gerecht werden wollen.

Wertorientiert zu handeln wird wichtiger. Der Wertewandel wird nicht nur ein inhaltlicher sein, er ist ein struktureller. Und damit viel fundamentaler als alles, was wir bisher bewusst erlebt haben. Das Authentische als Wert anzunehmen ist das eine, es dann als

Marke auch zu leben, ist eine große Herausforderung. Denn auch Menschen, die mit Marken interagieren, tun dies mit einem gewissen Grad an Inszenierung, und versuchen ihre Inszeniertheit zu verbergen und so einen Echtheits- bzw. Wirklichkeitseffekt zu erzeugen. Fehler zu zugeben und negative Seiten nicht zu verleugnen ist ein wichtiger Wert, will man dauerhafte Beziehungen aufbauen. „Lieber verliere ich Geld als Vertrauen" gab schon Robert Bosch seinem Unternehmen als Maxime mit.

Unternehmen werden in längerer Perspektive darüber nachdenken müssen, wie sie mit den CSR-Themen in Rahmen ihrer Unternehmenstätigkeit umgehen wollen. Auch die Innovationschancen, die sich durch den Nachhaltigkeitsgedanken ergeben, sind nicht zu unterschätzen. So sind die Investitionen von Investment-Bankern und Hedgefonds in SRI-Beteiligungen, die sich dem Gedanken der Nachhaltigkeit verpflichten, seit 2007 um 18 % auf 2,7 Billionen USD gestiegen. Und sogar Management-Guru Michael Porter nennt in seinem Shared-Value-Ansatz CSR als den Innovationstreiber der Zukunft.

Die Bedeutung von Themen wie Nachhaltigkeit, Umweltverträglichkeit und Zukunftsfähigkeit bietet Markenprodukten einerseits die Möglichkeit, Verantwortung zu übernehmen und damit dem immer stärker werdenden Wunsch nach moralischem Verhalten nachzukommen, andererseits, sich an die Spitze dieser Bewegung zu setzen und damit Innovationskraft zu zeigen und das Markenwachstum zu fördern. Gibt es so etwas wie einen moralischen Mehrwert beim Konsum? Ja, meint Prof. Ludger Heidbrink, Wirtschaftsethiker und Professor am Philosophischen Seminar der Universität Kiel, „wenn man merkt, dass man etwas Sinnvolles bewirken kann, ist das ein Erfolgserlebnis, das wiederum die Bereitschaft steigert, sich für bessere Arbeitsbedingungen einzusetzen und am Ende dafür auch etwas mehr zu bezahlen. Diesen moralischen Wert auch von Unternehmensseite aus zu unterstützen scheint mir eine wichtige Zukunftsaufgabe zu sein (Groh-Konito)."

Der Weg zu einer erfolgreichen CSR-Marke kann daher zusammenfassend wie folgt beschrieben werden: Die CSR-Strategie des Unternehmens muss strategisch eingebettet werden in die Geisteshaltung der Marke, in ihre Markenbotschaft, und über die Mitarbeiter des Unternehmens und die Kontaktpunkte kohärent kommuniziert werden. So kann CSR positiv über die geschärfte Positionierung und Differenzierung zur Reputation, Vertrauensaufbau beitragen und bei der Gewinnung von Neukunden, der Kundenbindung, der Orientierung beim sinn- und wertvollen Einkauf und im Advocay Marketing seinen Beitrag leisten (Fabisch 2012).

Zum Abschluss drei allgemeine Empfehlungen.

1. Stärke Vertrauen und Klarheit hinsichtlich der Dringlichkeit.
Der neue, dreidimensionale Ansatz im CSR-Management darf nicht so missverstanden werden, dass Unternehmen und ihre Marken den ökonomischen Erfolg aus den Augen verlieren. Die drei Dimensionen Ökonomie, Ökologie und Gesellschaft müssen vielmehr in der Ausarbeitung und Umsetzung der Strategie parallel bedacht werden. Marken dürfen keinen ökologischen oder gesellschaftlichen Schaden anrichten, müssen aber zum Erfolg des Unternehmen beitragen.

2. **Baue eine kontrollierbare Gesellschafts-Dividende auf.**
Unsere Gesellschaft ist nicht zuletzt dank Digitalisierung und Internet sensibilisiert für den direkten Zusammenhang zwischen Gewinn eines Unternehmens und seinem CSR-Engagement. Marken können hier für mehr Transparenz sorgen und damit das ihnen entgegengebrachte Vertrauen stärken, indem sie beispielsweise aufzeigen, wie der Unternehmensgewinn in die Verbesserung einer nachhaltigen Unternehmenspolitik reinvestiert wird. Je transparenter und nachvollziehbarer, umso besser.

3. **Schaffe Glaubwürdigkeit durch Integration von Experten.**
Bei vielen Umsetzungsschritten der CSR-Strategie ist es gerade für Großunternehmen ratsam mit Experten zusammenzuarbeiten. Zum einen wird dies mit der Verpflichtung zum Stakeholder-Dialog vorausgesetzt. Zum anderen stehen CSR-Berater für mehr Expertise und Glaubwürdigkeit, die sich wiederum auf die Marke überträgt (Sell 2013).

Literatur

Balch O (2013) H&M: can fast fashion and sustainability ever really mix? http://www.theguardian.com/sustainable-business/h-and-m-fashion-sustainability-mix. Zugegriffen: 3. Mai 2013

Baumgarth C, Binckebanck L (2011) CSR-Markenmanagement – Markenmodell und Best-Practice-Fälle am Beispiel der Bau- und Immobilienwirtschaft. Paper No. 62, 9/2011, S 7 f

Bernau V (4. März 2013) Ökonomie des Teilens, Dabei sein ist alles. Süddeutsche Zeitung, S 17

Budde L (2013) Vom Haben zum Werden. http://t3n.de/news/future-trents-google-analytics-summit-2013-510730/. Zugegriffen: 21. Nov. 2013

Ellen PS, Webb DJ, Mohr LA (2006) Building corporate associations: consumer attributions for corporate socially responsible programs. J Acad Mark Sci 34(2):147–157

Fabian R (2013) Alles läuft rund. In: Ein Begriff geht auf den Keks, wie Sie trotzdem auf den Geschmack kommen. Magazin des Zertifikatsstudiums Nachhaltigkeit und Journalismus. Beilage in der ZEIT, Hamburg, Okt. 2013, S 6

Fabisch N (23. Feb. 2012) Ethik und Nachhaltigkeit in der Markenführung schaffen Vertrauen. 16. GEM Markendialog

Godelnik R (2013) Brand Reputation Management and Corporate Social Responsibility. http://www.triplepundit.com/2013/03/brand-reputation-management/. Zugegriffen: 4. März 2013

Graff B (2013) Das kaufen wir euch nicht ab – Digitalisierung und Konsumverhalten. http://www.sueddeutsche.de/kultur/digitalisierung-und-konsumverhalten-das-kaufen-wir-euch-nicht-ab-1.1756994. Zugegriffen: 1. Sept. 2013

Groh-Konito C (2013) Billig-Konsum und die Folgen – Warum uns Bangladesch so egal ist. http://www.handelsblatt.com/unternehmen/handel-dienstleister/billig-konsum-und-die-folgen-warum-uns-bangladesch-so-egal-ist/8188556.html. Zugegriffen: 20.Okt.2013

Kirchhoff KR (Hrsg) (2013) Good Company Ranking 2013. Hamburg http://www.kirchhoff.de/fileadmin/20_Download/2013-Highlights/Studie_Good_Company_Ranking_2013.pdf. Zugegriffen: 15.Feb.2014

Mark M, Pearson CS (2001) The hero and the outlaw – building extraordinary Brands through the power of Archetypes. McGraw-Hill, New York

Mayer-Johanssen U (20. Juni 2013) Die Macht der NGOs. Handelsblatt

Meffert H, Münstermann M (2005) Corporate Social Responsibility in Wissenschaft und Praxis: eine Bestandsaufnahme. Arbeitspapier Nr. 186, Wissenschaftliche Gesellschaft für Marketing und Unternehmensführung e. V., Münster, S 20 f

Meyer M, Waßmann J (2011) Strategische Corporate Social Responsibility – Konzeptionelle Entwicklung und Implementierung in der Praxis am Beispiel „dm-drogerie markt". Research Papers on Marketing Strategy, No. 3/2011, Würzburg

Nachhaltigkeitsbericht H&M (2013) http://about.hm.com/de/About/Sustainability/Commitments/Use-Resources-Responsibly/Water.html. Zugegriffen: 20. Okt. 2013

Reuter B (2013) Nachgefragt: Was bedeutet Nachhaltigkeit für IKEA, Herr Wenzig? http://green.wiwo.de/nachgefragt-was-bedeutet-nachhaltigkeit-fur-ikea-herr-wenzig/. Zugegriffen: 26. Aug. 2013

Sell M (2013) How the Future of CSR is Changing Brand Management. http://www.agencypost.com/how-the-future-of-csr-is-changing-brand-management/#sthash.4ioi8z4C.dpuf. Zugegriffen: 1. Juli 2013

Share (2013) SUPERIllu. Verlag GmbH & Co. KG, Berlin, S 136 f

Sherrington M (2003) Added value – the alchemy of brand-led growth. Macmillan, New York

Smith T (Feb. 2012) Creating shared value: Soziale Verantwortung als Unternehmensstrategie. CSR Magazin, Hückeswagen, S 30 ff

Theile C (4./5. Mai 2013) Gemeinsame Sache. Süddeutsche Zeitung

Voigt T (Hrsg) (2011) Hamburg Otto Group Trendstudie 2011. S 12

Voigt T (Hrsg) (2013) Otto Group Trendstudie 2013. Hamburg, S 8

Waßmann J (2011) Corporate Social Responsibility in der Marketing- und Markenforschung. Ein systematischer Überblick zum aktuellen Stand der empirischen Forschung. Research Papers on Marketing Strategy No. 5/2011, Lehrstuhl für BWL und Marketing, Julius-Maximilians-Universität Würzburg, Josef-Stangl-Platz 2, 97070 Würzburg

Woisetschläger DM, Backhaus C (2010) CSR Engagements: was davon beim Kunden ankommt. Mark Rev St. Gallen 27(5):42–47

Wüst C (2012) Corporate Reputation Management – die kraftvolle Währung für Unternehmenserfolg. In: Wüst C, Kreutzer RT (Hrsg) Corporate Reputation Management – Wirksame Strategien für den Unternehmenserfolg. Springer, Wiesbaden

CSR auf dem Prüfstand

Die Sicht der Deutschen auf die gesellschaftliche Verantwortung der Wirtschaft

Hildegard Keller-Kern und Christoph Prox

Zusammenfassung

Der erste UN Klimareport 2007 hat die Menschen in Deutschland und weltweit aufgerüttelt. Die Finanz- und Wirtschaftskrise war nicht minder dramatisch. Beides hat mit einer noch nie dagewesenen Deutlichkeit einer breiten Öffentlichkeit vor Augen geführt, dass die Lösung unserer globalen Probleme nur durch gemeinsame Anstrengungen von Politik, Wirtschaft und Zivilgesellschaft gelöst werden können. Und dass Unternehmen nicht nur ihren Shareholdern verpflichtet sind, sondern der Gesellschaft generell und der Gemeinschaft weltweit.

Was meint der „Mann auf der Straße", der wichtigste Stakeholder vieler Unternehmen und Marken, zu deren gesellschaftlicher Verantwortung? Die Studienreihe „CSR auf dem Prüfstand" von Icon Added Value bietet einen umfassenden Blick auf diese Thematik. Die Zukunftsbedeutung von CSR-Themen zu Umwelt, Sozialem und Wirtschaftsethik, die Erwartungen und die Bewertungen des verantwortungsvollen Handelns von Unternehmen und Marken, sowie spezifisch welche Branchen sich um welche Themen zu kümmern haben, waren Gegenstand von drei Studien. In den Jahren 2007, 2010 und 2012 dieser drei Studien zeigt sich eine klare Entwicklung. Die Deutschen bewerten das Engagement und das tatsächlich verantwortungsvolle Handeln von Unternehmen zunehmend kritischer. Da unsere globalen Probleme nicht kleiner, sondern größer werden, stellt das einerseits einen Weckruf dar und zeigt andererseits auf, welche Chancen und welchen Entwicklungspotential das gesellschaftlich verantwortungsvolle

H. Keller-Kern (✉)
Im Bäckerfeld 3, 4061 Pasching, Österreich
E-Mail: hkk@thinktwice.com.de

C. Prox
Icon Added Value GmbH, Thumenberger Weg 27, 90491 Nürnberg, Deutschland
E-Mail: christoph.prox@icon-added-value.com

A.-K. Kirchhof, O. Nickel (Hrsg.), *CSR und Brand Management*, Management-Reihe Corporate Social Responsibility, DOI 10.1007/978-3-642-55188-8_2,
© Springer-Verlag Berlin Heidelberg 2014

Handeln für Unternehmens- und Markenführung bietet. Einige der lobenswerten Markenbeispiele untermauern das.

1 Corporate Social Responsibility – ein Schlagwort, verschiedene Interpretationen

Fragt man fünf Leute nach dem Verständnis von Corporate Social Responsibility, kann man durchaus fünf verschiedene Antworten bekommen. CSR ist ein Begriff, der unterschiedlich gebraucht und verstanden wird. Synonym werden auch andere Begriffe verwendet, wie z. B. Corporate Responsibility oder Corporate Governance. In letzter Zeit ist „Nachhaltigkeit" oder „Sustainability" immer mehr in Gebrauch.

Allein die Tatsache, dass es 2010 trotz aufwändiger Bemühungen zu keiner ISO Norm kam, sondern „nur" zu einer Richtlinie, zeigt die Schwierigkeit eines einheitlichen Verständnisses[1] selbst unter Fachleuten. Aber immerhin haben sich laut einer ISO News Meldung Ende 2012 viele Länder zu dieser Richtlinie bekannt[2].

Die Richtlinie ISO 26000 wurde nach 5-jährger Arbeit des Komittees Ende 2010 von 99 Staaten verabschiedet. Sie hat Empfehlungscharakter und ist keine Norm.

> Gesellschaftliche Verantwortung ist definiert als die „Verantwortung einer Organisation für die Auswirkungen ihrer Entscheidungen und Aktivitäten auf die Gesellschaft und die Umwelt durch transparentes und ethisches Verhalten, das
>
> • zur nachhaltigen Entwicklung, Gesundheit und Gemeinwohl eingeschlossen, beiträgt,
> • die Erwartungen der Anspruchsgruppen berücksichtigt,
> • anwendbares Recht einhält und im Einklang mit internationalen Verhaltensstandards steht; und
> • in der gesamten Organisation integriert ist und in ihren Beziehungen gelebt wird."
>
> Quelle: DIN_ISO_26000

---

[1] http://www.iso.org/iso/home/standards/management-standards/iso26000.htm.

[2] Aus ISO26000 News Nov 2012 *„At least 60 countries have adopted the standard, and 20 more are considering following through."*

Auch das CSR- oder Nachhaltigkeits-Reporting von Unternehmen nimmt die unterschied-lichsten Formen an. Es scheint in letzter Zeit Richtung Global Reporting Initiative[3] zu kon-vergieren. Doch etwas fehlt noch weitgehend in den unterschiedlichen Richtlinien, und auch die Global Reporting Initiative bleibt da doch ein wenig diffus: Sie formuliert unter anderem in ihren „Sustainability Reporting Guidelines" das Stakeholder Inclusiveness Principle. Allerdings bleibt die Definition der Stakeholder dem Berichtsleger überlassen.

Stakeholder Inclusiveness Principle

The organization should identify its stakeholders, and explain how it has responded to their reasonable expectations and interests.
Stakeholders can include those who are invested in the organization as well as those who have other relationships to the organization. The reasonable expectations and interests of stakehol-ders are a key reference point for many decisions in the preparation of the report.
Quelle: G4 Sustainability Reporting Guidelines

2   Mit dem „Mann auf der Straße" über CSR reden

Für Marken und Unternehmen gibt es eine Stakeholder-Gruppe, die ihre Existenzberech-tigung darstellt: König Kunde! In vielen Branchen, insbesondere in B2C Branchen, sind das ganz normale Menschen. Und die pflegen kaum CSR Unternehmens-Reports zu lesen. (Auch für B2B Kunden gilt übrigens, dass sie in erster Linie Menschen sind, und erst da-nach Techniker, Einkäufer, Ärzte, etc.)

Wenn man ganz normale Menschen zu CSR befragt, geht es nicht um definitorische Feinheiten, um Reporting, um unterschiedliche Maße und Maßstäbe. Es geht einfach um ihre Meinung, um Sichtweisen, Einstellungen und Gefühle. Um die Meinung dieser ganz normalen Menschen zu erfahren, muss man mit ihnen in einer verständlichen Sprache reden. Man muss erklären, was mit CSR gemeint ist und das Thema aus unterschiedlichen Perspektiven beleuchten.

Diese Meinung zu erfahren war die Zielsetzung der empirischen Studienreihe „CSR auf dem Prüfstand", die von Icon Added Value 2007, 2010 und 2012 in Deutschland durch-

---

[3] https://www.globalreporting.org/Pages/default.aspx.

geführt wurde[4]. 1000 Deutsche beantworteten die Fragen zu 30 CSR-Zukunftsthemen, 18 Branchen, 37 Marken und einigen CSR-Initiativen.

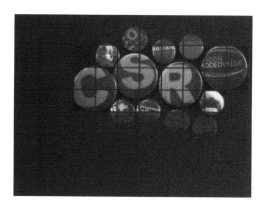

„CSR auf dem Prüfstand" 2012 Eigenstudie von Icon Added Value

Feldzeit: März 2012
Zielgruppe: repräsentative Bevölkerungsstichprobe 18–65 Jahre
Stichprobe: n = 1000
Methode: Online-Befragung
Befragungsgebiet: national

Einige ausgewählte Frage-Formulierungen der Icon Added Value Studie:

In unserer heutigen Gesellschaft werden wir mit verschiedenen Themen konfrontiert. Nachfolgend finden Sie eine Aufstellung umweltspezifischer Themen, sozialer Themen, politischer Themen und Themen zur Unternehmensführung. Welche dieser Themen sollten nach Ihrer persönlichen Meinung zukünftig in unserer Gesellschaft an Bedeutung gewinnen?

Was denken Sie, wie viel müssen Unternehmen im Allgemeinen zukünftig tun, wenn es um die folgenden Themen geht?

Die verschiedenen Themen zur unternehmerischen Verantwortung können je nach Art des Unternehmens mehr oder weniger relevant sein: Sicherlich ist z. B. die Reduzierung des CO_2 – Ausstoßes für bestimmte Branchen eher relevant als der Verzicht auf Tierversuche.
     Bitte geben Sie zu jedem Thema an, welche Branchen dafür Verantwortung übernehmen sollten

Diese(s) Branche/Unternehmen/Marke handelt tatsächlich unternehmerisch verantwortungsvoll

---

[4] http://source.icon-added-value.com/die-deutschen-werden-immer-kritischer-dritter-teil-der-studienfolge-csr-auf-dem-prufstand-2012/.

3   Die Rahmenbedingungen

Zwischen 2007 und 2012 ist vieles geschehen, das Auswirkungen auf die Meinung der Menschen zu CSR hatte und die relevanten Zukunftsthemen mit bestimmt. Einige der *Worte des Jahres* der Gesellschaft für deutsche Sprache (GfdS) in Wiesbaden[5] illustrieren das recht plakativ:

2007 „Klimakatastrophe", 2008 „Finanzkrise", 2010 „Wutbürger", 2011 „Stresstest", 2012 „Rettungsroutine" plus der GfdS *Satz des Jahres 2011*, die Festlegung Angela Merkels in ihrer Regierungserklärung auf den Ausstieg Deutschlands aus der Atomenergie „Fukushima hat meine Haltung zur Kernenergie verändert."

Kurz zur Rekapitulation der wichtigsten Ereignisse rund um die Jahre der Studien:

- 2007 war das Jahr des Klimaschutzes. Nach dem UN-Klimabericht avancierten Klima- und Umweltschutz zum Medienhit und zur Chefsache der Politik. Die Bedeutung von gesellschaftlich verantwortungsvollem Handeln wurde für die breite Masse evident. Damit rückte auch Unternehmens- und Markenführung ins öffentliche Interesse. CSR war „in", viele sprangen auf den Zug auf.
- 2010 ging weltweit das Gespenst der Wirtschaftskrise um, nur Deutsche und Chinesen begannen etwas aufzuatmen. Kurzarbeit und Abwrackprämie in Deutschland hatten das Schlimmste verhindert. Die chinesische Wirtschaft war nach wie vor auf Wachstumskurs. Anderen ging es deutlich schlechter. Milliardenschwere Bankenrettungsfonds und Konjunkturpakete wurden geschnürt. Der Staat, also wir alle, trat als Retter in der Not auf den Plan. Und dann explodierte im Golf von Mexiko eine Bohrinsel.
- Und 2011/Anfang 2012? Der Start 2011 war dramatisch, mit dem haben-wir-leider-so-nicht-in-Betracht-gezogenen Atomunfall in Fukushima. Das rüttelte weltweit an den Grundfesten der Energiepolitik – mit zu erwartenden durchaus unterschiedlichen Konsequenzen. Nach wie vor hielt Südeuropa die Wirtschafts- und Finanzwelt in Atem, der Euro übte sich in Berg- und Talfahrt. Und die Unruhen weltweit demonstrierten, wie anhaltende Wirtschaftskrise und Verarmung zu Verweigerung und politischer Radikalisierung führen.

Auch die Einstellungen der Deutschen zu CSR haben sich über diesen Zeitraum verändert: 2012 gab es einen weiteren deutlichen Zuwachs an einer Gruppe, denen CSR ein Anliegen ist. Es sind die „Engagierten". Diese Gruppe wuchs um fast ein Viertel auf nunmehr 33 %. Sie machten 2012 bereits ein Drittel der Deutschen aus. „Tue Gutes mit deinem Geld" – die Kaufentscheidungen der Engagierten werden verstärkt durch CSR-Themen beeinflusst.

Wenn diese Studie 2014 fortgesetzt wird, werden vermutlich mehrere Ereignisse in 2012 und 2013 ihren Einfluss zeigen: Fragezeichen rund um Euro und EU, instabiler Bankensektor mit nach-wie-vor-maßlosen Bankern, Korruption und Bestechung, drohende Weltwirtschaftskrise, schleppende Energiewende, Mindestlohn, weltweit steigende Armut, Ausbeutung der 3. Welt und ihrer Menschen, aktueller UN Klimabericht.

---

[5] http://www.gfds.de/aktionen/wort-des-jahres/.

4   Die Zielsetzung der Studie „CSR auf dem Prüfstand"

„CSR auf dem Prüfstand 2012" ging den Fragen zu den relevanten Themen, zur Verantwortung von Branchen, Unternehmen und Marken nach und stellte dies in Relation zu den Studien der Jahre vorher.

- Was hat sich seit 2010 wie verändert?
- Welche der 30 CSR-Themen beschäftigen die Menschen in 2012 besonders?
- Für welche CSR-Themen sind aus Sicht der Menschen die 18 Branchen bzw. Unternehmen generell verantwortlich?
- Welche speziellen Themen beeinflussen die Kaufentscheidung?
- Wie verantwortlich handeln Großunternehmen im Vergleich zu den mittelständischen und kleinen?
- Gibt es Unterschiede zwischen deutschen Unternehmen und Unternehmen anderer Nationalitäten?
- Wie werden die 37 Marken hinsichtlich ihres verantwortungsvollen Handelns bewertet? In welchem Zusammenhang steht CSR und emotionale Markenbindung?
- Was halten die Menschen von ausgewählten CSR-Initiativen von Marken bzw. Unternehmen?
- Wie entwickeln sich CSR-Interessenslagen bzw. Typologien bei den Deutschen?
- Und letztendlich: Was bedeutet das für Management und Marketing?

5   Die relevanten CSR Zukunftsthemen 2012

Ungeachtet der Dramatik der letzten Jahre ging es uns in Deutschland doch besser als anderen. Die Existenzangst, in 2009/2010 noch viel prominenter, war 2012 etwas gemindert. Aber die Frage nach den Schuldigen der Wirtschafts- und Finanzkrise und der Umweltthematik ist geblieben. Die Brisanz der zu bewältigenden Probleme ging keineswegs zurück: Gerechtigkeit und Fairness im Sozialen ziehen sich auch 2012 wie ein roter Faden durch die wichtigsten Zukunftsthemen, begleitet von Umweltverschmutzung und der Förderung alternativer Energien (Abb. 1).

Neben Umwelt- und Klimaschutz durch erneuerbare Energien sind 2012 Gerechtigkeit und Fairness der rote Faden der Top Themen. Die Nachwirkungen von Fukushima rücken Umweltverschmutzung und Energiepolitik in den Vordergrund. Die Wirtschaftslage wirkt sich nach wie vor auf Fairness und soziale Gerechtigkeit aus. Die Menschen trauen dem „Management" generell und insbesondere der Finanzbranche nicht. Der Konflikt zwischen dem Mann auf der Straße und den Privilegierten verschärft sich.

Wie bedeutend Gerechtigkeit geworden ist, sieht man 2012 auch an der Entwicklung der Dritte Welt Themen. Gerechtigkeit bekommt eine stärkere globale und solidarische Ausprägung. Nicht nur hierzulande, auch mit der Dritten Welt können Unternehmen nicht mehr so weitermachen (Abb. 2).

„Unternehmen müssen bei diesem Thema zukünftig viel mehr tun"

2012	TOP 10	2010
Verzicht auf überhöhte Management-Bonus-zahlungen/ Begrenzung der Managergehälter (67)		Verzicht auf überhöhte Management-Bonus-zahlungen/ Begrenzung der Managergehälter (68)
Faire Bezahlung von Arbeitnehmern* (62)		Arbeitsplatzsicherung in Deutschland (62)
Stärkere Management-Haftung (59)		Stärkere Management-Haftung (60)
Arbeitsplatzsicherung in Deutschland (58)		Faire und respektvolle Behandlung von Arbeitnehmern (60)
Faire und respektvolle Behandlung von Arbeitnehmern(57)		Transparenz und Ehrlichkeit in der Wirtschaft (56)
Vermeidung von Korruption und Bestechung (56)		Vermeidung von Korruption und Bestechung (55)
Einführung eines Mindestlohns (56)		Vermeidung von Umweltverschmutzung (55)
Nachhaltige Unternehmensführung (56)		Einführung eines Mindestlohns (53)
Transparenz und Ehrlichkeit in der Wirtschaft (55)		Nachhaltige Unternehmensführung (53)
Vermeidung von Umweltverschmutzung (54)		Reduzierung des CO_2–Ausstoßes und Klimaschutz (52)

*2010 nicht abgefragt

Abb. 1 Top 10 CSR Themen für zukünftiges Unternehmensengagement. (Quelle: Icon Added Value CSR-Studie, März 2012 (alle Angaben in %))

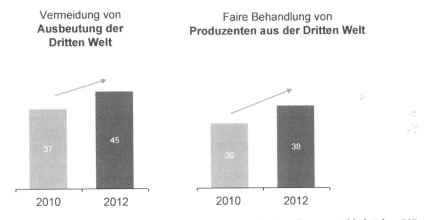

Vermeidung von **Ausbeutung der Dritten Welt**	Faire Behandlung von **Produzenten aus der Dritten Welt**
37 45	30 38
2010 2012	2010 2012

Abb. 2 Zukunftsbedeutung der Gerechtigkeit für die Dritte Welt. (Quelle: Icon Added Value CSR-Studie, März 2012 (alle Angaben in %))

Die Bottom Themen

Wohltätigkeit steht bei den Zukunftsthemen auch 2012 an letzter Stelle – Charity mag zwar gut sein, löst aber die dringenden Probleme nicht. Gentechnik und deutsche Herkunft betrachtet man nach wie vor als „derzeit im Griff". Der Ausstieg aus der Atomenergie ist bereits beschlossen, Thema abgehakt. Und der Euro wäre ohnehin gleich zu retten, viel Zeit bleibt nicht. Dass die Deutschen eine stärkere Kontrolle der Wirtschaft durch den Staat 2012 für wenig zukunftsbedeutend halten, ist nicht gerade ein Kompliment für die

Abb. 3 Großunternehmen und KMUs im Vergleich. (Quelle: Icon Added Value CSR-Studie, März 2012 (alle Angaben in %))

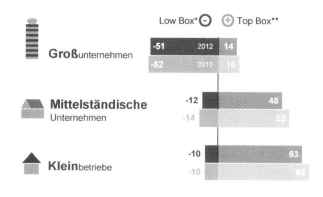

„Unternehmen dieser <u>Größe</u> handeln tatsächlich verantwortungsvoll"

*Summe aus: (1) stimme überhaupt nicht zu und (2) stimme eher nicht zu; **Summe aus: (4) stimme eher zu zu (5) stimme voll und ganz zu

Politik. Aus heutiger Sicht mit der anhaltenden Euro und EU Krise könnte manch einer das anders sehen, die Euro-Kanzlerin und ihr Finanzminister haben ein besseres Standing.

Zwischen Top und Bottom liegen weitere Themen zu Wirtschaftsethik, Ökologie, Verbraucherschutz und Datenschutz, Bildung, Dritter Welt (siehe oben), lokalem Engagement und Gleichstellung. Zum Ranking aller 30 Themen siehe auch **Anhang 1**.

6   Unternehmen sind mehr denn je gefordert

Noch deutlicher als bereits 2010 wird klar: Unternehmen und Marken sind ein integraler Bestandteil unserer Gesellschaft. Und damit auch zunehmend Verantwortungsträger für die Lösung der Probleme dieser Gesellschaft. 84 % aller Deutschen fordern ein verstärktes CSR-Engagement von Unternehmen.

Bei den Top 10 Themen für Unternehmensengagement geht es 2012 vor allem um Moral, Wirtschaftsethik und Gerechtigkeit/Fairness.

Weiterhin gilt, „Small is beautiful" und „Kapital ist ohne Moral", wenn auch mit kleinen Abschlägen im Vergleich zu 2010. Ein klares Votum gegen Großunternehmen, bei denen Rendite und Shareholder im Fokus stehen. Der Mittelstand und Kleinbetriebe handeln nach Meinung der Deutschen viel verantwortungsvoller, und je kleiner, desto mehr (Abb. 3). Ein Potential für KMUs und eine Herausforderung für die Großkonzerne!

Wie steht es um nationales Bewusstsein? Nach wie vor punkten die eigenen Landsleute, wenn es um verantwortliches Handeln geht: Deutsche Unternehmen stehen deutlich besser da als alle anderen, insbesondere im Vergleich zu denen amerikanischer und asiatischer Provenienz. Das gilt allerdings nicht für deutsche Banken, ihr Vorsprung ist gering, die Bewertung sehr negativ. (Abb. 4).

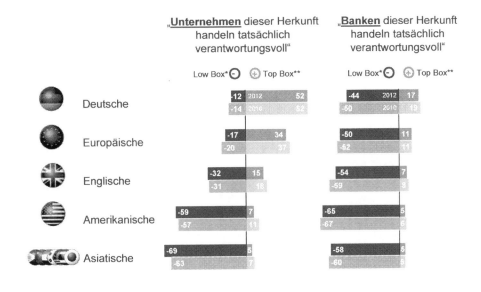

"Unternehmen dieser Herkunft
handeln tatsächlich
verantwortungsvoll"

"Banken dieser Herkunft
handeln tatsächlich
verantwortungsvoll"

Low Box* ⊖   ⊕ Top Box**   Low Box* ⊖   ⊕ Top Box**

Deutsche
Europäische
Englische
Amerikanische
Asiatische

*Summe aus: (1) stimme überhaupt nicht zu und (2) stimme eher nicht zu; **Summe aus: (4) stimme eher zu (5) stimme voll und ganz zu

Abb. 4 Deutsche Unternehmen und Banken im internationalen Vergleich. (Quelle: Icon Added Value CSR-Studie, März 2012 (alle Angaben in %))

7 Noch mehr Kritik an der Branchenverantwortung

Die Menschen sind noch kritischer geworden als sie es bereits 2010 waren. Und schon 2010 waren sie kritischer als 2007. Die Dramatik in 2012: Keine der 18 Branchen wird besser bewertet, 13 Branchen deutlich schlechter. Food ist besonders betroffen, die vielen Skandale haben Folgen.

Beim Blick auf die 18 Branchen wird eine Dreiteilung deutlich: Es gibt nur wenige Branchen mit einer positiven Nettobilanz, eine Branche, die neutral ist bzw. polarisiert, und viele mit einer negativen Nettobilanz (Abb. 5).

Die drei „Guten" sind Einzelhandel, Haushaltsgeräte und IT. Die Automobilbranche hat sich als „Neutrale" bzw. polarisierende Branche vom ihrem 2007er CO2-Buhmann Image deutlich erholt. Bei den 14 „Schlechten" Branchen stellt Mineralöl das Schlusslicht, Deep Water Horizon wirkt nach. An vorletzter Stelle finden sich die Finanzdienstleister, die bereits 2010 ein unrühmliches Exempel waren und auch 2007 schon kritisch betrachtet wurden. 2012 werden sie nochmal schlechter bewertet.

Auch inhaltlich verschärft sich das Bild, die Menschen werden kritischer: Mehr Menschen verlangen mehr Verantwortung für mehr Themen von mehr Branchen (Abb. 6). Dabei gilt seit 2007 unverändert „Schuster bleib bei deinem Leisten". Es möge sich also bitteschön jede Branche um ihre ureigenen Themen kümmern. Dabei ist nach wie vor die Finanzbranche der Buhmann der Wirtschaftsethik.

Abb. 5 Das verantwortungsvolle Handeln von Branchen. (Quelle: Icon Added Value CSR-Studie, März 2012 (alle Angaben in %))

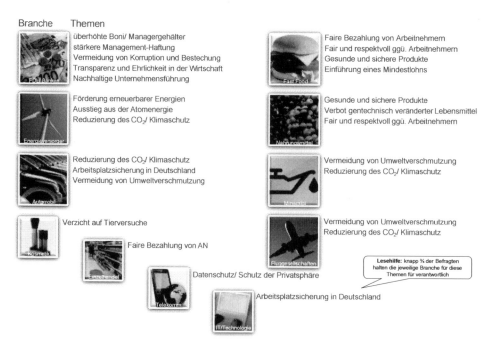

Abb. 6 CSR Themen, für die die jeweilige Branche von mind. 75 % für verantwortlich gehalten wird

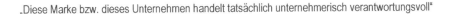

„Diese Marke bzw. dieses Unternehmen handelt tatsächlich unternehmerisch verantwortungsvoll"

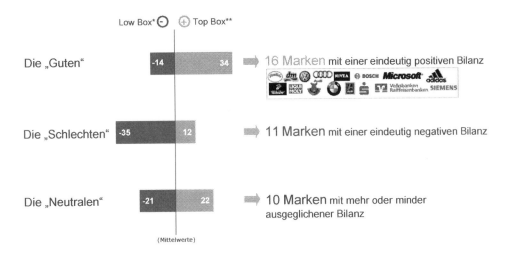

Low Box* ⊖   ⊕ Top Box**

Die „Guten"   -14   34   ➡ 16 Marken mit einer eindeutig positiven Bilanz

Die „Schlechten"   -35   12   ➡ 11 Marken mit einer eindeutig negativen Bilanz

Die „Neutralen"   -21   22   ➡ 10 Marken mit mehr oder minder
                                        ausgeglichener Bilanz

(Mittelwerte)

*Summe aus: (1) stimme überhaupt nicht zu und (2) stimme eher nicht zu; **Summe aus: (4) stimme eher zu (5) stimme voll und ganz zu

Abb. 7 Das verantwortungsvolle Handeln von Marken. (Quelle: Icon Added Value CSR-Studie, März 2012 (alle Angaben in %))

8 Wie Verbraucher das verantwortliche Handeln von Marken sehen

Erfreulich ist, dass die von Icon Added Value ausgewählten 37 Marken meist besser bewertet werden als ihre jeweiligen Branchen. Das ist ein gewohntes Muster, renommierte Marken können sich auf einen a priori Bonus stützen (Abb. 7). Es bleibt aber genügend Luft nach oben: 16 „Gute" mit deutlich positiver Nettobilanz, 11 „Schlechte" mit negativer Nettobilanz, 10 mehr oder minder „Neutrale" bzw. polarisierende.

Anmerkung: *Es ist eine Richtlinie von Icon Added Value aus dem Markenset nur die mit einer deutlich positiven Nettobilanz (+ 10 %) namentlich zu veröffentlichen.*

Unter den Top 7 der 16 „Guten" finden sich ausschließlich deutsche Marken, angeführt von dm, Landliebe und VW. Landliebe ist die einzige Food Marke, die ihr 2010 Level halten kann. Alle anderen aus Food oder Fast Food rutschen teils drastisch ab.

Auch unter den „Guten" sind mit BMW und Audi zwei Automobilmarken vertreten, deutlich besser als ihre Branche. Siemens und Microsoft sind ebenfalls unter den „Guten", zwei Vertreter der weniger kritischen IT/Technologiebranche. Microsoft ist die einzige nicht-deutsche Marke unter den „Guten". Dass nach wie vor Marken das Gesetz des Handelns in ihrer Hand haben zeigen die Sparkassen und Volksbanken Raiffeisenbanken mit ihrer ebenfalls positiven Nettobilanz: Selbst in kritischen Branchen gibt es verantwortungsvoll handelnde Marken.

Bei den zehn „Neutralen", mehr oder minder ausgeglichen, sind Marken aus den weniger kritischen Branchen. Die Mehrheit ist ausländischer Herkunft. Einige große Foodmarken sind von ehemals positiv in diesen Bereich abgerutscht.

Die CSR-Wirkungskette zeigt, wie bedeutsam CSR-Uniqueness für die Bewertung der
CSR-Handlungsstärke und die emotionale Markenbindung ist – Sichtbarkeit vorausgesetzt.
CSR ist eben nicht gleich CSR! Ohne eigenständige, markenspezifische und passende
CSR-Maßnahmen ist kein Preis zu gewinnen.

Abb. 8 Starker Zusammenhang zwischen verantwortungsvollem Handeln und emotionaler Markenbindung. (Quelle: Icon Added Value CSR-Studie, März 2012))

Unter den elf „Schlechten" finden wir neben den üblichen Verdächtigen aus Energie
und Finanzen als Schlusslicht einen Mineralöl-Vertreter. Bemerkenswerterweise liegt eine
Social Media Marke nur knapp davor an vorletzter Stelle. Zum Ranking aller 37 Marken
siehe auch **Anhang 2**.

Trotz dieses freundlicheren Bildes im Vergleich zu den Branchen demonstrieren die
Veränderungen zu 2010 wie kritisch die Menschen auch im Hinblick auf Marken geworden sind: Nur sechs positiven Veränderungen stehen 13 negative gegenüber (Abb. 8). Dabei ist verantwortungsvolles Handeln für die Markenführung von großer Bedeutung. Das
belegt der starke Zusammenhang zwischen verantwortungsvollem Handeln und emotionaler Markenbindung, dem Markenguthaben aus dem Icon Added Value Markeneisberg.

Damit heißt die Devise für Management und Marketing mehr denn je:

Wer verkaufen will, muss auf die Befindlichkeiten der Menschen und der Gesellschaft
eingehen. Denn die Kaufentscheidungen der Menschen werden immer mehr von CSR-
Themen beeinflusst.

Wie sieht es also mit entsprechenden Initiativen aus?

Nur wenige Initiativen sind vielen bekannt. Das ist bedauerlich, denn ums Gefallen
(nach Erläuterung) ist es durchaus gut bestellt. Bekanntheit vorausgesetzt, würden solche
Initiativen einen Kaufanreiz für 15–26 % der Menschen bilden. Ein beachtliches Potential,
selbst wenn das Handeln der Absicht öfter mal hinterherhinkt.

Krombacher kann mit dem Regenwald die größte Bekanntheit verbuchen, dank lang-
jähriger Werbeinvestitionen. Mit dem Markenpassung sieht es aber nicht ganz so gut aus,
„Saufen für den Regenwald" bringt das auf den Punkt. Initiativen wie z. B. der Brunnenbau
in Afrika von Volvic passen deutlich besser zur Marke.

9 Wer verkaufen will, muss zunehmend verantwortungsvoll handeln Implikationen, Empfehlungen und Beispiele zu CSR für Management und Marketing

Das Rad der Zeit lässt sich nicht mehr zurückdrehen. CSR ist kein Fake, kein Hype. Die Menschen fordern hier und heute verantwortungsvolles Handeln von Unternehmen. Diese Forderungen werden in Zukunft noch lauter werden, denn unsere Gesellschaft steht vor großen Herausforderungen.

Management und Marketing tun gut daran, sich an einige Regeln zu halten, wenn CSR Engagement den Menschen näher gebracht werden soll. Dazu auch einige Beispiele.

Die wichtigste Regel: CSR ist ein Anliegen, eine Mission, getragen von CEO, Management und Mitarbeitern. Keine Marketing-Spielwiese, kein Trittbrettfahren, kein Greenwashing.

Positiv-Beispiel Banken: VR Banken und Sparkassen reüssieren, CSR ist in ihrer Mission verankert.

Negativ-Beispiel Banken: Viele andere zahlen wieder hohe Boni, während immer mehr Menschen in die Armut abgleiten. Da hilft auch der schönste CSR Bericht nichts.

Die passenden Themen aufgreifen, nach dem Motto „Schuster bleib bei deinem Leisten"

Negativ-Beispiel Einzelhandel: Das Trittbrettfahren der Öko-Handelsmarken macht immer mehr Menschen misstrauisch. Sollten Einzelhändler nicht zuallererst ihre Mitarbeiter anständig und fair behandeln?

Differenzieren statt hinterherlaufen

Positiv-Beispiel Liqui Moly: Die Großen der Branche mit deutscher Qualität und Arbeitsplatzsicherung aufmischen.

Negativ-Beispiel Energiebranche: Windräder vor dem Horizont – ein vielgenutztes und undifferenziertes Klischee. Gibt's da einen, der sie noch nicht in der Werbung gezeigt hat?

Glaubwürdig sein, überzeugen können. Besonders wenn es um nicht überprüfbare Aussagen oder innere Werte geht. Unabhängige Partner können dabei helfen.

Positiv-Beispiele deutschen Unternehmertums wie z. B. Hipp: Der Chef persönlich steht mit seinem Namen für Qualität und Produktsicherheit.[6]

---

[6] Der „goldene Windbeutel", den Hipp von der Organisation Foodwatch wegen seines gesüßten Kindertees erhalten hatte, war zum Zeitpunkt der Studie noch nicht publik. Das Beispiel zeigt, dass auch „die Guten" verwundbar sind – wenn auch bei Hipp der Vertrauensbonus so groß sein dürfte, dass aufgrund dieses Vorfalls keine Langzeitschäden zu erwarten sind.

Klar und verständlich konzipieren und kommunizieren.

Positiv-Beispiel Zotter: Klare Packungsangaben wie-viel-was-woher an Fair Trade Ingredienzien stammt. Und ein renommiertes Siegel als Kooperationspartner.

Die Balance wahren, zwischen Ernst und Unterhaltung, zwischen Fakten und Emotion

Positiv-Beispiel Rügenwalder: Mutig mit TV Kommunikation, Jörg Pilawa und Fresenius einem breiten Publikum die inneren Werte der Wurst aufdröseln. Mit spielenden Kindern, aber einer ernsthaften Argumentation.

Die Trommel rühren, und zwar mit passenden Kommunikationsinhalten und Medien

Positiv-Beispiel Pampers: Die Kooperation von Pampers mit UNICEF „1 Packung = 1 Impfung" für Babys in der Dritten Welt kommt nicht nur gut an, sie ist auch durch TV Werbung überproportional bekannt.

10   Und zum Schluss ein Bonmot: „Es gibt nichts Gutes, außer man tut es."

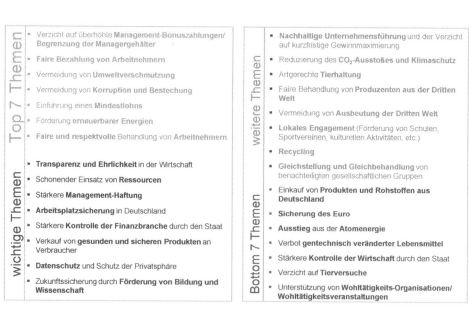

Anhang 1 Die Bedeutung aller Zukunftsthemen

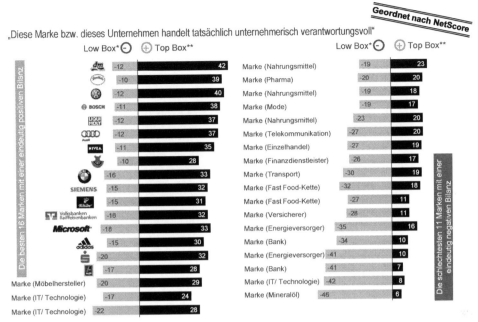

„Diese Marke bzw. dieses Unternehmen handelt tatsächlich unternehmerisch verantwortungsvoll"

Geordnet nach NetScore

*Summe aus: (1) stimme überhaupt nicht zu und (2) stimme eher nicht zu; **Summe aus: (4) stimme eher zu (5) stimme voll und ganz zu

Anhang 2 Die Bewertung des verantwortungsvollen Handelns aller 37 Marken. (Quelle: Icon Added Value CSR-Studie, März 2012 (alle Angaben in %))

„Marken sind Treiber der Nachhaltigkeit – seit jeher"

Christian Köhler und Dominik Klepper

Zusammenfassung

Der Beitrag verdeutlicht, wie und aus welcher Motivation heraus Marken als Treiber für Nachhaltigkeit wirken. Der Schlüssel zum Nachhaltigkeitsverständnis von Marken ist dabei die Verantwortungsübernahme. Das Ziel ist ein gesellschaftlicher Paradigmenwechsel in Richtung mehr Nachhaltigkeit.

Zunächst wird erörtert, wie identitätsstiftend die Marke in unserer Gesellschaft wirkt. Sie trägt zu einer neuen Konsumkultur bei, die verantwortungsvoll mit Umwelt und Gesellschaft umgeht. Durch positive Emotionen, die Marken beim Kauf und im täglichen Leben auslösen, werden Werte in ökologischer, ökonomischer und sozialer Nachhaltigkeit vermittelt. Damit erhält der Konsument Orientierung und Entscheidungsfreiheit. Diese Strategie ist erfolgreich: So trägt die Markenwirtschaft zu über 14 % der Bruttowertschöpfung in Deutschland bei.

Mit der Marke rückt der Konsument in den Mittelpunkt: Er wird selbst zum Gestalter einer immer umweltbewussteren und nachhaltiger lebenden Gesellschaft. Nur die Marke ist in der Lage, ihn auf diesem Weg mitzunehmen.

C. Köhler (✉) · D. Klepper
Markenverband e. V., Unter den Linden 42, 10117 Berlin, Deutschland
E-Mail: c.koehler@markenverband.de

D. Klepper
E-Mail: d.klepper@markenverband.de

A.-K. Kirchhof, O. Nickel (Hrsg.), *CSR und Brand Management*, Management-Reihe
Corporate Social Responsibility, DOI 10.1007/978-3-642-55188-8_3,
© Springer-Verlag Berlin Heidelberg 2014

1 Einleitung

Marken sind Treiber der Nachhaltigkeit. Sie stehen teilweise in Jahrhunderte alten Traditionen der Übernahme von Verantwortung – wie etwa Villeroy & Boch mit einem schon vor über 150 Jahren eingeführten nachhaltigen Wasser-und Holzmanagement und einer eigenen Arbeiter-Sozialversicherung. Marken investieren in Nachhaltigkeit aus Verantwortung, aus dem Gedanken der Langfristigkeit sowie aus Innovationsorientierung, denn nachhaltige Unternehmensführung ist stets auch eine Quelle von neuen Produkten und Ideen.

Im folgenden Beitrag soll verdeutlicht werden, mit welcher Motivation und auf welchem Wege Markenunternehmen ihre Corporate Social Responsibilty leben. Wichtig hierfür ist zunächst, die Kultur der Marke und ihre Erfolgsgeschichte zu verstehen – sie lässt sich sogar in volkswirtschaftlichen Größenordnungen messen. Sodann werden die vielschichtigen Dimensionen der im Unternehmen gelebten Nachhaltigkeit, etwa gegenüber der Umwelt oder im Einsatz für die Mitarbeiter, dargestellt. Abschließend geht der Beitrag auf eine zentrale Herausforderung der nachhaltigen Markenführung ein: Das Mitnehmen des Konsumenten auf dem Weg zu einer nachhaltigeren Konsumkultur.

2 Die Marke vermittelt Werte und Emotionen

Marken sind Produkte oder Dienstleistungen mit Gesicht und Charakter. Durch ihre klaren, nachvollziehbaren und erfüllten Leistungsversprechen haben Marken in der Regel eine hohe Glaubwürdigkeit bei den Konsumenten erreicht. Dadurch werden diese in die Lage versetzt, bewusste Entscheidungen zu treffen. Diese Entscheidungen stehen im Einklang mit dem Werteverständnis des Individuums und treffen auf die Wertewelt der Marke. Über eine Kongruenz der Werte kann die Marke den Konsumenten in Richtung einer nachhaltigeren Lebensweise mitnehmen.

Jede Marke geht über die reine Produkt- der Dienstleitung hinaus. Sie vermittelt eine leidenschaftliche Werte- und Erlebniswelt, die im Markenunternehmen auf Tradition, auf Verlässlichkeit und auf der authentisch gelebten Verantwortung für Mitarbeiter, Umwelt und Gesellschaft basiert. Marken nehmen so an gesellschaftlichen Prozessen teil und leisten dort Beiträge. Damit machen Marken nicht nur das Leben lebenswerter, sondern profilieren auch unsere Gesellschaft. Auf diesem Wege können Marken den Wandel zu einer nachhaltiger lebenden Gesellschaft vorantreiben, in dem sie es schaffen, emotionale Begehrlichkeiten für ökologisch und sozial nachhaltige Produkte und Dienstleistungen zu wecken und mit entsprechenden Innovationen ein nachhaltigeres Leben zu ermöglichen.

Ohne Markenprodukte und Dienstleistungen wäre unsere Welt bedeutend ärmer. Dies gilt nicht nur für die durch Marken ausgelösten Fortschrittsprozesse und die Ankerfunktionen auf volkswirtschaftlicher Ebene, sondern auch für die Lebenswelt jedes einzelnen Bürgers. In seiner Rolle als Nachfrager und Verwender von Marken profitiert der Bürger als Kunde und Konsument auf vielfältige Weise: etwa durch die ihm vermittelten Werte, aber auch durch die Vereinfachung der Produktauswahl, wie etwa beim täglichen Einkauf. Damit wirkt die Marke demokratisch, weil sie dem Einzelnen stets die Wahl lässt.

Marken nehmen Impulse der Gesellschaft auf und geben ihnen ein Forum. Bereits in sehr frühen Phasen leisten sie einen Beitrag zur Sichtbarmachung gesellschaftlicher Entwicklungen und unterstützen diese. Sie erkennen frühzeitig die eigentlichen Orientierungswünsche der Gesellschaft und nutzen die Möglichkeit, hier zu differenzieren und zu innovieren. Aus dem Grundverständnis der Einzigartigkeit einer jeden Marken werden Produkte, Dienstleistungen und entsprechende Botschaften entwickelt. Der Wunsch der Menschen nach Verlässlichkeit findet dann seine Entsprechung in langjährig verwendete Claims wie *„Persil, da weiß man, was man hat"*, oder *„Vertrauen ist der Anfang von allem"*. Das Leben mit Marken wird so zum integralen Bestandteil der individuellen Lebensart und gleichzeitig zu einem Statement der eigenen Werteverbundenheit.

So kann es nicht verwundern, dass die Kulturfunktion durch die Begleitung und das Anstoßen von gesellschaftlichen Trends auch für den Bereich der Nachhaltigkeit gilt: Hier treiben Marken mit ihrem Innovationsgeist den Wandel in Richtung einer nachhaltig lebenden Gesellschaft voran. Für die Markenführung ist jedoch wichtig, dass Nachhaltigkeit nicht monodimensional verstanden wird, sondern immer die Bereiche Ökonomie, Ökologie und Soziales umfasst.

Aus der Vielzahl möglicher Beispiele sollen hier nur wenige erwähnt werden: Die Marke FROSCH aus dem Hause Erdal-Rex setzt konsequent auf Umweltverträglichkeit und nun auch auf Verpackungen aus recyceltem Kunststoff. Ferrero unterstützt Kleinbauern in Zentralafrika mit Fortbildungsmaßnahmen und technischer Unterstützung mit dem Ziel, rückverfolgbaren und UTZ zertifizierten Kakao in höchster Qualität anzubauen. Und WMF unterstützt den Studiengang „Nachhaltiges Produktmanagement", der Studenten die Balance zwischen wirtschaftlichem Erfolg und verantwortlichem Umgang mit natürlichen Ressourcen vermittelt.

Insgesamt ist die Entscheidung für ein Markenprodukt oder eine Markendienstleistung immer Ausdruck der Werteorientierung des Konsumenten; er honoriert den gemeinsamen Wertekanon, den er in der Marke als imaginärem Wertesystem erkennt. Daher gilt: Eine Marke ist erst dann eine Marke, wenn nicht nur ihr Name und das Logo etc. registriert sind, sondern wenn die Marke und die entsprechenden Assoziationen fest im Gedächtnis des Konsumenten verankert sind.

Abschließend ist festzuhalten: Verbraucher haben konkrete, durch die Marke ausgelöste Empfindungen, die häufig auf ihren vermittelten Werten beruhen. Es ist daher eindeutig, dass ein entscheidender Anteil des Marken-Erfolgsgeheimnisses der „emotionale Markencharme" ist.

3   Erfolg der Marke und volkswirtschaftliches Gewicht

Die Markenwirtschaft nimmt nicht nur am gesellschaftlichen Diskurs teil, ihre Leistungskraft ist auch volkswirtschaftlich bedeutend – und dies in besonders verlässlicher Form. Der Wertbeitrag der Markenwirtschaft ist besonders verlässlich, weil sie mit hohem Aufwand dauerhaft in Forschung, Entwicklung und Produktion am Standort Deutschland investiert. Sie ermöglicht eine florierende Binnenkonjunktur und steht für krisenfeste Jobs. Dies lässt sich auch belegen: Der Anteil der Markenwirtschaft an der Bruttowertschöpfung Deutschlands beläuft sich auf etwa 14 %.[1] Was bedeutet dieser Wert? Der volkswirtschaftliche Mehrwert der Markenwirtschaft, d. h. ihre Wertschöpfung in Gestalt des Gesamtwertes der hier produzierten Waren und Dienstleistungen abzüglich der Vorleistungen, ist so umfangreich wie etwa 80 % der gesamten deutschen Exporte, nämlich etwa 900 Mrd. €. Anders übersetzt entspricht diese Marken-Wertschöpfung den addierten jährlichen Umsätzen in Handel, Verkehr, Gastgewerbe und Informations- und Kommunikationswirtschaft.[2]

Der volkswirtschaftliche Wert der Markenwirtschaft wird mit einem Blick auf die Beschäftigtenzahlen noch deutlicher. Über 4,5 Mio. Menschen arbeiten in Deutschland an der Herstellung von Markenprodukten und -dienstleistungen (2011); das bedeutet, etwa 11 % aller Erwerbstätigen engagieren sich beruflich für die Marke – in Jobs, die eine überdurchschnittliche Stabilität verheißen und die Identifizierung mit attraktiven Markenprodukten oder -dienstleistungen ermöglichen.

Darüber hinaus finanziert die Markenwirtschaft durch ihre Aktivität aber auch einen Gutteil der Ausgaben der Öffentlichen Hand: Im Jahr 2010 wurden rund 13 % aller öffentlichen Einnahmen durch die Markenwirtschaft generiert, wenn man die Steuern und Sozialabgaben der Unternehmen, ihrer Beschäftigten und Kunden zusammenrechnet.

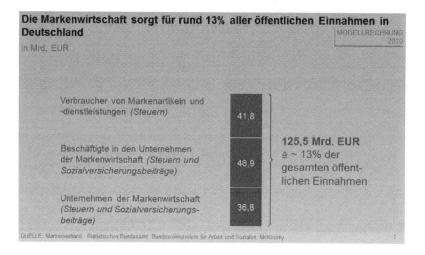

---

[1] Ergebnis der Studie „Die Marke macht's" des Markenverbandes mit der Unternehmensberatung McKinsey, 2012.

[2] Zur Markenwirtschaft werden hier die markenorientierten Unternehmen im verarbeitenden Gewerbe, im Bereich Finanzdienstleistungen, Verkehr und Telekommunikation, in der Energieversorgung sowie dem Verlagswesen, Film und Rundfunk gerechnet.

4 Markenstrategien basieren auf Qualität, Innovation und Verantwortung

Die Attraktivität von Markenprodukten und -dienstleistungen ist das Ergebnis eines tiefen Konsumentenverständnisses der Unternehmen, einer weit überdurchschnittlichen Innovations- und Qualitätsorientierung sowie der sichtbaren Verantwortungsnahme im Rahmen der Corporate Social Responsibility.

Markenunternehmen legen großen Wert auf die Übernahme sozialer, gesellschaftlicher oder ökologischer Verantwortung

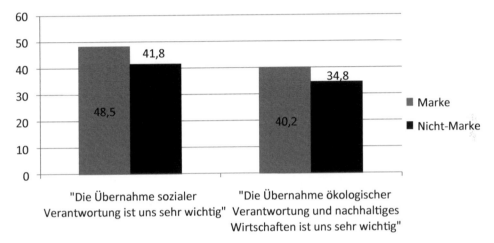

Quelle: IW-Köln, Analyse im Auftrag des Markenverbandes (2010), Basis: 6.800 Unternehmen, Befragung durchgeführt im Rahmen des IW-Zukunftspanels

Markenunternehmen setzen in der Regel auf den langfristigen Erfolg – durch das bessere Produkt, nicht durch das Aufspringen auf kurzfristige Trends. Dazu passt, dass Marken häufig als lebenslange bzw. generationsübergreifende Begleiter verstanden werden und somit zu „personifizierten Qualitätsversprechen" werden.

Als zentrale Erfolgsdimensionen einer nachhaltigen Markenstrategie können damit folgende Bausteine ausgemacht werden: Qualität, Innovation und Verantwortung. Sie werden im Folgenden kurz umrissen.

a. Markenvorsprung durch Qualität

„Markenqualität" ist ein feststehender Begriff. Die Langlebigkeit etwa einer Miele-Waschmaschine oder von Falke-Strümpfen haben ihren Grund: Markenunternehmen investieren hier mehr. Etwa 6% der Gesamtkosten werden in die Sicherung und Verbesserung von Qualität gesteckt. Zwar wird der Qualitätssicherung auch bei Nicht-Markenunternehmen eine hohe Bedeutung beigemessen, Markenunternehmen bestehen allerdings zumeist schon sehr lange und haben die Prozesse zur Qualitätssicherung sehr effizient ausgestaltet.

Diese „Markenqualität" ist ein wichtiges Element bei Kaufentscheidungen. Verbraucher versuchen Enttäuschungen zu vermeiden und suchen nach Sicherheit und Qualität. Gerade beim Erstkauf von Produkten gilt, dass der Kunde durch Erwerb eines Markenprodukts insbesondere seine Unsicherheit über die Qualität des Produkts reduzieren kann. Marken wird zu Recht entsprechend der vom Verbraucher erlebten Qualitätsorientierung ein Vorteil eingeräumt – zum Nutzen des Verbrauchers selbst.

b. Markenvorsprung durch Innovation

Die gelebte Verantwortung der Marke ist umfassend und reicht von der Produktentwicklung über die Produktion und die Verwendung bis zur Entsorgung. Gerade die Produktentwicklung, bei der es um das Schaffen von Produktinnovationen geht, ist bedeutsam, wenn die Steigerung von Lebensqualität vom Ressourcenverbrauch entkoppelt werden soll. Neue und nachhaltigere Produkte und Dienstleistungen sollen Kunden und Verbrauchern mehr Wert und bessere Leistung bieten – bei einem geringeren ökologischen Fußabdruck und besserer Berücksichtigung sozialer Belange. Dabei geht es nicht um die Entwicklung einzelner „grüner" Produkte mit einseitig optimiertem ökologischem Profil, sondern um die ganzheitliche und kontinuierliche Verbesserung aller Produkte und Services in sämtlichen Dimensionen der Nachhaltigkeit.

Innovationen sind sehr vielfältig. So stärken Marken die Verbrauchersouveränität, indem sie Innovationen mit zu gesundheitlichen Aspekten vorantreiben. Ein Beispiel bietet FROSTA, wo seit 2003 beispielsweise alle FROSTA-Produkte konsequent ohne Zusatzstoffe hergestellt werden: Für den Kunden ein klarer Mehrwert. Oder Nestlé, wo eine Produktgruppe speziell für ältere Menschen entwickelt wird, damit auch im hohen Alter eine optimale Versorgung mit Nährstoffen gewährleistet ist. Oder Henkel, wo mittlerweile bereits sieben Waschmittel von der Europäischen Stiftung für Allergieforschung (ECARF) als besonders allergikerfreundlich ausgezeichnet wurden.

c. Markenvorsprung durch Verantwortung für Nachhaltigkeit

Bei der langfristigen Ausrichtung von Marken ist es kein Wunder, dass Nachhaltigkeit elementarer Bestandteil der Geschäftsstrategien ist: So werten 89 % der Geschäftsführer von Markenunternehmen Nachhaltigkeit als wichtig für den langfristigen Unternehmenserfolg. Bei über 90 % der befragten Unternehmen ist schon heute eine Nachhaltigkeitsstrategie verankert oder es wird an der Implementierung gearbeitet. Über zwei Drittel der befragten Marken halten sich zudem an einen konkreten Kodex für ihre gelebte unternehmerische Verantwortung.

Der Begriff Verantwortung ist dabei der Schlüssel zum Nachhaltigkeitsverständnis der Marken, die sich in einer bewussten Verantwortung für ihre jeweilige Tradition und für Umwelt und Gesellschaft sehen. Die Marke steht also stets für Fortschritt und Wachstum in einem verantwortlichen und nachhaltigen Rahmen. Entsprechend ihrer Nachhaltigkeitsstrategien investieren Markenunternehmen mehr in Nachhaltigkeit, Mitarbeiterqualifikation und Forschung und Entwicklung als Nicht-Marken-Hersteller.

Corporate Social Responsibility hat bei Markenunternehmen auch eine wichtige, nach innen gerichtete Dimension. So rückt beispielsweise die Gesundheit am Arbeitsplatz zunehmend in den Fokus von Markenunternehmen. Dieser Prozess wird noch beschleunigt durch eine sinkende Geburtenrate und den damit einhergehenden Fachkräftemangel sowie eine im Durchschnitt älter werdende Arbeitnehmerschaft. Ältere Arbeitnehmer sind noch besser zu integrieren, und gleichzeitig muss der „war of talents" durch attraktive „work life balance"-Programme gewonnen werden.

Ein Beispiel ist der betriebliche Gesundheits-Checkup bei Volkswagen, den bis Ende 2011 bereits 28.187 Mitarbeiter durchlaufen haben, um mögliche Erkrankungen frühzeitig zu erkennen. Neben der Prävention spielt auch der Arbeitsschutz insbesondere bei produktionsintensiven Unternehmen eine zentrale Rolle. BASF setzt sich hier ambitionierte Ziele und will bis 2020 die Anzahl von Arbeitsunfällen im Vergleich zu 2000 um 80 % reduzieren. Aber auch die psychische Komponente findet Berücksichtigung. So stärkt die Deutsche Telekom die Vereinbarkeit von Beruf und Familie und entlastet Mütter und Väter mit eigenen Kindertagesstätten im Alltag.

5 Den Konsumenten zu einer neuen Konsumkultur mitnehmen

Nicht nur Produktionsprozesse und der Umgang im Betrieb müssen ökologisch und sozial so nachhaltig wie möglich sein. Heute geht es vermehrt darum, die Wünsche der Verbraucher so in Produkte und Dienstleistungen zu übersetzen, das Nachhaltigkeit „sexy" wird und konkrete gesellschaftliche Fortschritte in Richtung nachhaltiges Leben erzielt werden. Marken sind hier in einer Pionierrolle: Sie leben Werte ökologischer, ökonomischer und sozialer Nachhaltigkeit; sie sind Vorbild und geben Orientierung. Mit der Marke wird der Konsument zum Gestalter einer immer umweltbewussteren und nachhaltiger lebenden Gesellschaft.

Dabei sind die Produkte der Schlüssel, denn sie kommen täglich millionenfach in Haushalten zum Einsatz. Neben der Entwicklung von Produkten, die z. B. einen effizienten Einsatz von Ressourcen wie Energie und Wasser ermöglichen, gilt es, den Konsumenten zu einem nachhaltigen, ressourcenschonenden Konsum zu animieren – und ihn zu begeistern.

Schon bei der Produktentwicklung ist ein klares Verständnis dafür notwendig, in welchem Bereich des gesamten „cradle to cradle"-Prozesses[3] eine Verbesserung die größt-

---

[3] Das Cradle to Cradle-Konzept nach Braungart und McDonough beschreibt eine Form zyklischer Ressourcennutzung, in dem Produktionsweisen am Erhalt geschöpfter Werte ausgerichtet sind. Analog dem Nährstoffzyklus der Natur, in dem „Abfälle" eines Organismus von einem anderen genutzt werden, sollen in der Produktion Materialströme so geplant werden, dass Abfälle sowie eine ineffiziente Nutzung von Energie vermieden werden. Wikipedia, März 13.

mögliche Wirkung entfalten wird. Ist dies z. B. bei der Erzeugung von Rohmaterial, im Produktionsprozess oder bei der Nutzung des Produktes der Fall?

Am Beispiel des Unternehmens Henkel lässt sich zeigen, wie das Produkt als Schlüssel fungiert: Waschmittel und Pflegeprodukte von Henkel kommen täglich millionenfach in Haushalten zum Einsatz und benötigen häufig Wasser und Energie in der Gebrauchsphase. Daher entwickelt Henkel Produkte, die den effizienten Einsatz von Ressourcen wie Energie und Wasser ermöglichen. Gleichzeitig versucht Henkel, durch gezielte Kommunikation Einfluss auf ein verantwortungsvolles Verhalten während der Produktanwendung zu nehmen. Dies ist besonders wichtig, da bis zu 70 % des ökologischen Fußabdrucks der Henkel-Produkte während der Anwendung entstehen. Aktuelle Beispiele für energieeffiziente Produkte sind Niedrigtemperatur-Waschmittel. Persil Megaperls entfaltet beispielsweise seine Waschleistung bereits bei niedrigen Waschtemperaturen. Allein durch die Reduktion der Waschtemperatur um 10 Grad – beispielsweise von 40 auf 30 Grad Celsius – können bis zu 40 % Energie eingespart werden.

Nachhaltigkeit bedeutet auch Transparenz in der Information. Damit der Verbraucher sich für nachhaltige Produkte entscheiden kann, muss er in der Lage sein, sich schnell und einfach informieren zu können. Bei den Haushaltsgeräten kann er dies anhand des obligatorischen EU-Energielabels tun; mit einem Gerät der höchsten Energieeffizienzklasse von BSH oder Miele entscheidet er sich für eine maximal ressourcenschonende Haushaltsführung. Für weiteren Wettbewerb um Energieeffizienz müssen Energielabels jedoch deutlich ambitionierter weiterentwickelt und ausdifferenziert werden.

Für Informationen zum Einspareffekt bei Kosten und Ressourcen steht der Persil Waschkosten-Rechner (www.persil.de) zur Verfügung. Er zeigt dem Verbraucher auf einen Blick, wie viele Kosten pro Jahr beim Waschen entstehen und gibt das Sparpotenzial je nach Waschgewohnheiten an, wenn niedrigere Temperaturen gewählt würden. Darüber hinaus gibt der Rechner an, wie viel CO_2-Ausstoß allein durch das Waschen verursacht wird und wie stark sich der CO_2-Ausstoß durch eine Umstellung der Waschgewohnheiten verringert. Zum Vergleich wird ebenfalls dargestellt, welche Strecke ein durchschnittlicher Mittelklasse-Wagen zurücklegen könnte, der hierbei dieselbe Menge an CO_2 ausstößt.

6 „Wachstum mit Verantwortung": Die Nachhaltigkeitsinitiative des Markenverbandes zur Inspiration und für den Stakeholder-Dialog

Vor dem Hintergrund der Bedeutung von Nachhaltigkeit bei Marken kann es nicht verwundern, dass der Markenverband sein Engagement für Nachhaltigkeit ausgebaut hat und weiter ausbauen wird. Insbesondere der direkte Informationsaustausch zwischen Presse, Politik, NGOs und Markenunternehmen steht hier im Vordergrund. Die Fachkompetenz der Marken steht so für den gesellschaftlichen Austausch bereit.

Wichtig ist bei dieser Kommunikation auch das Zugänglichmachen von konkreten Best-Practices aus den Unternehmen. Damit werden die Vielfalt und das Know-How der Marken in Sachen Nachhaltigkeit erlebbar. Eine Vielzahl konkreter Fallbeispiele unter *www.wachstum-mit-verantwortung.de* sind Inspiration und Ansporn für ein noch stärkeres Engagement der Unternehmen. Gleichzeitig verdeutlichen sie, dass es nicht immer zwingender Vorschriften bedarf, damit sich Unternehmen für die Umwelt und die Gesellschaft einsetzen.

7 Fazit: Marken treiben das Thema Nachhaltigkeit für einen Paradigmenwechsel in der Gesellschaft voran.

Verantwortung ist der Schlüssel zum Nachhaltigkeitsverständnis der Markenunternehmen. Die Marke steht für Qualität, Innovation und Fortschritt in einem verantwortlichen und nachhaltigen Rahmen. Marken vermitteln Werte ökologischer, ökonomischer und sozialer Nachhaltigkeit und geben Orientierung. Mit der Marke wird der Konsument selbst zum Gestalter einer immer umweltbewussteren und nachhaltiger lebenden Gesellschaft.

Die Kultur, mit der Marken verkauft und mit der mit Marken gelebt wird, gründet oftmals in der langen Tradition der Marke und den gelebten Werten. Markenkultur ist aber gleichzeitig auch progressiv: Marken sind stets Pioniere, denn ohne den entscheidenden Vorsprung an Qualität, Innovation und Verantwortung scheitert auch die traditionsreichste Marke. Markenkultur wirkt in unserer Gesellschaft identitätsstiftend und kann entscheidend zu einer neuen Konsumkultur, die verantwortungsvoll mit Umwelt und Gesellschaft umgeht, beitragen. Diese Kultur wird durch die positiven Emotionen vermittelt, die Marken beim Kauf und im täglichen Leben auslösen.

Rechte für Menschen – Regeln für Unternehmen: Was erwartet die Zivilgesellschaft von Markenunternehmen und einer fairen und zukunftsfähigen Wirtschaft?

Klaus Milke

Zusammenfassung

Es gibt in Deutschland eine Anzahl guter Voraussetzungen, mit denen Einfluss auf die Verantwortung von Wirtschaft und Politik genommen werden kann: das Umweltbewusstsein in der Bevölkerung (damit auch bei den Entscheidern) ist sehr hoch, die deutsche Wirtschaft verdient sehr viel Geld mit Umwelttechnologien und ökologisch ausgerichteten Produkten und last but not least hat sich Deutschland für das Jahrhundertprojekt „Energiewende" entschieden. Der hohe Bildungsstand mit dem dualen Bildungssystem, die Rolle der Sozialpartnerschaft und Mitbestimmung, die Stärke als Industrie- und Technologieland mit einem sehr starken Mittelstand, die Qualität des „Made in Germany" und die Präsenz der Wirtschaft auf den Weltmärkten bieten weitere Ansatzpunkte.

Germanwatch sieht wie andere deutsche NGO was Deutschlands Rolle in der Welt angeht besondere Gestaltungsmöglichkeiten aber auch - notwendigkeiten. Mit den Akteuren der Zivilgesellschaft - nicht nur im eigenen Land - mischt sich die NGO daher immer wieder ein. Der Ansatz: „Nachhaltige Entwicklungt" wird durch „umfassende Risikovorsorge" ergänzt und damit auf ein mehrfaches Risiko für Unternehmen bei Nichthandeln hingewiesen. Die Forderungen und ihre Implikationen für Unternehmen werden im folgenden Beitrag erläutert. Markenartikelunternehmen stehen dabei besonders im Fokus, denn sie können hilfreiche Treiber für die notwendige Transformation sein.

Klaus Milke ist Vorsitzender von Germanwatch. Cornelia Heydenreich leitet den Bereich Unternehmensverantwortung bei der NGO. Sie bedanken sich insbesondere für wichtige Diskussionsbeiträge von Cornelia Heydenreich, Christoph Bals, Michael Windfuhr und Johanna Kusch.

K. Milke (✉)
Germanwatch e. V., Stresemannstraße 72, 10963, Berlin Deutschland
E-Mail: milke@germanwatch.org

A.-K. Kirchhof, O. Nickel (Hrsg.), *CSR und Brand Management*, Management-Reihe Corporate Social Responsibility, DOI 10.1007/978-3-642-55188-8_4,

1   NGO wie Germanwatch und die Zivilgesellschaft mischen sich ein

Im Gegensatz zur Politik und Wirtschaft, die beide im Grundsatz Akteurslogiken und lediglich Zeithorizonte von Legislaturperioden bzw. noch kürzer Jahres- oder Quartalsabschlüssen haben, sind NGO und zivilgesellschaftliche Akteure bei zwar knappen Budgets eher als Garanten der Nachhaltigkeit anzusehen, da deren zeitliche Perspektiven weit über vier oder fünf Jahre hinausgehen. Ja, sie haben im Blick, die Bedürfnisse und auch die Chancen der jetzigen *und der künftigen* Generationen zu berücksichtigen.

„Hinsehen, analysieren, einmischen – für globale Gerechtigkeit und den Erhalt der Lebensgrundlagen!" Germanwatch – einer dieser Akteure – wurde unter diesem Leitgedanken kurz nach der Wende im Jahr 1991 als deutsche Organisation gegründet. Damit sollten neben der starken Nord-Süd- und Gerechtigkeits-Perspektive Veränderungsanforderungen und konstruktive Lösungsvorschläge für das mit der Vereinigung deutlich gewachsene Deutschland (darum *German*-Watch), seine Politik und Wirtschaft angesichts der globalen Weltverantwortung entwickelt und an die relevanten Entscheidungsträger herangetragen werden.

Wie damals schon im Ansatz erkennbar hat sich deutlich manifestiert, dass Deutschland inzwischen politisch und ökonomisch im Konzert der Mächtigen, vor allem innerhalb der Europäischen Union, aber insbesondere mit dieser zusammen auch gegenüber den globalen Hauptplayern wie China und den USA eine bedeutsame Rolle zukommt.

Es lohnt sich also, gerade bei der Bundesrepublik als zentralem Akteur anzusetzen.

Es gibt in Deutschland zudem eine Anzahl guter Voraussetzungen, mit denen Einfluss genommen werden kann: das Umweltbewusstsein in der Bevölkerung (damit auch bei den Entscheidern) ist sehr hoch, die deutsche Wirtschaft verdient sehr viel Geld mit Umwelttechnologien und ökologisch ausgerichteten Produkten und last but not least hat sich Deutschland für das Jahrhundertprojekt „Energiewende" entschieden. Ob die Deutschen das denn wohl hinbekommen, fragt sich die Welt? Doch wenn, dann könnten es die vielleicht schaffen …

Der hohe Bildungsstand mit dem dualen Bildungssystem, die Rolle der Sozialpartnerschaft und Mitbestimmung, die Stärke als Industrie- und Technologieland mit einem sehr starken Mittelstand, die Qualität des „Made in Germany" und die Präsenz der Wirtschaft auf den Weltmärkten sind dabei sicherlich gute Voraussetzungen und bieten Ansatzpunkte.

Die deutsche Politik, auch die Außenpolitik, hat sich zudem nach langer Zeit der Zurückhaltung und nach einem wichtigen Prozess der Aufarbeitung der deutschen Vergangenheit zu einem bei allen gegenwärtigen Widersprüchen um Auslandseinsätze der Bundeswehr und dem hohen Anteil der deutschen Rüstungsexporte eher friedenspolitisch auf Verhandlungen und Interessensausgleich basierendem, aber in einigen Politikbereichen vor allem auch klima-und umweltpolitisch pro-aktiven Akteur entwickelt.[1]

---

[1] Dies stand aber während der letzten schwarz-gelben Bundesregierung insbesondere durch die Bremspolitik der FDP an vielen Stellen infrage. Die neue Bundesregierung steht nun auf dem Prüfstand.

Germanwatch sieht wie andere deutsche NGO hier besondere Gestaltungsmöglichkeiten aber auch -notwendigkeiten. Mit den Akteuren der Zivilgesellschaft – nicht nur im eigenen Land – mischt sich die NGO daher immer wieder ein. Mitunter dem Slogan „so viel Kooperation wie möglich, so viel Konflikt wie nötig" folgend auch gemeinsam mit Wirtschaftsakteuren. Dies durchaus, um wiederum der Politik in besonderer Weise Beine zu machen ...

2 Verrückte, doppelgesichtige und krisenhafte Welt

Szenenwechsel: Der Raum im Berliner GIZ-Haus ist an diesem Oktobertag 2013 voll von erwartungsvollen Gesichtern. Vor allem die UnternehmensvertreterInnen, die für diese Tageskonferenz des Deutschen Global Compact Netzwerkes gekommen sind, hören dem eloquenten Redner, der vor vielen Jahren ein entschiedener Kämpfer gegen die Apartheid in Südafrika war, sehr genau zu. Auret van Heerden, heute Chef der Fair Labor Association, hält einen Vortrag über Stakeholder-Dialoge zwischen Wirtschaft und Zivilgesellschaft. Er zeigt auf, wie viel man auf Seiten der Unternehmen dadurch gewinnen kann und wie viel kreatives Potential hier zu entdecken ist. Unternehmerischen Risiken kann so viel besser vorgebeugt und ökonomische Chancen können so sehr viel schneller ausgemacht werden. Und die gesellschaftliche Entwicklung ist auch Nutznießer von solchen Dialogprozessen, die gleichwohl keine Kuschelkurse und kein Blue- oder Greenwashing sein dürften.

Auch im UN-Klimaverhandlungsgeleitzug haben solche Prozesse eine wichtige Rolle gespielt. Und Germanwatch war an solchen Initiativen aktiv beteiligt.[2] Kleine Fortschritte konnten so in der Auseinandersetzung mit den massiven Gegenkräften erzielt werden – immerhin wurde das Inkrafttreten des Kyoto-Protokolls mit ermöglicht. Doch der Klimawandel wurde bisher trotz aller schon vorgebrachten Warnungen und bisherigen Aktivitäten unterschätzt: „Es geht schneller, als wir dachten, und die Effekte sind stärker, als wir dachten." Mit diesen Worten kommentierte die Chefin des UN-Klimasekretariats in Bonn, Christiana Figueres, vor kurzem den aktuellen Stand der Forschungen des „Weltklimarats", wie die rund um den Globus verteilte Wissenschaftlergemeinschaft des IPCC (International Panel on Climate Change) gern genannt wird. Nach den jüngsten Ergebnissen ist davon auszugehen, dass der Anstieg des Meeresspiegels deutlich stärker ausfallen wird, als bisher prognostiziert. Lag die Voraussage beim letzten Sachstandsbericht 2007 noch bei 18 bis 57 cm, so schätzt man je nach Szenario jetzt, dass er um 26 bis 82 cm bis zum Jahr 2100 ansteigen wird.

Der gerade herausgekommene erste Teil des fünften IPCC-Bericht des Weltklimarates bestätigt, was die meisten Menschen schon ahnten: Die Erderwärmung und ihre Folgen wie Extremwetter, Eisschmelze, Erwärmung der Ozeane und Anstieg des Meeresspiegels schreiten voran – dazu die Veränderung der Lebensbedingungen für viele Menschen.

---

[2] Dies war insbesondere die Initiative für einen European Business Council for Sustainable Energy (e5) und die zusammen mit dem WWF induzierte Kampagne „Business for Climate – e-mission 55".

Obwohl es möglich wäre, industrielle Ökonomien klimaneutral zu gestalten, findet eine Politik dazu nicht statt. Die neue Bundesregierung der nächsten vier Jahre muss die Begrenzung der Erwärmung auf Zwei-Grad zum Ziel ihrer Politik machen, fordert z. B. future-Vorstand Karl-Heinz-Kenkel in seinem „Standpunkt".[3]

Doch wie viel Hoffnung in die Einsicht der Politik ist hier gerechtfertigt? Die Bundesregierung schaffte es ja gleichzeitig in der letzten Legislaturperiode im Kontext der notwendigen Durchsetzung der Menschenrechte nicht, einen eigenen Aktionsplan für die Umsetzung der 2011 verabschiedeten UN-Leitsätze für Wirtschaft und Menschenrechte zu initiieren, ja sie konnte sich noch nicht einmal auf die Federführung eines Ressorts in dieser Sache einigen. Peinlich, wie die Regierung des Exportweltmeisters Deutschland hier dasteht, wo die Wirtschaft doch so sehr von der internationalen Arbeitsteilung profitiert, also auch positive Benchmarks setzen sollte.

Es ist eine wahrhaft doppelgesichtige Welt, in der wir leben: auf der einen Seite wächst auf allen Ebenen – Politik – Wirtschaft – Zivilgesellschaft – Wissenschaft – Medien – das Bewusstsein und die Notwendigkeit für mehr Nachhaltigkeit, mehr Fairness, globale Gerechtigkeit, Regeln für den globalen Markt und für die Beachtung der planetarischen Grenzen enorm. Die Debatten um Zukunftsfähigkeit und mehr Nachhaltigkeit sind mittlerweile keine Minderheiten- oder Nischendebatten mehr. In großen Konferenzen der UN, aber auch der Wirtschaft (und in offensichtlich leider noch zu vielen Sonntagsreden) wird eindringlich für mehr gemeinsames und zügiges Vorgehen plädiert.

Auf der anderen Seite häufen sich die globalen Krisen um Ernährung, Klima, Wasser, Land und andere knappe Ressourcen, sie überlagern sich und verstärken sich gar noch. Die Staatsschulden- und Wirtschaftskrisen – vor allem auch innerhalb der EU – sind hier ebenfalls als zusätzliche Herausforderung hervorzuheben. Die Bandagen werden für viele Beteiligte, vor allem für die Schwachen immer härter.

Um kurzfristiger Profite willen weiten sich unfaire und kriminelle Praktiken aus. Gewalt und Zerstörung schlagen brutal zu, junge Menschen verlieren jegliche Perspektive, soziale Spannungen nehmen zu, sorgen für Unsicherheiten und treiben Menschen in die Flucht.

Beispiele für dieses beängstigende und bedrohliche Gesicht sind

- die Havarie der BP-Plattform vom 20.4.2010 im Golf von Mexiko[4]
- der brutale Einsatz von Gazprom und russischem Militär gegen mutige Greenpeace-Aktivisten im durch den Klimawandel immer offeneren arktischen Meer[5]

---

[3] Vgl. „future-Standpunkt" zum Thema Nachhaltigkeit Oktober 2013, von future e. V., einer fortschrittlichen Unternehmensplattform.

[4] Wobei bei BP insgesamt vermutet werden muss, dass der Anlagenbereich in keinem guten Zustand ist, es mit der „Deepwater Horizon" also kein Einzelfall war.

[5] unter dem Namen „Arctic 30" läuft dieser Kampf gegen Ölbohrungen in der Arktis mittlerweile http://www.greenpeace.de/themen/oel/nachrichten/artikel/chronologie_arctic_30/.

- sind aber auch die Selbstmorde von Menschen in den für Apple arbeitenden Foxconn-Fabriken[6]
- oder die Vertreibung von Menschen im Kontext des Land-Grabbing von ihrem Land.[7]

Unternehmen aus allen Kontinenten und zunehmend auch gerade aus den aufstrebenden Schwellenländer sichern sich weltweit in enormem Umfang Ressourcen und Land, – zum Teil auch nur, um damit für die Zukunft eine Spekulationsanlage im Kampf um Rohstoffe und Landnutzung zu haben.

Aber die Fabrikkatastrophen und menschenunwürdigen Produktionsbedingungen in Bangladesh und anderswo für unsere Billigtextilien auf den Krabbelplätzen unserer Supermärkte halten auch uns selbst einen Spiegel vor, wo jeder von uns ein Stück weit selbst zum Täter wird.

Ja, aber gleichzeitig und mit dem vorherigen in Spannung nehmen immer mehr Unternehmen in Deutschland das Thema Nachhaltigkeit und gesellschaftliche Verantwortung (CSR) ernst, einige von ihnen treiben erfreulicherweise dabei noch immer bremsende Wirtschaftsverbände vor sich her. Der Dialog mit der Zivilgesellschaft nimmt zu.

Greenpeace und Co. sind gescheitert, klagt aber gleichzeitig die Aktivistin Naomi Klein. Zu eng seien die NGO mit Politik und Industrie verflochten. „Es wurde mir klar," sagt sie „dass der Klimawandel zu einem der größten Tummelplätze für die von mir sogenannten Katastrophenkapitalisten werden könnte."[8]

3   Marken und Risiken – ein Balanceakt für Unternehmen

Ehe wir weiter auf die Wechselspiele zwischen Politik, Zivilgesellschaft und Unternehmen zu sprechen kommen, hier zunächst noch eine für die Wirtschaft und vor allem für Markenunternehmen aus unserer Erfahrung sehr wichtige Risikobetrachtung. Für manche ist das noch immer sperrige Wort „Nachhaltigkeit" ja auch besser zu übersetzen mit „umfassende Risikovorsorge".

Aus der Perspektive von Unternehmen kann sich durch die verschiedenen NGO-Aktivitäten, die eine Verantwortungsübernahme und Regulierungen einfordern, ein dreifaches Risiko aufbauen:

- Das *Reputationsrisiko* entsteht vor allem für Unternehmen, die nahe am Markt agieren und einen Markennamen etabliert haben. Das klassische Beispiel ist hier die Green-

---

[6] Hier kümmert sich auch Germanwat6ch in besonderer Weise, aber auch die bereits erwähnte Fair Labor Association vgl. http://germanwatch.org/de/5082.

[7] Hier sind neben Germanwatch inzwischen sehr viele NGO aktiv (vgl. http://germanwatch.org/de/7085).

[8] so in der Wirtschaftswoche vom 4.10.2013 http://green.wiwo.de/naomi-klein-umweltschuetzer-sind-schlimmer-als-klimaskeptiker/.

peace-Kampagne gegen Shell (Brent Spar). Aber der Markenname vieler Unternehmen hat bereits unter Kampagnen von NGOs gelitten. Apple bewegt sich vor allem deswegen und geht den Menschenrechtsvorwürfen in seiner Lieferkette (bei Foxconn) nach, weil die durch NGOs und Presse aufgeschreckte Kundschaft keine i-Phones nutzen wollen, an denen u. U. Blut klebt.

- Für Unternehmen, die sich nicht vorsorglich auf mögliche Regulierungen zum Schutz öffentlicher Güter einstellen, können diese zum *regulativen Risiko* werden: Während die, die Reduktion von Emissionen rechtzeitig in ihr Geschäftsmodell einbauen, von einem funktionierenden EU-Emissionshandel profitieren, sind in ein und derselben Branche die, deren Emissionen weiter steigen, die ökonomischen Verlierer.
- Als drittes Risiko baut sich allmählich auch ein *Klagerisiko* für Unternehmen auf – vor allem, aber nicht nur – im Rahmen des angelsächsischen Rechtssystems. Im Extremfall geht es um große Schadensersatzsummen, wie gegen die Tabak-, Asbest- oder Fastfood-Industrie. Oft führt eine Klage aber auch dazu, dass ein Unternehmen sein Verhalten ändern muss oder ein Imageverlust droht. Ein wichtiges Beispiel ist hier die Klage, die lokale Bevölkerung vom Niger Delta mit Unterstützung von Friends of the Earth gegen Exxon-Mobile (Esso), Shell und andere Ölkonzerne eingereicht haben. Damit soll die Praxis des Gas Abfackelns beendet werden. In keinem anderen Land der Welt wird mehr Gas nutzlos abgefackelt als in Nigeria. Dadurch verantwortet das Land mehr Treibhausgasemissionen als das gesamte restliche Subsahara Afrika. Zahlreiche Menschen vor Ort leiden durch die Emissionen unter Risiken für Gesundheit und Eigentum. Zudem scheint die Praxis auch noch gegen ein Landesgesetz zu verstoßen.

4 Leitplanken für mehr Ressourcen- und Rohstoffgerechtigkeit auf globaler Ebene

Deutlich wird aus dem Vorgenannten, dass wir neben der eigenen Risikoerkenntnis der Unternehmen weltweit verbindliche Leitplanken und Standards für mehr Nachhaltigkeit, für mehr Ressourcen- und Rohstoffgerechtigkeit brauchen. Das bestätigt auch eine umfassende Studie zu den Wirkungen von CSR, die im September 2013 ein Konsortium von 17 europäischen Forschungsinstituten unter der Leitung des Öko-Instituts vorgestellt hat. Demnach hat CSR zwar Auswirkungen, aber so geringe, dass damit die Politikziele zum Beispiel der Europäischen Union nicht erreicht werden können. Diese Studie empfiehlt deshalb stärkere politische Rahmensetzungen.

Solange man sich darauf noch nicht einigen kann, sind aber (gerade auch) noch zusätzliche freiwillige Vorgehensweisen und Standards erforderlich. Wir sind heute ohnehin bei der Erkenntnis, dass wir einen intelligenten Mix von Freiwilligkeit und Verbindlichkeit brauchen.

In der aktuellen Diskussion um CSR herrscht darüber Einigkeit, dass es nicht die alleinige Aufgabe der Unternehmen ist, Gewinne zu machen, sondern dass sie auch eine umfängliche Verantwortung für die Gesellschaft tragen. Aber damit hört das gemeinsame

Verständnis darüber, was unter Unternehmensverantwortung zu verstehen ist, oft bereits auf.

Die EU-Kommission hat jedoch am 25.10.2011 die wichtige neue Definition für CSR beigesteuert, dass CSR die Auswirkungen unternehmerischen Handelns im Blick hat, sie also nicht allein die guten Absichten zum Maßstab macht. Das schafft gänzlich neue Perspektiven.[9] Viel ist in den letzten zwei bis drei Jahren in der internationalen und europäischen Debatte angestoßen worden, das heute schon gut miteinander in Verbindung steht oder noch in Verbindung gebracht werden muss.

Zu nennen sind hier vor allem die UN-Leitprinzipien für Wirtschaft und Menschenrechte, die 2011 vom Menschenrechtsausschuss der Vereinten Nationen angenommen worden. Hierzu soll nun jedes Land einen eigenen Aktionsplan zur Umsetzung erarbeiten und auf den Weg bringen.

Dieser und die anderen wichtigen Referenzrahmen und Leitplanken können in diesem Beitrag allerdings nicht in aller Tiefe behandelt werden. Sie werden in dem nachfolgenden Schaubild jedoch optisch zusammengeführt (Abb. 1).

Das Kerngeschäft zählt Die meisten Nichtregierungsorganisationen, dazu zählt auch Germanwatch, richten ihre Aufmerksamkeit darauf, wie und womit ein Unternehmen sein Geld verdient, also auf das Kerngeschäft. Wie das Unternehmen die Gewinne oder einen Teil davon für mäzenatische oder karitative Zwecke einsetzt, spielt eine untergeordnete Rolle.

Ein Unternehmen sollte zunächst analysieren, welchen wesentlichen Herausforderungen in Bezug auf Menschenrechte, Soziales und Umwelt es bei seinen Kernaktivitäten begegnet. So ist es für Energiekonzerne zwar löblich, wenn in den Büros der Müll getrennt wird. Die viel dringenderen Herausforderungen sind jedoch die schnellstmögliche Umstellung auf klimafreundliche Energieträger ohne Atomenergie sowie die sichere Entsorgung des angefallenen Atommülls. Ebenso ist es in einer Bank zwar vorbildlich, wenn Recyclingtoilettenpapier verwendet wird. Wesentlicher ist jedoch die Frage, ob mit den Krediten und Geldanlagen anderswo der Bau z. B. einer Papierfabrik ermöglicht wird, der etwa in Südamerika zu massiven Rodungen und Anpflanzungen von Monokulturen führt.

Substanzielle Standards berücksichtigen In Deutschland und in Europa sind viele soziale und ökologische Anforderungen an das unternehmerische Handeln durch Gesetze reguliert. Aber immer mehr Unternehmen sind weltweit aktiv. Die Regulierung ist nicht überall gleichermaßen stark oder wird zumindest nicht entsprechend durchgesetzt. Wenn sich Unternehmen Verhaltenskodizes geben, dann ist das zunächst grundsätzlich zu begrüßen. Allerdings sollten diese Kodizes bestimmten Mindestanforderungen genügen. Ein wichtiger Referenzrahmen sind da z. B. die (2011 reformierten) Leitsätze der Organisation für wirtschaftliche Zusammenarbeit und Entwicklung (OECD) für multinationale Unter-

---

[9] Vgl. den Kommentar von Germanwatch zur CSR-Kommunikation: http://germanwatch.org/presse/2011-10-25.htm.

Unternehmensverantwortung:
Entwicklungen auf internationaler Ebene machen
nationale Neujustierungen für Unternehmen und CSR erforderlich

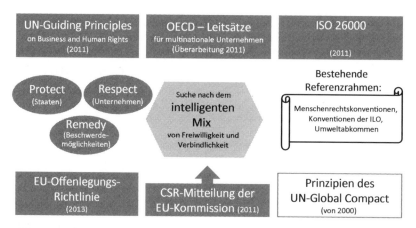

Abb. 1 Wichtige Ansätze für Standards und Regeln im Umfeld von Unternehmensverantwortung

nehmen, die umfangreiche Erwartungen an unternehmerische Verantwortung enthalten: Einhaltung von Menschenrechten, Arbeitsstandards in Anlehnung an die Kernarbeitsnormen der internationalen Arbeitsorganisation (ILO) – d. h. Gewerkschaftsfreiheit sowie keine Kinderarbeit, keine Zwangsarbeit und keine Diskriminierung. Weiterhin umfassen die OECD-Leitsätze Empfehlungen zu Umweltschutz, gegen Korruption, für Verbraucherschutz, für fairen Wettbewerb und Besteuerung. Allerdings sind die Leitsätze nicht erschöpfend, enthalten z. B. bei den Arbeitsstandards keine Empfehlungen zu Arbeitszeiten. Hier können die Konventionen der ILO komplementär genutzt werden.

Unternehmensverantwortung muss Chefsache sein Ernstgemeinte Unternehmensverantwortung drückt sich in einer entsprechenden Struktur innerhalb des Unternehmens aus. Eine Orientierung am Kerngeschäft erfordert zunächst, dass sich nicht allein die Kommunikationsabteilung mit dem Thema befasst. Wenn das Unternehmen eine eigene Nachhaltigkeitsabteilung einrichtet, dann ist deren Kompetenz gegenüber anderen Abteilungen und die Verbindung direkt zur Unternehmensspitze von Bedeutung. Das Thema Unternehmensverantwortung sollte direkt am Konzernmanagement angesiedelt sein, damit die Firmenleitung die sozialen und ökologischen Anliegen auch in den strategischen Entscheidungen des Unternehmens regelmäßig berücksichtigt.

Lieferkette mit einbeziehen Die Verlagerung der Produktion an Zulieferer ist heute an der Tagesordnung – viele Markenfirmen produzieren einen Großteil ihrer Produkte nicht mehr selbst oder bauen nur noch die Einzelteile zusammen. Die meisten Arbeitsrechtsverletzungen treten jedoch in der Zulieferkette auf. Eine stärkere Verantwortung auch für die Zulieferer ist demnach ein wesentlicher Teil von Unternehmensverantwortung. Dabei reicht es nicht, nur die direkten Zulieferer in den Blick zu nehmen. Auch deren Sublieferanten müssen berücksichtigt werden. Die Verantwortung reicht bis hinunter zur Rohstoffgewinnung, die oft mit vielen Problemen wie Zwangsumsiedlungen, Kinderarbeit, mangelnden Sicherheitsstandards, Umweltverschmutzung und dem Anheizen von Bürgerkriegskonflikten verbunden ist.

Markenfirmen sollten ihre Zulieferer bei der Einhaltung von Sozial- und Umweltstandards unterstützen. Bei Problemen ist der Wechsel zu einem anderen Anbieter mitunter die schnellste, aber nicht unbedingt die beste Lösung. Zudem trägt ein Unternehmen über die Vertragsgestaltung auch gewisse Verantwortung dafür, ob sein Zulieferer die gesetzten Standards überhaupt einhalten kann: wenn die Lieferzeiten so kurz angesetzt werden oder der Preisdruck zu stark ist, dann sind zum Beispiel exzessive Überstunden und geringe Entlohnung vorprogrammiert.

Nicht immer kann ein einzelnes Unternehmen den notwendigen Einfluss auf die Zulieferer ausüben. In diesem Fall bieten sich Sektorinitiativen an, in denen eine ganze Branche gemeinsam Standards formuliert und versucht, deren Umsetzung bei den Zulieferern zu erreichen. Ein Beispiel sind die Bemühungen in der Elektronikindustrie, u. a. mit den Initiativen des Verhaltenskodizes Electronic Industry Code of Conduct (EICC) und des Zuliefermanagements über die Global e-Sustainability Initiative (GeSI).

Ernstgemeinter Stakeholderdialog Um wesentliche Herausforderungen eines Unternehmens festzustellen und angemessen zu berücksichtigen, sind Stakeholderdialoge ein wichtiger Ansatz. Eine erste Hürde für jedes Unternehmen besteht jedoch darin, die relevanten Stakeholder zu identifizieren. Das sollten nicht Organisationen sein, die dem Unternehmen nach dem Mund reden. Unternehmen sollten gerade mit denjenigen, die Probleme benennen, in Kontakt treten und einen ernst gemeinten Dialog führen. Die Kommunikationsabteilung eines Unternehmens ist dafür nicht immer der richtige Organisator, da in diesem Fall schnell der Verdacht des „Greenwashing," also der reinen beschönigenden PR-Arbeit, entstehen kann.

Für die beteiligten Stakeholder sollte transparent werden, dass der Dialog zu Konsequenzen in der Unternehmenspolitik – intern oder in der Lobbyarbeit – führt.

Unglaubwürdig wird ein Stakeholderdialog, wenn Unternehmen ihre eigenen, ihnen genehmen NGOs sogar selbst gründen.

Die Bundesregierung hat übrigens durch Schaffung des sogenannten deutschen **CSR-Forums,** das als ein wichtiges Multistakerholder-Forum angesehen werden kann, einen leider bislang zu wenig entschlossenen Weg begonnen, um die internationale und europäische Debatte aufzugreifen und vorwärts zu treiben. Sich als Politik nur auf die Rolle

des Moderators zurück zu ziehen, reicht einfach nicht aus. Die NGOs haben daher weiter-
gehende Erwartungen an eine neue Bundesregierung.[10]

Glaubwürdigkeit durch Transparenz und Überprüfbarkeit Ein wichtiges Kriterium für
eine glaubwürdige Unternehmensverantwortung ist eine transparente Berichterstattung.
Informationen über die Produkte und Produktionsverfahren eines Unternehmens sollten
in angemessenem Umfang rechtzeitig und lückenlos veröffentlicht werden. Auch öffentlich
geübte Kritik sollte von den Unternehmen transparent dargestellt und sachlich kommen-
tiert werden. Zur Glaubwürdigkeit eines gesellschaftlichen Engagements trägt außerdem
bei, wenn ein Unternehmen nicht allein die Erfolge herausstellt, sondern auch die bestehenden Herausforderungen benennt und Schritte aufzeigt, wie diese behoben werden
sollen. Dabei stellen nicht nur Nichtregierungsorganisationen und Verbraucherverbände
Transparenzanforderungen an Unternehmen. Auch Finanzmärkte berücksichtigen mehr
und mehr Nachhaltigkeitskriterien und bewerten es negativ, wenn Unternehmen diesen
Anforderungen nicht angemessen begegnen. Um die Glaubwürdigkeit der Veröffentlichungen sowie der Ergebnisse von Verhaltenskodizes zu erhöhen, sollten Unternehmen
diese von unabhängiger Seite überprüfen lassen. Sinnvoll ist dabei die Einbindung von
Stakeholdern, zum Beispiel die Vertretung von Gewerkschaften bzw. Arbeitnehmern bei
der Überwachung eines Verhaltenskodizes, wie etwa bei der Ethical Trading Initiative.

Aktiv neue Chancen nutzen Am meisten ist dem Ziel einer nachhaltigen Entwicklung
gedient, wenn Unternehmen ein Geschäftsmodell entwickeln, das es ihnen erlaubt, Geld
mit der Verteidigung statt mit der Zerstörung von öffentlichen Gütern zu verdienen. Durch
den Emissionshandel und das Erneuerbare Energien Gesetz sind komplett neue Branchen
entstanden, die ihr Geld durch die Implementation von Klimaschutztechnologien verdienen. So stellt die Berücksichtigung von Nachhaltigkeitsaspekten nicht eine zusätzliche Last
für Unternehmen dar, sondern birgt neue und zukunftsfähige Geschäftschancen.

Dafür müssen Unternehmen sich jedoch auf eine langfristige und zukunftsorientier-
te Sichtweise einstellen und sich vom kurzfristigen Renditedenken verabschieden, dessen
Kreativität sich nur in Quartalsberichten bewegt. Kurzfristig können die genannten Anforderungen vielleicht nicht immer und überall aufwandsneutral erreicht werden. Langfristig zahlt sich eine Orientierung in Richtung Nachhaltigkeit jedoch aus: durch höhere
Mitarbeiterzufriedenheit und damit stärkere Motivation, durch geringere Reputationsrisiken, durch niedrigere Energiekosten. Es lohnt sich, schon heute mit Veränderungen zu
beginnen.

Ein Unternehmen, das aktiv solche Wege geht, kann somit zum Vorreiter werden und
sich damit gegenüber seinen Mitbewerbern positiv profilieren. Damit ein Unternehmen

---

[10] Das nationale CSR-Forum ist beim Bundesministerium für Arbeit und Soziales (BMAS) angesiedelt und verfolgt auch einen Multistakeholderansatz: http://www.csr-in-deutschland.de. Doch Achtung: es gibt parallel und nicht wirklich miteinander abgestimmt noch ein deutsches CSR-Forum:
http://www.csrforum.eu/ koordiniert von der dokeo GmbH in Stuttgart.

dann nicht dauerhaft draufzahlt, ist häufig eine veränderte politische Rahmenordnung erforderlich. Zu einem verantwortlichen Unternehmen gehört, dass es eine politische Rahmenordnung unterstützt, die nachhaltiges Wirtschaften fördert und nicht diejenigen bestraft, die sich stärker engagieren. Am politischen Einflussnehmen eines Unternehmens ist häufig erkennbar, wie ernst gemeint die Veränderungen in Richtung Nachhaltigkeit wirklich sind.

Nicht alle Herausforderungen lassen sich jedoch von einzelnen Unternehmen lösen. Der größte und bekannteste Zusammenschluss für Unternehmensverantwortung ist der **Global Compact**, dem derzeit weltweit bereits mehr als 10.000 Teilnehmer aus über 145 Ländern, vor allem Firmen angehören.[11] Dort wollen Unternehmen Schritte zum Schutz der Menschenrechte oder zur Korruptionsbekämpfung gemeinsam erörtern. Die Umsetzung und Wirksamkeit dieser und anderer Ansätze wird von Nichtregierungsorganisationen kritisch begleitet.

5 Können Marken hilfreiche Treiber für die notwendige Transformation sein?

Szenenwechsel: Der Staatssekretär im für das nationale CSR-Forum zuständigen Bundesarbeits- und Sozialministerium schaut absichernd in die Richtung der Verbandsvertreter des BDI und des DIHK. Wie weit darf er gehen mit einer eigenen Positionierung der deutschen Politik bei der Debatte um die neue EU-Definition zu CSR? Da stehen die Auswirkungen unternehmerischen Handelns im Mittelpunkt. Doch eigentlich ein sinnvoller Ansatz und eine für alle – vor allem auch für die Wirtschaft selbst – wichtige Fragestellung.

Nicht selten tritt genau dieses Phänomen auf: die Politik will die Wirtschaft nicht überfordern, ja schützen und gleichzeitig wollen die großen Wirtschaftsverbände möglichst immer den Status Quo erhalten, also Fortschritte in der Transparenz, in der Accountability, in der Berichterstattung und in der von anderen notwendig erachteten Regulation verhindern.

Die traditionellen großen Wirtschaftsverbände sind in einem regelrechten Abwehrreflex gegenüber neuen Entwicklungen und z. B. bei den Offenlegungspflichten für nichtfinanzielle Risiken.

Und allzu gern gerieren sie (also z. B. der BDI) sich dabei mit dem Argument „zu viel Bürokratie" und „Überforderung" als Schützer der kleinen und mittelständischen Unternehmen.

Familienunternehmen und der Mittelstand sind darauf aber gar nicht angewiesen. Sie sind z. T. in der eigenen Praxis schon sehr viel weiter. Und sie spielen für die Positionierung Deutschlands in Europa und in der arbeitsteiligen Welt eine gewichtige Rolle. Etwa

---

[11] In Deutschland gibt es ein sehr aktives Deutsches Global Compact Netzwerk, das bewusst – auch in seinem Lenkungskreis mit Einbeziehung von amnesty international und Germanwatch – den Multistakeholder-Ansatz verfolgt http://www.globalcompact.de.

95 % (= 3 Mio.) der in Deutschland ansässigen Betriebe und Firmen werden immerhin als Familienunternehmen geführt. Genannt seien hier als Beispiele Hipp, die Neumarkter Lammsbräu oder auch dm Drogeriemarkt.

Auch einzelne der ganz Großen unter den deutschen Konzernen sind in einigen Feldern bemüht und setzen bereits zum Teil mehr davon um, wogegen die Verbände noch zu Felde ziehen[12], allerdings muss man gerade bei den Großunternehmen viele Widersprüche und gleichzeitig negative Vorgehensweisen konstatieren.

So ist die BASF ein Beispiel für gutes Umweltmanagement und ambitionierter Umsetzung neuer Menschenrechtsstandards, aber gleichzeitig das Unternehmen, das seit vielen Jahren mit seinen Lobbyaktivitäten entschieden gegen eine ambitionierte europäische und deutsche Klima- und Energiepolitik und nun auch gegen die Energiewende zu Felde zieht.

Gerade Markenfirmen können als besonders sichtbarer Akteur Signale setzen und neue Trends beeinflussen. Nach dem Motto: wir haben schneller erkannt als andere, was Zukunftsfähigkeit und Fairness sein können.

Die Otto Group[13] und auch Tchibo haben hier interessante Wege eingeschlagen, letztere zum Teil allerdings erst, als das Renommee schon sehr angeschlagen war.

Es geht ja nicht nur um Vorschriften und Verbote, sondern auch darum, was als schick angesehen wird.

So ist für die Automobilbranche von heute von ganz erheblichem Stellenwert, dass junge Leute nicht mehr wie ihre Väter (insbesondere die!) den Besitz eines Autos als das höchste Bedürfnis ansehen. Sondern Unabhängigkeit (also keine Sorge um ein Auto und den Parkraum), gute Vernetzung und Erreichbarkeit (z. B. über das Smart-Phone) und optimale Beweglichkeit unter Nutzung aller Mobilitätsangebote (u. a. also auch das Elektro-Car-Sharing). Auch weltweit wird das in den Metropolen eine immer größere Rolle spielen.

Das Automobilland Deutschland muss sich darauf einstellen …

6   Gemeinsame Aufgaben für die Zukunft

Die Zivilgesellschaft spielt – wie zuvor aufgezeigt – eine wichtige Rolle, um Unternehmensverantwortung weltweit voranzutreiben. Dank einer engen medialen Vernetzung erfährt die westliche Öffentlichkeit heute viel schneller, ob in China „ein Sack Reis umfällt" oder Arbeitsrechte bei einer Zulieferfirma verletzt werden. Vor allem die großen Player erhalten höchste Aufmerksamkeit. Ein Fehlverhalten wird nicht mehr einfach toleriert.

---

[12] Dazu erarbeitet Germanwatch zusammen mit Misereor gerade einen ausführlichen „Watch-Bericht", bei dem die 30 DAX-Unternehmen befragt wurden.

[13] Der Unternehmer Michael Otto hat auch insofern neue Wege beschritten, dass er neben der Schaffung eigener zivilgesellschaftlichen Akteure mit seinen eigenen Stiftungen auch eine Unternehmeninitiative 2° ins Leben gerufen hat, mit der Unternehmer eine verantwortliche Klimaschutz- und Energiepolitik bei der Politik einfordern bzw. unterstützen wollen (vgl. http://www.stiftung2grad.de).

Allerdings genügt allein die kritische Öffentlichkeit der Nichtregierungsorganisationen nicht, weil diese kaum flächendeckend alle Probleme verfolgen können.

Neue Netzwerke sind in den vergangenen Jahren entstanden, die auch zu einer Professionalisierung und stärker internationalen Zusammenarbeit beigetragen haben. Zu nennen ist hier das internationale Netzwerk OECD Watch, das sich für eine ernstgemeinte Umsetzung der OECD-Leitsätze einsetzt und auch eine umfangreiche Datenbank von OECD-Beschwerdefällen unterhält[14]. Auf europäischer Ebene hat sich das ECCJ-Netzwerk[15] gegründet, die nationale Plattform in Deutschland ist das CorA-Netzwerk[16] für Unternehmensverantwortung.

Diese Netzwerke beschäftigten sich aber nicht nur bzw. nicht in erster Linie mit der Nachverfolgung von einzelnen Fällen und dem „Watchen", also dem Beobachten von Unternehmen, sondern wollen auf nationaler, europäischer und internationaler Ebene Instrumente und Ansätze für ein Rahmenwerk von Unternehmensverantwortung schaffen – damit die genannten Anforderungen von immer mehr Unternehmen in die Praxis umgesetzt werden.

Auf Seiten der Wirtschaft gibt es Bemühungen für Neuformationen, Dialog- und Lernplattformen in Form von Gruppen wie „Unternehmensgrün[17]" oder das schon erwähnte „future", aber auch Econsense[18] ist hier zu nennen.

Und die Gruppen der Zivilgesellschaft und die der Unternehmen reden miteinander.

Und sie streiten sich, – was aber auch sehr wichtig ist.

Manche Lösungen liegen nicht einfach auf der Straße und nur der konstruktive Konflikt kann weitere Erkenntnisse und Lernbereitschaften befördern.

Ganz im Sinne des Germanwatch-Leitspruchs: „So viel Kooperation wie möglich, so viel Konflikt wie nötig."

---

[14] http://oecdwatch.org/.

[15] http://www.corporatejustice.org.

[16] http://www.cora-netz.de/.

[17] http://www.unternehmensgruen.org/.

[18] http://www.econsense.de/: econsense ist ein sehr eng am BDI und am VCI angesiedelter Zusammenschluss führender global agierender Unternehmen und Organisationen der deutschen Wirtschaft zu den Themen nachhaltige Entwicklung und Corporate Social Responsibility (CSR) und versteht sich als Dialogplattform und Think Tank.

Impulse eine Messe für nachhaltige Produkte ins Leben zu rufen

Hubert Rottner

Zusammenfassung

Was treibt einen Kameramann und Massivholzschreiner in den 1980er Jahren an, die unterschiedlichen Interessen von vielen kleinen Initiativen und Unternehmen aus dem Umweltbereich durch eine selbstorganisierte Messe einen besseren Marktzugang zu ermöglichen? Und wie wurde daraus die Weltleitmesse Biofach mit Ablegern in Nord- und Südamerika, China, Japan und Indien?

In den 70 Jahren entstanden viele neue Lebensansätze, die mit den bestehenden Vorstellungen nicht mehr zufrieden waren. Aus den Ideen der 68er ist eine Vielzahl von neuen Geschäftsfeldern entstanden, die erst jetzt zur eigentlichen Blüte gereift sind. Auf dem Feld der Ernährung ist die Naturkost neu dazugekommen, anfänglich belächelt, hat sie in den 30 Jahren 180.000 Arbeitsplätze geschaffen und einen jährlichen Umsatz von 7 Mrd. €. Auf dem Energiesektor sind es mittlerweile im Solargeschäft rund 200.000 und in der Windenergie 100.000 Beschäftigte. Dies alles ohne nennenswerte Förderung seitens der Politik, wahre Erfolgsgeschichten. Einhergehend mit diesem Bewusstseinswandel haben sich die Grünen gegründet, kam die Frauenemanzipation in Gang, und auch der Umgang von Geschäftspartner ist seither durch mehr Fairness und Partnerschaft geprägt, neue Banken mit ethischem Investment haben sich gegründet. Viele neue Marken sind entstanden, allen gemeinsam ist die hohe Glaubwürdigkeit und Authentizität.

Eine Vielzahl von Konsumenten sind sich ihrer Macht bewusst geworden, mit ihrem Kaufverhalten Einfluss zu nehmen. Die tägliche Abstimmung mit dem eigenen Geldbeutel nimmt zu, und Gedanken zur Nachhaltigkeit und Produktqualität bestimmen mehr und mehr die Kaufentscheidungen.

H. Rottner (✉)
Nagelhof 1, 91174 Spalt, Deutschland
E-Mail: hubertrottner@t-online.de

A.-K. Kirchhof, O. Nickel (Hrsg.), *CSR und Brand Management*, Management-Reihe Corporate Social Responsibility, DOI 10.1007/978-3-642-55188-8_5,
© Springer-Verlag Berlin Heidelberg 2014

In des Autors Fall wurde anfänglich viel ausprobiert, man zog aufs Land und inspiriert durch John Seymor's Buch „Das Leben auf dem Lande" träumte man von Selbstversorgung und autark sein. Der Massivholzschreiner kam mit seinem Freund. Hagen Sunder,1985 auf die Idee, den vielen kleinen Initiativen aus diesem Umweltbereich durch selbstorganisierte Messen einen besseren Marktzugang zu ermöglichen. So wurden unter den Namen Ökomenta, Ökologa, Ökowelt, Öko überwiegend in Süddeutschland zahlreiche Messen durchgeführt, bis 1990 die erste Fachmesse für diesen Markt, Biofach, in Ludwigshafen ins Leben gerufen wurde.

Von den Anfängen bis zur globalen Leitmesse.

Die Messe nahm eine rasante Entwicklung. Von anfänglich 197 Ausstellern und rund 2.500 Besuchern mit Stationen in Mannheim, Wiesbaden, Frankfurt kam die Weltleitmesse für Naturkost und Naturwaren 1999 nach Nürnberg mit nunmehr 1.200 Austellern und 21.000 Besuchern. 2001 wurde sie an die Nürnberg Messe verkauft, da der Partner in den wohlverdienten Ruhestand wollte. 2014 schreibt die BIOFACH ihr 25. Messejahr mit zuletzt 2.207 Aussteller und 41.794 Besuchern. Ein Markenzeichen der Biofach war schon sehr bald ein Kriterienkatalog, der die Qualität der ausgestellten Produkte festschreibt. Nicht nur für Lebensmittel, die ausschließlich biozertifiziert sein müssen, auch für Naturtextilien, Naturkosmetik wurden Richtlinien festgesetzt, die bis heute beibehalten wurden und jedes Jahr aus Neue an jedem Messestand überprüft werden.

Die Marke Biofach hat sich auf dem internationalen Markt gut entwickelt und in 5 Ländern (Nordamerika, Südamerika, China, Japan und Indien) jeweils einen regionalen Ableger hervorgebracht. Im Mutterland hat die Marke aber durch ungeschicktes Verhalten und zu wenig Glaubwürdigkeit Schaden genommen. Die Ausstellerzahlen stagnieren und der deutsche Markt ist zum großen Teil weggebrochen und tummelt sich jetzt auf der Bio Süd, -Nord, -Ost und -West. Es war schon immer ein Balanceakt, die unterschiedlichen Interessen des deutschen und des internationalen Handels unter einen Hut zu kriegen, aber mit ein wenig Fingerspitzengefühl und kleinen Serviceleistungen gut zu schultern. Hier zeigen sich auch deutlich die Vorteile eines unternehmensgeführten Geschäfts gegenüber dem einer Messegesellschaft.

Aus anfänglich bescheidener Auflage und Aufmachung entstand parallel 1985 die Schrot& Korn, ein kostenloses Magazin für die Naturkostfachgeschäfte, mittlerweile mit einer Auflage von über 800.000, und seit 2010 in den Händen der etwa 50 MitarbeiterInnen.

Auf dem Solar und Windenergiesektor haben sich ähnliche Messen entwickelt, wie beispielsweise die Intersolar im München, die der Biofach an Größe nicht nachsteht.

Seit 2002 nun die Grüne Lust – emotionaler, kleiner, regionaler. Warum dieser Schritt?

Vom global player zum local hero

Neu an dem Grüne Lust Konzept ist, dass Umweltschutz auch lebensfroh, genussvoll und trotzdem nachhaltig sein kann. Kundinnen und Kunden – vor allem mit Kindern

– möchten keine Weltuntergangsstimmung, sondern bei ihrem Einkauf ein gutes Gefühl haben. Einkaufen mit allen Sinnen und dabei trotzdem die „Welt" nicht aus den Augen zu verlieren, ist das Motto der Grünen Lust. Auf dem Wolfgangshof, ein Jugendstilgutshof im Besitz von Faber-Castell, wurde der ideale Veranstaltungsort gefunden. Es präsentieren sich etwa 200 Ausstellerinnen und Aussteller, mit Produkten und Ideen für den grünen Lifestyle, es gibt Vorträge, Kochshows mit regionalen Produkten, ausgefallene Pflanzen und ein sehr großes Kinderprogramm. Dieses Konzept ist einmalig und hat sich in den 12 Jahren des Bestehens eine treue Anhängerschaft erworben.

Was würde ich Ihnen als Markenunternehmen mit auf den Weg geben, in Fragen zur nachhaltiger Markenführung – was will und braucht der Markt/ die Verbraucher/ unsere Gesellschaft?

Glaube ich selbst an meine Produkte und würde ich sie selbst auch kaufen? Dies Frage sollten Sie sich stellen.

Die Marken der Biobranche haben alle eins gemeinsam: sie leben alle von ihrer Glaubwürdigkeit und einer überprüfbaren und transparenten Qualitätskontrolle.

Hier eine gelungene Definition, was ein Unternehmen selbst unter Nachhaltigkeit versteht. In diesem Fall ein Kriterienkatalog entlang des Lebenszykluses eines beliebigen Produktes. Dieser Wegweiser findet Anwendung auf den von meinen Töchtern gegründeten Sommer- und Winterkiosks, Märkte für nachhaltigen Konsum. Wir haben uns die Mühe gemacht, einen anschaulichen Maßstab für die Ausstellungsgüter dieser Märkte zu entwickeln.

1   KIOSK – WEGWEISER

1.1   REGIONAL

REGIONAL

Durch überschaubare Kreisläufe und kurze Transportwege wird die Umwelt geschont und die heimische Wirtschaft gestärkt. Regionale Traditionen und Merkmale leben und entwickeln sich weiter. Kleinere Betriebe, Läden & Ateliers bieten unkonventionelle Leistungen, individuelle Produkte und frische Lebensmittel.

1.2   HANDMADE

HANDMADE

In liebevoller Handarbeit gefertigte Produkte, oft Unikate, haben ihren ganz eigenen Charme. Kleine Manufakturen vs. industrielle Massenproduktion. Die Kreationen unterliegen nicht den gängigen Modeerscheinungen, sondern sind Ausdruck der Persönlichkeiten, die hinter ihren Produkten und Ideen stehen. Hier ist Raum für individuelle Schönheit und Herangehenweise.

1.3 BIO

BIO

Bio-Produkte stammen aus ökologisch kontrolliertem Anbau, sind nicht gentechnisch verändert und wurden ohne Einsatz von Pestiziden, Kunstdünger oder Abwasserschlamm angebaut. Das Fleisch stammt von Tieren, die nicht mit Antibiotika und Wachstumshormonen behandelt wurden. Bei der Bio-Baumwolle werden alle Verarbeitungsschritte – von der Faser über das Spinnen, Weben, Stricken, Färben bis zum Druck – verfolgt. Umweltbelastende Substanzen sind nicht erlaubt.

1.4 UPCYCLING

UPCYCLING

Getreu dem Motto "aus Alt mach Neu" werde gebrauchte Gegenstände und Abfallstoffe nicht weggeworfen, sondern dienen als Grundlage für Neues. Die ursprünglichen Dinge werden neu entdeckt, so entstehen meist völlig andere Produkte, die sich von ihrem ursprünglichen Nutzen abheben. Bei der Wiederverwertung von Gegenständen ist der Energieaufwand geringer als beim Recycling.

1.5 FAIR

FAIR

Der Faire Handel unterstützt Produzenten und Produzentinnen in den Entwicklungsländern, um ihnen eine menschenwürdige Existenz aus eigener Krafz zu ermöglichen. Durch
gerechte Handelsbeziehungen sollen die Lebensbedingungen der Menschen verbessert,
die Binnenwirtschaft gestärkt und langfristig ungerechte Weltwirtschaftsstrukturen ab-
gebaut werden. Darüber hinaus kann auch in eine nachhaltige Zukunft investiert werden.

1.6 LANGLEBIG

LANGLEBIG

Den Produkten wird durch die verwerteten Materialien und einem zeitlosen Design ein
langes Leben garantiert. Teile können ausgetauscht und repariert werden. Das Design folgt
nicht den aktuellen Trends, sondern ist schlicht, reduziert und pur und kann dadurch über
Jahre bestehen. Holz und Papier stammen aus nachhaltiger Forstwirtschaft und heimischen Wäldern.

2   Fazit

Aus dem Nischenmarkt hat sich Erstaunliches entwickelt. Die summierten Beschäftigtenzahlen sind mit denen der Automobilbrache vergleichbar.

Leider hat die gesamte Ökobranche ihr politisches Potential noch nicht entdeckt und
eine branchenübergreifende Interessensvertretung mit Lobbyarbeit in Berlin und Brüssel
fehlt noch. Doch die alternativen Märkte wachsen stetig, die Nachfrage steigt und kann
von einheimischen Produzenten gar nicht befriedigt werden, was auch ein Versäumnis
der deutschen Politik ist. Mit etwas Förderung wäre man hier schon weiter. Dennoch bleiben Biolebensmittel die qualitativ besten und bestuntersuchtesten, die man auf dem Markt
kriegen kann. Food you can trust!

Corporate Volunteering – Wirkung auf Mitarbeiter und Marke

Tanja Rödig

Tell me and I forget.
Teach me and I remember.
Involve me and I learn.
Benjamin Franklin

Zusammenfassung

In diesem Beitrag wird beschrieben, auf welcher Basis Corporate Volunteering in ein Unternehmen eingebunden sein sollte, welche Voraussetzungen wichtig sind, um Corporate Volunteering glaubwürdig umzusetzen, mit welcher Kraft das gesellschaftliche Engagement auf die Mitarbeiter wirkt und wie davon auch die Marke des Unternehmens profitieren kann.

1 Definition Corporate Volunteering

„Corporate Volunteering (CV) bezeichnet die Förderung gesellschaftlichen Engagements von Mitarbeitern. Unternehmen unterstützen ihre Mitarbeiter, innerhalb des Angestelltenverhältnisses ehrenamtlich für gemeinnützige Organisationen bzw. gesellschaftliche Zwecke tätig zu werden. Vielfach handelt es sich hierbei um ein Instrument im Rahmen von Corporate Citizenship. Es dient sowohl der Demonstration von gesellschaftlichem Engagement als auch der Entwicklung von sozialer Kompetenz bei Mitarbeitern." (Link Springer Gabler Verlag).

T. Rödig (✉)
Respekt erLEBEN, Am alten Hessenbach 1,
86156 Augsburg, Deutschland
E-Mail: respekt.erleben@gmail.com

A.-K. Kirchhof, O. Nickel (Hrsg.), *CSR und Brand Management*, Management-Reihe Corporate Social Responsibility, DOI 10.1007/978-3-642-55188-8_6,
© Springer-Verlag Berlin Heidelberg 2014

„Corporate Volunteering, das Engagement von Unternehmen für die Gesellschaft durch Kompetenz, eigener Stärke und Arbeitskraft von Mitarbeitern, ist ein Instrument, das erheblichen Einfluss auf die Wettbewerbsfähigkeit und den wirtschaftlichen Erfolg eines Unternehmens haben kann." (siehe Pinter 2006, S. 5).

2 Auf welcher Basis sollte CV im Unternehmen eingebunden sein?

Corporate Volunteering ist Teil einer verantwortungsvollen Unternehmensführung, eingebettet in die CSR-Strategie des jeweiligen Unternehmens.

„CSR zielt auf die Verantwortung eines Unternehmens für die positiven und negativen Auswirkungen des Kerngeschäfts, auf die Art und Weise der Gewinnerzielung und das Anstoßen von zukunftsfähigen Veränderungsprozessen. Es sollte sich nicht nur auf gesellschaftliches Engagement konzentrieren. Nur so ergibt sich ein glaubwürdiges Umsetzen einer nachhaltigen Unternehmensstrategie." (siehe „Den Ehrbaren Kaufmann leben", 2012, S. 28).

3 Glaubwürdige Umsetzung

Die Glaubwürdigkeit der Umsetzung von Corporate Volunteering basiert, wie schon in Punkt 2 zusammengefasst, auf einem ganzheitlichen CSR-Verständnis, also auf einer Unternehmensverantwortung im Hinblick auf Ökologie, Ökonomie, Mitarbeiter und Gesellschaft.

Immer mehr Unternehmen setzen auf ein integriertes Nachhaltigkeitsmanagement, das diese Unternehmensverantwortung systematisch in alle Managementprozesse verankert (entnommen aus Artikel Schmidpeter 2013):

1. **Corporate Governance und Compliance**
   Einhaltung von Branchenstandards, Gesetzen und internationalen Vereinbarungen
2. **Nachhaltiges Management**
   Übernahme sozialer, ökologischer sowie wirtschaftlicher Verantwortung im Kerngeschäft
3. **Corporate Volunteering oder Corporate Citizenship** (bürgerschaftliches Engagement von Unternehmen)
   Gesellschaftliches Engagement, das weit über das eigentliche Kerngeschäft hinaus gehen kann, jedoch mit der jeweiligen Kernkompetenzen, Ressourcen und Mitarbeitern verknüpft sein sollte
4. **Responsible Lobbying**
   Gestaltung eigener Marktbedingungen durch verantwortliches Lobbying oder Branchenvereinbarungen

3.1   Auf welche Faktoren kommt es beim Corporate Volunteering an?

*Wenn der Vorstand nicht hinter den Werten steht, und diese Werte lebt,
können die Mitarbeiter sich engagieren, wie sie wollen,
es wird nicht in der Breite ankommen.*
Prof. Dr. Harald Bolsinger, Professor für Volkswirtschaftslehre
und Wirtschaftsethik, Würzburg

Der Chef als Vorbild Was bei CSR generell gilt, ist bei der Umsetzung von Corporate Volunteering genauso wichtig:

Ob Führungskraft, Inhaber eines Unternehmens oder Vorstand – Sie müssen hinter dem Thema stehen, es tatsächlich leben. Sie wissen: Worauf Sie sich konzentrieren – die Mitarbeiter tun es auch. Ihre Aufgabe ist es tatsächlich, beim Engagement dabei zu sein – zumindest beim ersten Mal – möglichst auch nachhaltig. Das ist Wertschätzung: für die eigenen Mitarbeiter genauso wie für den Partner, für den Sie sich engagieren. Der weitere Vorteil liegt auf der Hand: Sie lernen Ihre Mitarbeiter von ganz anderen Seiten kennen – und Ihre Mitarbeiter Sie, denn Hirarchieebenen sind hier außer Kraft gesetzt. Oft werden Sie staunen, was die Kollegen für verborgene Stärken haben…

Rahmen festlegen Bevor Sie beginnen, Ihr CV-Projekt zu planen, beantworten Sie sich folgende Fragen:

- Was ist unser Kerngeschäft – lässt sich unser gesellschaftliches Engagement damit verbinden?
- Passt unser Leitbild, Motto, roter Faden – den gesamten CSR-Gedanken des Unternehmens abbildend – zu unserem gesellschaftlichen Engagement?
- Wo wollen wir uns engagieren? (Örtlich)
- Wer könnte für uns ein Partner auf Augenhöhe sein?
- Wie viele Mitarbeiter würden sich freiwillig engagieren?
- Wie oft und wie lange?
- Möchten wir auch unsere Kunden einbinden?
- Gibt es ein Kostenbudget?
- Haben wir eine CSR-Abteilung/ein Projektteam – oder holen wir uns externe Unterstützung?

Bewusst ist dies nur eine Auswahl von Fragen – zu individuell sind die unterschiedlichen Unternehmen in ihrem Aufbau und aktuellem Stand zu CSR.

Nutzen Sie beispielsweise die professionelle Unterstützung zur Findung des „richtigen Partners", des passendsten Themas und der umfassenden Organisation durch viele Freiwilligenagenturen in Deutschland. Als Beispiel seien nur drei von unterschiedlichsten Möglichkeiten genannt: Sozialreferat der Landeshauptstadt München; Stadt Augsburg,

Büro für Bürgerschaftliches Engagement; Unternehmensengagement Team Türen Öffnen, Zentrum Aktiver Bürger (ZAB) Nürnberg.

Partnersuche auf Augenhöhe Viele Projekte im Rahmen von CV lassen sich auf dem „kurzen Dienstweg" realisieren. Hier steht der Gedanke im Vordergrund, etwas zu bewegen, zu helfen – mit den unterschiedlichsten Stärken aller sich engagierenden Mitarbeitern (die nicht zwangsläufig etwas mit der Aufgabe im Unternehmen zu tun haben müssen!). Nicht immer steht dahinter also eine vertraglich vereinbarte Kooperation. Dennoch sollte auch bei kleinen Projekten die gemeinsame „Wertebasis" stimmen – so können beide Partner enorm vom jeweiligen Wissen des Anderen profitieren. Beide Kooperationspartner sollten sich auf jeden Fall zu einander bekennen, dazu sollten sie zueinander passen – schließlich will niemand unglaubwürdig sein oder eine Kooperation als „Mittel zum Zweck" nachgesagt bekommen. (siehe Lotter und Braun 2011, S. 102)

Das Engagement sollte nachhaltig – also möglichst mehr als einmal – leben. Gemeinsam erarbeiten: was wird benötigt? Was kann jeder leisten? Klären Sie Erwartungen. Denken Sie bei Versprechungen daran, dass Sie Erwartungshaltungen aufbauen. Lieber also klein beginnen und wachsen... Klar definiert: Beide Partner begeben sich in eine Kooperation auf Augenhöhe – und jeder Partner hat seine Stärke. Nichts ist unangenehmer, als ein Unternehmen, das glaubt, einer sozialen Organisation ein „Almosen" geben zu müssen!

Unser Engagement Gesellschaftliches Engagement sollte dort sichtbar sein, wo das Unternehmen wirkt. Wie möchten Sie sich einsetzen? Sobald Sie analog Ihres Leitbildes und/oder Ihrer Kernkompetenz des Unternehmens dementsprechend aussuchen möchten, haben Sie viele Möglichkeiten. Kommt die Idee von Ihren Mitarbeitern? Dann hat sie umso mehr Chancen, verwirklicht zu werden – sie ist authentischer, als „von oben delegiert".

Um die Vielfalt etwas einzugrenzen, hier einige Beispiele (entnommen aus „Ideen für Partnerschaftstage", ZAB, 2013, Nürnberg 2013):

- **Aktiver Einsatz** Vom Entmüllen eines Waldes, dem Einrichten einer Fahrradwerkstatt, der Gestaltung einer „Villa Kunterbunt" für Kinder über den Bau eines gemütlichen Barbeque-Grillplatzes hin zur Garten-Kräuterschnecke oder eines Sinnes-Pfades – toll ist immer: Gemeinsam mit den Kindern des Kindergartens, den Bewohnern des Wohnheimes, den Senioren,... ist Engagement eine viel größere Horizonterweiterung und kann noch viel mehr Spaß machen.
- **Begegnung** Ausflüge begleiten, Stadtralleye mit Kindern, Vorlesen, Gemeinsamer Wald-Erlebnistag, Spielenachmittag, Interkultureller Tag, Einführung für Neubürger in der Stadt, gemeinsam Kochen, Backen,...
- **Kompetenz** Mentoring, Entwicklung eines Telefons für Senioren, Entwicklung eines Autos für gehbehinderte Menschen, Aufbau eines barrierefreien Internetzugangs, Begleitung auf Messen; Trainings, Workshops und Kurse; gemeinsamer Projektentwurf inkl. Förderung und Finanzierung, Beratung bei Öffentlichkeitsarbeit oder Eventmanagement, Flyer gestalten und drucken, Bewerbertraining, Logoentwicklung, ...

Weniger ist manchmal mehr Verzetteln Sie sich nicht in zu vielen Einzelmaßnahmen bei Corporate Volunteering. Einige langfristige Projekte, die zu Ihrer Marke, dem Leitbild, Motto und Ihren Werten passen, haben mehr Chancen, sinnvoll umgesetzt zu werden. Auch in der Kommunikation ist es einfacher, Themen zu konzentrieren und Ihren roten Faden im Fokus zu haben (siehe Lotter und Braun 2011, S. 101).

Freiwilligkeit Das wichtigste Element beim Engagement von Mitarbeitern ist die Freiwilligkeit, auf der CV aufgebaut sein muss. Jeder kann – keiner muss. Aus meiner Erfahrung fangen Sie mit einer kleinen Gruppe von Mitarbeitern an, die sich für dieses Thema interessieren oder sich Orientierung holen wollen, beispielsweise bei einer Informationsveranstaltung oder einem internen *„Markt der Möglichkeiten"*, bei dem sich Unternehmen und sozialer Partner gemeinsam vorstellen und die Möglichkeiten des Engagements darstellen. Das Spannende daran: nach den ersten gemeinsamen Aktiviäten, dem ersten Entstehen eines WIR-Gefühls und sobald es Spaß gemacht hat, beginnen die Mitarbeiter von selbst, als Meinungsmacher weitere Kollegen anzustecken.

Jeder in seiner Stärke Fast jedes Mitarbeiterengagement ist nicht „daily business", sondern meist das Eintauchen in einen ganz anderen Bereich. Für manche Menschen heißt das auch, über eine Hürde zu springen, beispielsweise die Angst im Umgang mit Menschen mit Behinderung. Mache ich alles richtig? Kann ich das überhaupt? So viel einfacher ist es dann, wenn jeder in seiner Stärke agieren kann – also etwas tut, was er gerne macht und gut kann. Wenn Sie einen Partner finden, der viele Möglichkeiten der Zusammenarbeit bietet, gestalten Sie beispielsweise eine „Wunschliste". Wo überall kann sich die soziale Organisation Unterstützung vorstellen? Seien Sie kreativ, nicht immer geht es nur um die Tätigkeit im Unternehmen. Die Wunschliste bietet eine Übersicht und jeder Mitarbeiter kann sich gezielt eintragen. Möchten Sie mit einem ganzen Team ein CV-Projekt gestalten? Achten Sie darauf, dass für jeden etwas dabei ist – und trotzdem gilt auch hier die Freiwilligkeit. Sobald ein Zwang zum gesellschaftlichen Engagement seitens des Unternehmens spürbar wird, ist der Gedanke von CV verfehlt.

Investieren Sie in Ihre Mitarbeiter Bei einigen Themenbereichen lohnt sich eine Schulung Ihrer Mitarbeiter in mehrfacher Hinsicht. Ein Beispiel – Sie planen als CV-Projekt Vorlesen für Kinder. Bieten Sie z. B. in Zusammenarbeit mit der Stadtbibliothek Ihren Kollegen einen Kurs an: „Wie lese ich lebendig vor?" Die Vorteile für Ihre Mitarbeiter: Dieses Wissen kann jeder auch für sich selbst nutzen (bei seinen Kindern, Enkeln, …), es ist also ein Incentive, das Unternehmen investiert in seine Mitarbeiter – das macht stolz auf den Arbeitgeber. Die Kursbesucher lernen, dass es Kinder gibt, die zuhören, sich aber gleichzeitig bewegen, malen, irgendetwas anderes tun – das den Mitarbeiter mit Nichtwissen vielleicht demotiviert. Die Stadtbibliothek weiß wiederum, was Sie tun, fördert möglicherweise Ihre Vorlesungen, bietet Räumlichkeiten, veröffentlicht Ihre Lesungen in ihrer Auslage…

Erwartungshaltung klären Welche Erwartungshaltung hat Ihr Mitarbeiter, der sich engagiert? Wünscht er sich im Grunde seines Herzens, dass der Schüler, den er als Mentor fördert, ihm bei erfolgreicher Ausbildungssuche ein herzliches DANKE sagt? Gut zu wissen: Nicht jeder Schüler tut das – oder bleibt bis zum Ende des Mentorings im Programm. Oder bekommt die Ausbildungsstelle – trotz Fachwissen des Mentors. Klären Sie – wenn nötig mit kompetenter Unterstützung aus dem jeweiligen internen (Personal) oder externen Bereich (Sozialpädagoge)– was die Mitarbeiter treibt und was passieren könnte. Damit wissen Ihre Mitarbeiter unter anderem: Es ist ein Danke, wenn mein Schüler im Programm bleibt – auch ohne, dass er es ausspricht. Und Sie lassen Demotivation erst gar nicht entstehen.

Selbstverständnis Der erste Schritt ist getan – doch wie schaffen Sie ein Selbstverständnis für Corporate Volunteering und auch die Einbindung Ihres Partners bei passender Gelegenheit in Ihrem Unternehmen? Natürlich war der erste Schritt keine einmalige Kampagne. Individuelles Vorgehen ist gefragt: Engagieren wir uns an einem Social Day im Jahr? Oder lebt das CV je nach Größe der Einheit/Begeisterung der Mitarbeiter auch während des Jahres weiter? Veröffentlichen Sie intern Erfolgs- und Erfahrungsberichte.

Lassen Sie Raum für dieses Thema in Meetings zu. Fragen Sie Mitarbeiter, warum sie sich am Engagement beteiligen, wie es sie bereichert hat. Soll Ihr CV-Projekt permanent leben? Binden Sie die Kollegen ein, die Treiber, Begeisterer für dieses Projekt sind, setzen Sie Paten oder Koordinatoren in Ihren Abteilungen ein, die berichten, begeistern, organisieren. Bieten Sie als Unternehmen ihrem Partner die Möglichkeit, auch in Ihre Welt einzusteigen, wenn gewünscht. Sie haben ein Firmenfest? Laden Sie dazu ein. Sie haben eine Unternehmenspräsentation, laden Kunden ein? Auch Ihr Partner hat einen Stand, an dem er sich präsentieren kann. Sie buchen für Ihre Mitarbeiter einen Top-Referenten? Vielleicht ist das Thema auch für die Organisation interessant. Zeigen Sie sich gemeinsam mit Ihrem Partner – wo es passt, ehrlich und authentisch ist.

Kritik? Sie sind im Unternehmen aktiver Treiber, überzeugt von der Kraft des gesellschaftlichen Engagements, sitzen im Meeting, stellen das CV-Projekt vor und ernten folgende Frage: „… Ich habe zuhause schon eine Schwiegermutter, die ich pflegen muss. Mein Kind ist in der Pubertät, auch nicht einfach – und jetzt verlangt unser Unternehmen auch noch, dass ich mich in meiner eh so geringen Freizeit engagieren soll???" Glauben Sie mir, diese Frage kann kommen… Erinnern wir uns an Punkt 2 und 3 – Basis und glaubwürdige Umsetzung. Stellen Sie auf jeden Fall immer kurz die gesamte CSR-Strategie vor – gehen Sie nochmals auf das sicherlich bekannte Leitbild, Motto ein – und daraus erfolgt auch ein CV-Projekt. So wird das Warum dahinter deutlich. Trotzdem ist die Frage noch nicht beantwortet: Ihr Unternehmen bietet die Basis für ein gesellschaftliches Engagement. Jeder Mitarbeiter engagiert sich für sich selbst, nimmt für sich selbst viel Sinnstiftendes mit. Niemand sollte dieses Engagement „für die Firma" tun müssen – dafür sorgt die Freiwilligkeit. Möglicherweise wird die Basis von Ihrem Unternehmen gefördert, beispielsweise bei Ford oder der HypoVereinsbank. Mit Sonderurlaub für ein Ehrenamt oder gesellschaftliches

Engagement. Mit Anrechnung auf die Arbeitszeit, wenn Sie für das Projekt unterwegs sind. Oder auch mit einer Spende für den Partner, bei dem Sie sich engagieren (siehe als Beispiel: Link Ford oder HypoVereinsbank).

4 Die Kraft des Corporate Volunteerings

Unter dem Dach einer klaren CSR-Strategie ist Corporate Volunteering für alle ein Gewinn: Für die Unternehmensmarke – für jeden einzelnen Mitarbeiter, der sich engagiert – und natürlich für den jeweiligen Partner, der gleichfalls in unterschiedlichster Art profitieren kann.

4.1 Wirkung und Vorteile für die Mitarbeiter

Die Frage „… und was habe ich davon?" lässt sich sehr vielfältig unter verschiedenen Aspekten beantworten, die daneben Sinnstiftung und Freude spüren lassen (entnommen UPJ, 2011):

Geselligkeit Sie lernen neue Menschen kennen – beim Partner, aber auch Kollegen aus anderen Abteilungen, die Ihre Stärke teilen – und die Sie unter anderen Umständen gar nicht getroffen hätten.

Auch die Kollegen, die Sie kennen, haben in einem anderen Umfeld ganz andere Stärken, die Sie vielleicht noch gar nicht kennen. In jedem Fall bringen gemeinsame Aktionen Mitarbeiter einander näher, Sie teilen ein Gemeinschaftserlebnis

Gestaltung Sie wollten schon immer Verantwortung in der Gesellschaft übernehmen, wussten bisher jedoch nicht, wo und wie? Beim Corporate Volunteering können Sie etwas bewegen, Einfluss nehmen und so die Welt ein kleines Stück lebenswerter machen.

Persönliche Weiterentwicklung Sie erleben Selbsterfahrung im ungewohnten Umfeld, auch mit existenziellen Themen. Sie vergrößern Ihre sozialen Kompetenzen – und es lohnt sich, genau hinzusehen, welche Vielfalt an Schlüsselkompetenzen hier erweitert werden:

- Empathie, Anpassungsfähigkeit und Toleranz
- Emotionale Intelligenz
- Kooperationsbereitschaft
- Konflikt- und Kommunikationsfähigkeit
- Durchsetzungsvermögen, Belastbarkeit und Flexibilität
- Teamorientierung und Selbstwahrnehmung
- Kreativität und Innovationsbereitschaft
- Erfahrbare Sinnhaftigkeit

Auch Motivation durch einen Blick über den Tellerrand sowie die Erweiterung des eigenen Horizontes durch die Auseinandersetzung mit gesellschaftlich bedeutungsvollen Zusammenhängen gehören zur persönlichen Weiterentwicklung.

Verpflichtung Sie möchten der Gesellschaft etwas zurückgeben und Ihre Kompetenzen sinnvoll einsetzen. Manchmal denken Sie sich auch: „einer muss es ja machen…"

Status Sie bekommen gesellschaftliche Anerkennung, gereichen zu „Ruhm und Ehre". Durch das gesellschaftliche Engagement wird Ihre Leistung sichtbar.

4.2 Wirkung und Nutzen für die Unternehmensmarke

Durch das Umsetzen und Leben von Corporate Volunteering-Projekten hat das Unternehmen und die Marke, die es darstellt, große Vorteile.

Gefühltes Vertrauen lässt Kompetenz spüren Bei der Umfrage eines bekannten Markforschungsinstituts, bei der Kunden zwei verschiedener Filialen einer Bank befragt wurden, bestand folgende Ausgangsbasis: Die Filiale A bot eine EC-Karte mit dem Stadtmotiv von A an – die Kunden konnten sich so mit ihrer Heimat identifizieren, sobald sie mit der Karte zahlten. Für die Erstellung der Karte mit Motiv bezahlten die Kunden den Sonderdruck von 7 €. Die Filiale B bot die EC-Karte mit dem Stadtmotiv B an – auch hier hatten die Kunden für 7 € das Gefühl der Heimat in der Geldbörse. Allerdings hatten sich die Mitarbeiter der Filiale B für ein Corporate Volunteering Projekt mit einer sozialen Organisation als Partner entschieden, neben gesellschaftlichem Engagement gingen 2 € von der Erstellung jeder Karte an diese Organisation.

Aufgabe:
1. Ebenso wie Menschen können auch Banken durch Eigenschaften und Werte beschrieben werden. Beurteilen Sie nun die folgenden Filialen bezüglich dieser Eigenschaften.
2. Man hat ja bestimmte Vorstellungen von Banken. Bitte beurteilen Sie die nun folgenden Filialen hinsichtlich einiger Aspekte. Bitte urteilen Sie hierbei ganz aus Ihrem Gefühl heraus.

Das Ergebnis zeigte, dass sich bei der Folgewelle beide Filialen gleichauf „dem heimischen Markt verpflichtet fühlen". Auch Sicherheit und Zuverlässigkeit hatten ähnliche Werte.

Die Kunden der Filiale B bewerteten die Mitarbeiter jedoch – gleichfalls in der Folgewelle und jeweils im Vergleich zur Filiale A – um mehr als 30 % kompetenter, freundlicher und hilfsbereiter. Serviceleistungen und Produkte entsprachen über 20 % mehr den Bedürfnissen der Kunden, gleichfalls empfanden die Kunden, dass die Filiale B sich um 20 % mehr kümmere, transparenter und fairer sei.

Die Kunden kannten keine Einzelheiten des gesellschaftlichen Engagements. Alleine das Gefühl, dass sich „mein Berater" für die Region einsetzt und sich kümmert, reichte aus, um vergleichsweise 30 % kompetenter zu wirken.

Die Filiale A hat gehandelt: Sie kooperiert nun gleichfalls mit einer sozialen Organisation in ihrer Region, neben gesellschaftlichem Engagement seitens der Bankmitarbeiter übernimmt diese Organisation das Catering in der Filiale, eine großartige Möglichkeit, Inklusionsarbeitsplätze zu fördern.

Schaffung positiver Reputation und Glaubwürdigkeit Kaspar Ulf Nielsen, Executive Partner des Reputation Institute, einer weltweit führenden Beratung im Bereich Unternehmens-Reputation, beschreibt nach seiner „Global CSR RepTrack 100" genannten Studie, wie Verbraucher CSR von Konzernen wahrnehmen – und was sich ändern muss:

„Entgegen landläufiger Meinung zeigen die Ergebnisse unserer Erhebung: Die Bereitschaft, ein Produkt zu kaufen, zu empfehlen, für ein Unternehmen zu arbeiten oder in es zu investieren, ist insgesamt zu 60 Prozent von der Wahrnehmung des Unternehmens abhängig – und nur zu 40 Prozent vom Produkt selbst oder dem Preis. Und 73 Prozent der weltweit befragten Verbraucher[1] sind bereit, Unternehmen zu empfehlen, deren CSR-Initiativen sie positiv wahrnehmen.

Außerdem würden sich 59 Prozent der Verbraucher positiv über ein Unternehmen äußern, wenn sie ein großes gesellschaftliches Engagement wahrnehmen. Nur 17 Prozent der Verbraucher sind bereit, dies auch in Bezug auf Unternehmen zu tun, die sie im Bereich des gesellschaftlichen Engagements schwach bewerten." (Link green.wiwo).

Kundenzufriedenheit und Empfehlung der Marke Ein weiteres Ergebnis der CSR-RepTrak-Studie zeigt, wie gut Aktivitäten bei den Kunden ankommen. Beispielsweise erhöht ein 5-Punkte-Anstieg der CSR-Reputation einer Unternehmensmarke die Kundenempfehlungen um 9 % (Link green.wiwo).

Das Wertesystem der Marke erlebbar machen Ihre Einstellung und Handlungen werden in Bezug auf die Gesellschaft, die Ziele der Unternehmensmarke und der Menschen an Werten ausgerichtet. Intern spüren die Mitarbeiter: Werte werden nicht nur identifiziert und festgelegt, sie werden durch Corporate Volunteering Projekte auch glaubwürdig gelebt. Dies schafft intern sowie extern Vertrauen.

Hohe Bindung ans Kerngeschäft Je größer der Zusammenhang zwischen Kerngeschäft und dem Corporate Volunteering Thema gelingt, desto höher wird das Alleinstellungsmerkmal einer Marke ausfallen. Das Unternehmen leistet seinen Beitrag dort, wo Knowhow voranden ist: Eine Brauerei setzt sich für die Wasserqualität in der Region ein und klärt Jugendliche über die Problematik von zu viel Alkoholkonsum auf; der Telefon-Konzern schult Senioren im Umgang mit Mobiltelefonen und entwickelt in Zusammenarbeit

---

[1] 55.000 Verbraucher in den 15 wirtschaftsstärksten Ländern, die zusammen 75 % des weltweiten Bruttoinlandsproduktes abdecken.

mit einer Behindertenwerkstatt vor Ort ein Handy speziell für Menschen mit Behinderung. Ein Unternehmen für Import und Vertrieb von Garnelen forstet in Indien Mangrovenwälder auf und gibt Schwimmkurse für Fischer, um die Gefahr vor dem Ertrinken zu minimieren. So kann das Unternehmen bestmöglich den für die Akzeptanz des gesellschaftlichen Engagements entscheidenden Nutzen liefern.

Identifikation steigern Mitarbeiterumfragen belegen, dass Unternehmensmarken, die Wert auf gesellschaftliches Engagement legen, bei den Kategorien Integrität, Vertrauen in die Marke, Kundenorientierung, Reputation sowie Führung eine signifikant positive Abweichung zur Benchmark um bis zu 17 % erreichen. Selbst bei Abteilungen, deren Mitarbeiter sich selbst nicht am Engagement beteiligt hatten, sind die Kategorien Integrität, Führung sowie Reputation bis zu 8 % über der Benchmark. Dies bedeutet, die Mitarbeiter nehmen selbst ohne eigene Beteiligung eine spürbar höhere Identifikation zur Unternehmensmarke wahr.

Attraktivität als Arbeitgeber Unternehmensmarken, die sich im gesellschaftlichen Umfeld engagieren, damit auch ihre Verantwortung gegenüber ihren Stakeholdern wahrnehmen (Kunden sowie Mitarbeitern), punkten mit dem Profil eines gesellschaftlich verantwortlichen Unternehmens. Sie sind damit attraktiver Arbeitgeber. Insbesondere für Nachwuchskräfte zählt immer stärker die Sinnhaftigkeit sowie auch die Möglichkeit der Förderung und Entwicklung bei der Wahl des Arbeitgebers.

Förderung der Unternehmenskultur Teamentwicklung, Motivation, das Schaffen eines WIR-Gefühls werden durch das Leben und Umsetzen von Corporate Volunteering Projekten gestärkt und ausgebaut. Die Mitarbeiter sind stolz darauf, in einem Unternehmen zu arbeiten, das solch eine Basis bietet. Sie gehen die Extrameile gerne, denn sie wissen, der Konzern investiert genauso in jeden einzelnen Mitarbeiter und in die Gesellschaft. Die Zufriedenheit der Mitarbeiter wächst, positive Bindung und Loyalität sind dem Unternehmen damit sicher.

5   Fazit

Corporate Volunteering ist aufgrund seiner Unmittelbarkeit in Wahrnehmung und Wirkung und seines hohen Motivations- und innerbetrieblichen Integrationsfaktors wichtig für jede Marke und ein wesentlicher Baustein von CSR.

Je intensiver Corporate Volunteering in Verbindung mit dem Kerngeschäft der Marke steht, desto größer wird ein Alleinstellungsmerkmal geschaffen, das sich von Wettbewerbsmarken abhebt.

Durch das freiwillige Engagement der Mitarbeiter werden Werte und Leitbild zum Leben erweckt, bekommt jeder, der sich für die Gesellschaft engagiert, einen Zugang zum Thema CSR – für viele Mitarbeiter der erste Berührungspunkt zu diesem Feld. Sobald diese Türe offen ist, hat jedes Unternehmen die Möglichkeit, ein tieferes Verständnis der Zusammenhänge von Ökonomie, Ökologie, Gesellschaft und auch Mitarbeitern zu wecken.

Unternehmensmarken, die eine Nachhaltigkeitsstrategie konsequent und insbesondere die Übernahme gesellschaftlicher Verantwortung in Form von Corporate Volunteering glaubwürdig umsetzen, sind nachweislich krisenrobuster und profitabler.

Kunden vermögen eine Marke mittlerweile nur noch sehr schwer über das Produkt zu differenzieren. Der wirkliche Unterschied liegt zum einen bei den Menschen, die das Unternehmen vertreten und all ihre Empathie, persönlichen Erfahrungen und Kompetenzen durch Corporate Volunteering hier einbringen können – und zum anderen in der Art und Weise, wie das Unternehmen wirtschaftet und sich in der Region engagiert. Der Unterschied wird noch weniger im Produkt als vielmehr in der Marke mit unternehmerischer Verantwortung liegen.

Literatur

Lotter D, Braun J (2011) Der CSR-Manager, Unternehmensverantwortung in der Praxis. Altop-Verlag, Munich

Oswald G, Dr. Kuttner A (2012) Den Ehrbaren Kaufmann leben – Mit Tradition zur Innovation, IHK für München und Oberbayern

Pinter A (2006) Coroprate Volunteering in der Personalarbeit: ein strategischer Ansatz zur Kombination von Unternehmensinteresse und Gemeinwohl? Centre for Sustainability Management, Universität Lüneburg

Schmidpeter R (2013) Magazin „Verantwortung Zukunft", Ausgabe 2-2013 – Artikel: Das Gegensatzdenken proaktiv überwinden. Moderne CR steigert den unternehmerischen und den gesellschaftlichen Mehrwert

UPJ e. V. Berlin (2011) Präsentation zur Vorstellung von gesellschaftlichem Engagement in Unternehmen

Zentrum Aktiver Bürger, Türen öffnen, Nürnberg (2013) Ideen für Partnerschaftstage

Links, gesamt letztmalig geprüft am 18.01.2014:

http://engagement.hypovereinsbank.de/de/gesellschaft/soziales-engagement/

http://www.ford.de/UeberFord/FordinDeutschland/GesellschaftlicheVerantwortung

http://green.wiwo.de/nachhaltigkeit-in-unternehmen-ausser-vielen-spesen-nix-gewesen/

Springer Gabler Verlag (Herausgeber), Gabler Wirtschaftslexikon, Stichwort: Corporate Volunteering, online im Internet:http://wirtschaftslexikon.gabler.de/Archiv/5127/corporate-volunteering-v6.html

http://www.zukunftsinstitut.de/verlag/zukunftsdatenbank_detail?nr=1828

Technik fürs Leben – Nachhaltigkeit und Markenführung bei Bosch

Bernhard Schwager und Judith Schäpe

Zusammenfassung

Die Bosch-Gruppe ist ein international führendes Technologie- und Dienstleistungsunternehmen und erwirtschaftete im Geschäftsjahr 2013 mit rund 281.000 Mitarbeitern einen Umsatz von 46,1 Mrd. €. Die Aktivitäten gleichen sich in die vier Unternehmensbereiche Kraftfahrzeugtechnik, Industrietechnik, Gebrauchsgüter sowie Energie- und Gebäudetechnik. Die Bosch-Gruppe umfasst die Robert Bosch GmbH und ihre rund 360 Tochter- und Regionalgesellschaften in rund 50 Ländern; inklusive Vertriebspartner ist Bosch in rund 150 Ländern vertreten (Abb. 1).

Ziel der Bosch-Gruppe ist es, die Lebensqualität der Menschen durch innovative, nutzbringende und begeisternde Produkte und Dienstleistungen zu verbessern, kurz: Technik fürs Leben anzubieten. Eng verzahnt mit dieser Zielsetzung ist das Bekenntnis zu einer verantwortungsvollen Unternehmensführung, das sich wie ein roter Faden durch die Unternehmensgeschichte zieht.

B. Schwager (✉) · J. Schäpe
Zentralabteilung Unternehmenskommunikation,
Markenmanagement und Nachhaltigkeit, Geschäftsstelle Nachhaltigkeit,
Robert Bosch GmbH, Postfach 106050, 70049 Stuttgart, Deutschland
E-Mail: bernhard.schwager@de.bosch.com

J. Schäpe
E-Mail: judith.schaepe@de.bosch.com

A.-K. Kirchhof, O. Nickel (Hrsg.), *CSR und Brand Management*, Management-Reihe Corporate Social Responsibility, DOI 10.1007/978-3-642-55188-8_7, © Springer-Verlag Berlin Heidelberg 2014

Abb. 1 Die Robert-Bosch
GmbH in Gerlingen bei
Stuttgart

1   Tradition und Werte

Verantwortungsvolles Handeln und wirtschaftlicher Erfolg gehen Hand in Hand. Diesen
Grundsatz verfolgte Robert Bosch bereits, als er 1886 in Stuttgart die „Werkstätte für Fein-
mechanik und Elektrotechnik" gründete. Er stand wie kaum ein anderer Unternehmer in
dieser Zeit für den Ausgleich wirtschaftlicher und gesellschaftlicher Interessen, obgleich
es die Forderung nach nachhaltigem Wirtschaften in der heutigen Form noch nicht gab.

So führte er schon 1906 als einer der ersten Unternehmer in Deutschland den Acht-
Stunden-Arbeitstag ein. Auch war ihm von Anfang an die Aus- und Weiterbildung seiner
Mitarbeiter ein besonderes Anliegen. Zudem war er, nach den ersten finanziellen Erfolgen,
ein bedeutender Stifter: Seine erste Großspende von einer Million Reichsmark kam 1910
der Technischen Universität Stuttgart zugute. Aufgrund seiner eigenen Erfahrungen während der Lehre, war ihm die Förderung der Ausbildung lebenslang sehr wichtig.

Darüber hinaus hat die Orientierung an Werten bei Bosch ebenfalls tiefe Wurzeln, was
in einem Zitat des Firmengründers deutlich wird: „Eine anständige Art der Geschäftsführung ist auf die Dauer das Einträglichste, und die Geschäftswelt schätzt eine solche viel
höher ein, als man glauben sollte". Die heute im Unternehmen und in der Unternehmensführung gültigen Werte gehen unmittelbar auf Robert Bosch zurück. Manche haben sich
gewandelt oder sind im Lauf der Jahrzehnte hinzu gekommen. Heute bringen sieben Werte zum Ausdruck, mit welcher Haltung die Bosch-Gruppe Geschäfte betreibt:

- Zukunfts- und Ertragsorientierung
- Verantwortlichkeit
- Initiative und Konsequenz
- Offenheit und Vertrauen
- Fairness

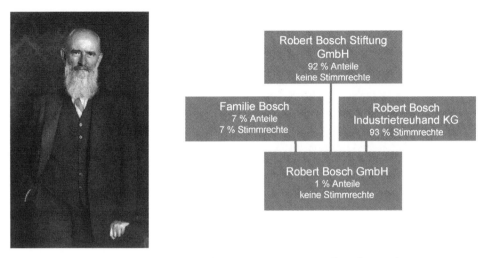

Abb. 2 Robert Bosch (1861–1942) und die heutige Eigentümer-Struktur der Bosch-Gruppe

- Zuverlässigkeit, Glaubwürdigkeit und Legalität
- Kulturelle Vielfalt

Beispielsweise verpflichtet sich Bosch mit den Werten „Zuverlässigkeit, Glaubwürdigkeit und Legalität", mit Mitarbeitern und Partnern vertrauensvoll zusammenzuarbeiten sowie stets Recht und Gesetz zu achten. Dazu sind weltweit gültige Bosch Verhaltensregeln in einem Leitfaden zusammengefasst, dem „Code of Business Conduct". Alle Mitarbeiter sind aufgefordert, diese Regeln strikt einzuhalten.

Auch an Lieferanten stellt Bosch hohe Anforderungen. Diese richten sich an den Grundsätzen des UN Global Compact aus, wie zum Beispiel die Einhaltung der Menschenrechte, das Recht auf Tarifverhandlungen, Abschaffung von Zwangs- und Kinderarbeit, Vermeidung von Diskriminierung bei Einstellung und Beschäftigung, Verantwortung für die Umwelt und Verhinderung von Korruption.

Besonderen Wert legte Robert Bosch auf die unternehmerische Unabhängigkeit. Mit seinem Testament gab er die Konturen der heutigen Unternehmensverfassung vor. So gehört das Unternehmen Bosch heute zu 92 % der Robert Bosch Stiftung. Seit ihrer Gründung hat sie Forschung, Bildung und Medizin, aber auch Projekte der Völkerverständigung mit einer Summe von insgesamt mehr als einer Milliarde Euro gefördert, die sie als Dividende vom Unternehmen erhalten hat. Die mit den Kapitalrechten verbundenen Stimmrechte übt sie jedoch nicht selbst aus. Diese liegen bei der Robert Bosch Industrietreuhand (Abb. 2).

Genau diese Unternehmensverfassung sichert dem Unternehmen die Selbstständigkeit und die finanzielle Unabhängigkeit. Zudem ermöglicht sie hohe finanzielle Vorleistungen und Investitionen in die Zukunft.

2 Nachhaltiges Wirtschaften bei Bosch

Das für Bosch typische langfristige Denken hat auch die Forschung und Entwicklung geprägt, die Innovationen immer wieder gegen Rückschläge durchsetzen konnte. Allein an der Hochdruck-Dieseleinspritzung, mit der die Emissionen des Dieselmotors seit 1990 um mehr als 90 % gesenkt werden konnten, hat Bosch bis zum Markterfolg 15 Jahre gearbeitet. Ähnlich langwierig war der Weg zu den Fahrerassistenzsystemen ABS und ESP. Die technischen Pionierleistungen der Bosch-Mitarbeiter sind immer das Ergebnis einer langfristigen Orientierung. Dabei richtet sich Bosch an globalen Trends wie Ressourcenverknappung, Demografie oder Digitalisierung aus.

Nachhaltigkeit heißt, eine Brücke zwischen ökologischer, sozialer und wirtschaftlicher Verantwortung zu schlagen und dabei die richtige Balance zu finden. Da beispielsweise Umweltschutz nicht weniger, sondern mehr Technik voraussetzt, stellt diese Herausforderung Antrieb für Forscher und Entwickler dar und ist damit Treiber für nachhaltiges und kraftvolles Wachstum. Mit mehr als 42.000 Forschern und Entwicklern an über 80 Standorten weltweit wendete Bosch allein im Jahr 2013 rund 4,5 Mrd. € für Forschung und Entwicklung auf – mehr als neun Prozent des Umsatzes. Etwa die Hälfte dieses Etats investiert das Unternehmen in die Entwicklung von Erzeugnissen, die Umwelt- und Ressourcen schonen. Rund 5000 waren es insgesamt im Jahr 2013, soviel wie bei keinem anderen Unternehmen in Europa.

Das nachhaltige Wirtschaften ist bei Bosch in der Unternehmensstrategie fest verankert. Dies betrifft nicht nur die geschäftliche Interaktion mit Externen, also Kunden und anderen Partnern. Auch bei der Entwicklung und Herstellung von Erzeugnissen ist Bosch bestrebt Wachstum und Umweltschutz auszubalancieren. Ziel von Bosch ist es deshalb, bis 2020 den CO_2 Ausstoß der Standorte in aller Welt relativ zur Wertschöpfung um mindestens 20 % gegenüber dem Wert von 2007 zu reduzieren. Für die Umsetzung von Maßnahmen zur Erreichung des von der Geschäftsführung vorgegebenen Ziels sind die produzierenden Werke verantwortlich.

Ohnehin benötigt ein Thema wie die Nachhaltigkeit ein solides organisatorisches Fundament (Abb. 3). Dazu wurden bei Bosch drei Ebenen eingerichtet:

- Erstens die Geschäftsstelle Nachhaltigkeit: Sie ist Ansprechpartner für interne und externe Anfragen und hält Kontakt zu Verbänden. Wesentliche Aufgabe ist es, im Unternehmen selbst Probleme und Handlungsbedarf aufzuzeigen.
- Zweitens der Fachbeirat Nachhaltigkeit: Darin sind die Leiter wichtiger Zentralabteilungen wie Einkauf, Fertigung, Infrastruktur, Personal und Umwelt vertreten. Je nach Anlass kommen Vertreter relevanter Geschäftsbereiche dazu.
- Schließlich der Steuerkreis Nachhaltigkeit: Hier werden die wesentlichen Ziele festgelegt und überwacht. Hier ist die Geschäftsführung selbst dabei, gemeinsam mit Vertretern aus dem Fachbeirat. Davon geht ein klares Signal aus: Nachhaltigkeit ist bei Bosch Chefsache.

Abb. 3 Geschäftsstelle und Gremien für Nachhaltigkeit

Die Bedeutung spiegelt sich auch in der organisatorischen Anbindung wider: Die Geschäftsstelle ist in der Zentralabteilung „Unternehmenskommunikation, Markenmanagement und Nachhaltigkeit" verankert. Dies gewährleistet, dass die Aspekte der Nachhaltigkeit in allen international umgesetzten Kommunikationsmaßnahmen und im Markenmanagement berücksichtigt werden bzw. zentraler Bestandteil dort sind.

3 Der Einfluss der Nachhaltigkeit auf die Markenführung

Das Unternehmen Bosch hat in seiner über 125-jährigen Geschichte ein hohes Maß an Vertrauen und Reputation aufgebaut. Dazu beigetragen haben die Eigenschaften, die als typisch für Bosch gelten. Das Unternehmen konnte seine Kunden davon überzeugen, dass Bosch-Erzeugnisse seit Generationen hinsichtlich Qualität vorbildlich sind und dem neuesten Stand der Technik entsprechen. Diese Kontinuität zeigt sich auch in der Wort-Bild Marke (Abb. 4). Zudem waren und sind Integrität und Zuverlässigkeit Eckpfeiler des unternehmerischen Handelns. Diese Eigenschaften werden bewahrt und weiterentwickelt. Daraus ist ein typisches Erfolgsmuster entstanden. Das zeigt sich auch im Ergebnis. So kommen beispielsweise 17 von 20 in Europa verkauften Elektrowerkzeugen aus dem Do-it-Yourself-Segment von Bosch.

Heutzutage hängt Reputation und Glaubwürdigkeit einer Marke jedoch nicht mehr allein von der Qualität der Produkte ab. Gute Produkte bieten heute viele Unternehmen. Vertrauen in eine Marke zu schaffen erreicht man nur mit einer ganzheitlichen Vorgehensweise, mit der Art und Weise dessen, was man tut oder nicht tut und wie man darüber kommuniziert. Ob eine Marke ökologisch glaubwürdig und authentisch ist hängt auch

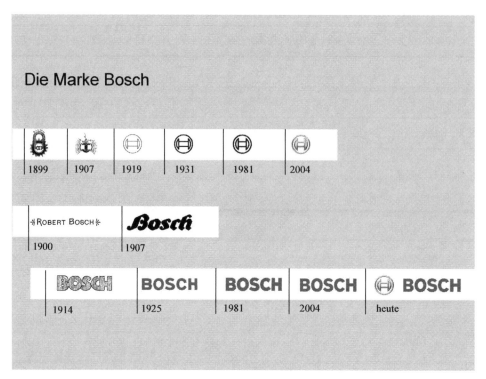

Abb. 4 Die Marke Bosch: Kontinuität und Vertrautheit zeigt sich auch in der Wort-Bild Marke. Im Verlauf der Firmengeschichte hat sich diese nur wenig verändert. Mit dem weltweit einheitlichen Corporate Design werden die Erzeugnisse als „typisch Bosch" erkannt

davon ab, ob sie als energieeffizient und klimaschonend wahrgenommen wird. Dazu drei Produktbeispiele, mit denen Bosch diese Botschaften sendet und kommunikativ nutzt:

Die tragende Bedeutung des Themas Energie zeigt sich exemplarisch an dem Supereffizienz-Portfolio der Hausgeräte (Abb. 5). Als supereffizient werden dabei ausschließlich Produkte mit der besten Energieeffizienz am Markt bezeichnet. Da aufgrund von Bevölkerungswachstum und steigendem Lebensstandard bis 2030 mit einer Verdoppelung des Strombedarfs zu rechnen ist, entwickelt und baut Bosch Geräte, die immer weniger Wasser, Strom und Reinigungsmittel verbrauchen. Um die Effizienzfortschritte zu messen und sichtbar zu machen, werden die sparsamsten Geräte in einem Portfolio zusammengefasst. Dieses wird jährlich an neue Erfordernisse angepasst.

- In der Kraftfahrzeugtechnik hat Bosch schon in den 1970er Jahren nach neuen Lösungen gesucht. So ist das 3S-Programm entstanden: das Autofahren sicherer, sauberer und sparsamer zu machen. Heute erzielen Hybridfahrzeuge eine bis zu 25 % Reduktion der CO_2-Emissionen gegenüber konventionellen Fahrzeugen. Bosch Start-Stopp-Systeme bringen bis zu acht Prozent CO_2-Einsparung. Zugleich forciert Bosch die Entwicklung der Elektromobilität. Allein dafür werden jährlich über 400 Mio. € aufgewendet. Bis Ende 2014 wird Bosch 30 Projekte rund um die Elektrifizierung des Antriebs im Serieneinsatz haben. Bis Ende der Dekade soll die Energiedichte der Batterien mehr als verdoppelt und Mo-

Abb. 5 Hausgeräte aus dem
Supereffizienz-Portfolio

Abb. 6 Das Energieplus-Haus
liefert mehr Energie, als seine
Bewohner verbrauchen

torenkonzepte entwickelt werden, die weniger oder keine seltenen Erden benötigen. Mit seinen Lösungen für Pedelecs und eBikes leistet Bosch ebenfalls nicht nur einen Beitrag auf dem Weg zum elektromobilen Zeitalter, sondern ermöglicht Mobilität für neue Zielgruppen.

- In Kanada ebenso wie in Deutschland hat Bosch Energieplus-Häuser realisiert (Abb. 6). Selbst unter extremen Bedingungen hat sich gezeigt, dass ein Vier-Personen-Haushalt übers Jahr weniger Energie verbraucht als er erzeugt. Die dort lebenden Familien decken ihren Wärmebedarf über eine Sole-Wasser-Wärmepumpe, die Energie aus dem Erdreich nutzt. Eine Fotovoltaikanlage liefert zusätzlichen Strom und auch die Haushaltsgeräte wie zum Beispiel Kühl- und Gefrierschränke, verbrauchen zwei Drittel weniger Strom als noch vor 15 Jahren.

4 CoRA – Der Corporate Reputation Analyzer

Aus der Sicht der Markenführung ist nun interessant, ob und in welchem Ausmaß der Aspekt der Nachhaltigkeit die Reputation bzw. den Ruf des Unternehmens positiv beeinflusst.

Um die Reputation messen und aktiv managen zu können, hat Bosch ein maßgeschneidertes System entwickelt, den Corporate Reputation Analyzer. Dieser misst im Wettbewerbsvergleich bei den für Bosch relevanten Bezugsgruppen die Reputation, wie zum Beispiel bei Mitarbeitern, Kunden, Nachwuchskräften, Journalisten und Meinungsführern in Politik und Gesellschaft. Ein Teil der Studie ist die sogenannte „Treiberanalyse", wobei mittels einer Anzahl vordefinierter Statements (Treiber) untersucht wird, welche Themen bzw. Leistungsmerkmale einen positiven Einfluss auf die Reputation von Bosch haben.

Vor dem Hintergrund der besonderen Relevanz der Nachhaltigkeit sind acht der insgesamt 50 Treiber explizit darauf hin definiert worden. Hiermit kann herausgefunden werden, wie Leistungen für Nachhaltigkeit bei den relevanten Bezugsgruppen ankommen bzw. welche dieser Leistungen mit der Marke Bosch verbunden werden und wie diese die Reputation des Unternehmens stärken. So wurde beispielsweise gefragt, ob Bosch Produkte energieeffizient und ressourcenschonend sind und zur Verbesserung der Lebensqualität beitragen; oder ob sich Bosch gesellschaftlich engagiert.

Die Studienergebnisse zeigen deutlich, dass der Einfluss des gesamten Themas Nachhaltigkeit auf die Unternehmensreputation von großer Bedeutung ist. Dieses Ergebnis zeigt sich in bislang allen zehn untersuchten Ländern und bei allen Bezugsgruppen. Zwar ist die Ausprägung in den Regionen und bei den Stakeholdern unterschiedlich, aber die grundlegende Aussage ist einheitlich – Nachhaltigkeit hat einen hohen Einfluss auf die Reputation.

Die Verankerung des Themas Nachhaltigkeit in der Unternehmensstrategie und das aktive Markenmanagement von Bosch werden auch in Zukunft dazu beitragen, dass Bosch mit diesem Thema assoziiert wird und die Unternehmensreputation davon profitiert.

Die Reputation der Bosch-Gruppe wird vor allem durch die tief verankerten Werte geprägt, die das Fundament der Unternehmens- und somit auch der Markenführung bilden. Besonders deutlich wird dies durch ein Zitat von Robert Bosch: „Immer habe ich nach dem Grundsatz gehandelt: Lieber Geld verlieren als Vertrauen. Die Unantastbarkeit meiner Versprechungen, der Glaube an den Wert meiner Ware und an mein Wort standen mir stets höher als ein vorübergehender Gewinn."

▶ **Links** Weitere Informationen zum Thema Nachhaltigkeit bei Bosch erhalten
    Sie im Internet unter: csr.bosch.com

Die Verantwortung ökonomisch wie ökologisch verantwortliche Geschäfte zu machen – Markenführung vor und nach der Energiewende

Matthias W. Send

Zusammenfassung

Ein regionaler Energiedienstleister, der nachhaltige und klimaschonende Energiever-sorgung bietet, sollte in Zeiten der Energiewende auf der Gewinnerseite stehen. Aber was heißt das für die Markenführung, wenn sich die Rahmenbedingungen in der Ge-sellschaft, Politik und im Markt so radikal ändern? Wie steuert man eine Marke in die-sem Kontext, denn das Alleinstellungsmerkmal schwindet zunehmend?

1 Unternehmensporträt

Die HSE ist einer der acht großen Regionalversorger in Deutschland, ein bedeutender, eigenständiger Energie- und Infrastrukturdienstleister mit Sitz im Rhein-Main-Neckar-Raum. Gemeinsam mit ihren Tochtergesellschaften versorgt die HSE Privatkunden, Ge-werbe, Industrie und Kommunen mit Strom, Erdgas, Trinkwasser, Wärme und techni-schen Dienstleistungen. Als moderner Energiedienstleister steht die HSE für eine nach-haltige und klimaschonende Energieversorgung – in Hessen und darüber hinaus. Ihre Vertriebstochter ENTEGA ist einer der führenden Ökostromanbieter Deutschlands.

In Folge einer Fusion zweier kommunaler Versorgungsunternehmen hat sich die HSE in 2003 neu aufgestellt. Der Ausgangspunkt einer neuen Positionierung innerhalb der Branche wurde danach aufgrund veränderter Markt- und anderer Rahmenbedingungen, sowie der sich langsam abzeichnenden Energiewende schnell erforderlich. In einem im-mer stärker umkämpften Energiemarkt stellte sich die Frage nach einem wirkungsvollen

M. W. Send (✉)
Unternehmenskommunikation und Public Affairs, HEAG Südhessische Energie AG (HSE),
Frankfurter Straße 110, 64293 Darmstadt, Deutschland
E-Mail: matthias.w.send@hse.ag

A.-K. Kirchhof, O. Nickel (Hrsg.), *CSR und Brand Management*, Management-Reihe
Corporate Social Responsibility, DOI 10.1007/978-3-642-55188-8_8,
© Springer-Verlag Berlin Heidelberg 2014

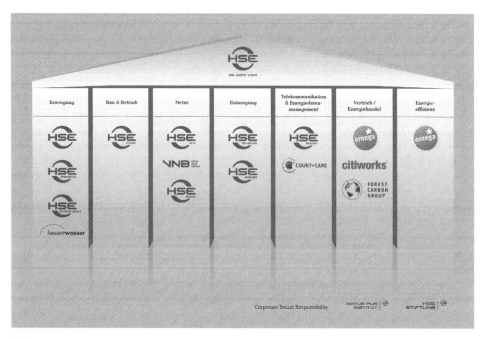

Abb. 1 Der HSE-Konzern und seine Geschäftsfelder

„Alleinstellungsmerkmal" der HSE und ihrer Tochterunternehmen. Die Idee ein Nachhaltigkeitsmanagement nach den Maßgaben der Global Reporting Initiative aufzubauen
und gleichzeitig die sozialen Aspekte eines „Good Corporate Citizenship Unternehmens"
zu berücksichtigen waren die Grundlage für ein neues Konzept. Eine sorgfältige 360° Betrachtung führten zu einer neuen Nachhaltigkeitsstrategie entlang der gesamten Wertschöpfungskette des Konzerns. Durch die Gründung der HSE Stiftung und des NATUR-
pur Institut für Klima- und Umweltschutz wurde der wissenschaftliche und öffentlichkeitswirksame Rahmen zur neuen Strategie geschaffen. D. h. bereits seit 2005 bestimmt
Nachhaltigkeit als gemeinsamer Wert das Konzernbewusstsein. Lange vor der politisch
gewollten Energiewende.

Für die HSE gehört es zu ihrer unternehmerischen Verantwortung, Ökologie, Ökonomie und Soziales in Einklang zu bringen. Es ist fester Bestandteil der Markenführung im
Konzern (Abb. 1).

Der Weg, den HSE/ENTEGA in den vergangenen Jahren eingeschlagen hat, begann mit
der ENTEGA-Erfolgsgeschichte im Jahr 2007. Basierend auf den Erfahrungen der HSE-
Konzerntochter NATURpur Energie AG, die bereits Ende der 1990er Jahre den Ausbau
erneuerbarer Energien in der Region vorantrieb und als einer der ersten Regionalversorger
einen wenn auch ziemlich hochpreisigen Ökostromtarif anbot, schuf ENTEGA das Angebot eines wettbewerbsfähigen Ökostrom-Produkts, das nicht exklusive Zielgruppen, sondern das Massengeschäft im Auge hatte. Das Ziel gelang: Die HSE ist heute mit ihrer Ver-

triebstochter ENTEGA Privatkunden nach Kundenzahlen und Absatzmenge[1] der zweit-größte Ökostromanbieter und mit Abstand der größte Anbieter klimaneutralen Erdgases in Deutschland. Mit der Maßgabe, dass dauerhaft nur Nachhaltigkeit für das Unternehmen, aber insbesondere auch für die Kunden erzielt werden kann, wenn der regenerative Strom zu einem signifikanten Teil aus eigenen Quellen stammt, investiert HSE/ENTEGA bis 2015 über eine Milliarde Euro in Erneuerbare. „First mover" ist ENTEGA zudem in Sachen Energiewende: Seit 2008 – und somit lange vor den meisten anderen Anbietern sowie der Katastrophe in Fukushima und vor der politischen Energiewende – verzichten wir konsequent auf Atomstrom. Während andere nur über die Energiewende sprechen, handelt die HSE/ENTEGA entschlossen.

2   Markenarchitektur

Eine entscheidende Überarbeitung der Markenstrategie fand im Jahr 2010 statt. Es wurde eine Dachmarkenstrategie entwickelt, die die Bereiche Erzeugung, Bau & Betrieb, Netze, Entsorgung und Telekommunikation umfasst. Die Vertriebsmarken (z. B. ENTEGA) blieben weiterhin eigenständig und auch das NATURpur Institut und die Stiftung. Deutliche Vorteile einer Dachmarkenstrategie wie z. B. Bewahrung des bereits vorhandenen Markenguthabens und einen gebündelten Konzernauftritt, führten zu einer klaren Entscheidung. Die Eigenständigkeit der Vertriebsmarken war und ist begründet mit der Erfordernis sehr gezielt und flexibel auf die unterschiedlichen Marktsegmente eingehen zu können.

2.1   Positionierung

Unsere inhaltliche Positionierung soll selbstverständlich auch nach außen hin deutlich wahrnehmbar sein. Eine Spezialistengruppe interner und externer Teilnehmer arbeitet sorgfältig und intensiv an dieser aktualisierten Positionierung. Es galt Markenkompetenz, – tonality, -nutzen und Markenbild zu entwickeln und festzulegen. Das Ergebnis war eine „Verdichtung" im Markensteuerrad des HSE-Konzerns. Die Eigenschaften innovativ, engagiert, nachhaltig und partnerschaftlich wurden zu den entscheidenden Attributen. Eine Verdichtung dessen wurde durch die Etablierung eines neuen Claims deutlich. Eine klare, leicht verständliche Sprache, die die Herausforderungen einer nachhaltigen Daseinsvorsorge unter Berücksichtigung gesellschaftlicher Aufgaben berücksichtigt, bringt es auf den Punkt. „HSE. Das Ganze sehen".

Für die HSE gibt es aufgrund ihrer frühen nachhaltigen Ausrichtung keine Veranlassung ihre Position nach der Energiewende zu verändern.

---

[1] Quelle: Fachzeitschrift Energie & Management, Ausgabe vom 15.07.2013.

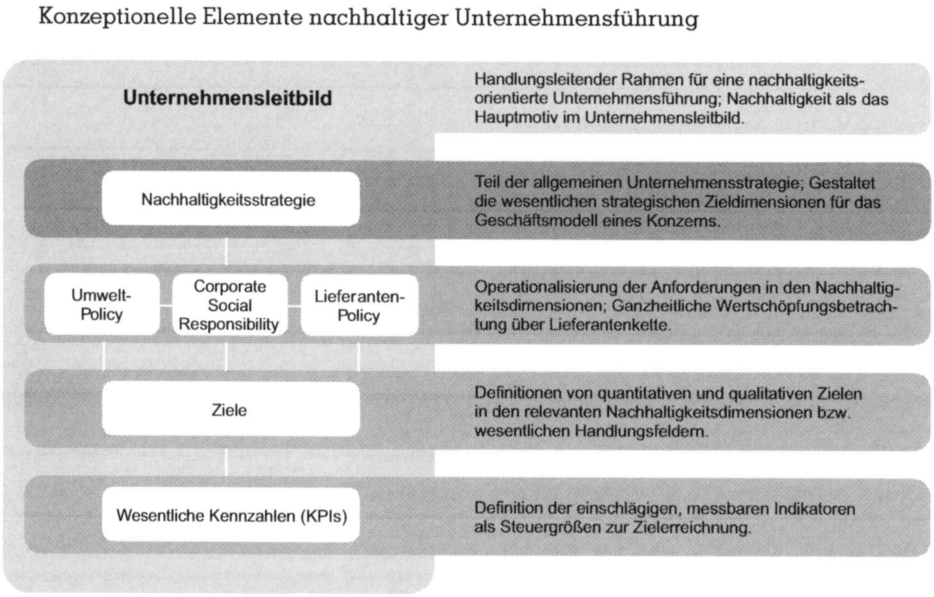

Konzeptionelle Elemente nachhaltiger Unternehmensführung

Abb. 2 Konzeptionelle Elemente nachhaltiger Unternehmensführung

Der Claim „Das Ganze sehen" gilt als USP (Unique Selling Proposition) unangetastet seit 2010 bis heute.

3 Selbstverständnis

Unsere Verantwortung ist es verantwortliche Geschäfte zu machen.

Das Unternehmensleitbild definiert neben dem Selbstverständnis der HSE auch ihre Visionen, Ziele und Werte. Es adressiert die Bereiche Kunden, Umwelt und Innovation, Verantwortung und soziales Engagement sowie Mitarbeiter und Führung. Bereits 2007 wurde im Leitbild das Prinzip der Nachhaltigkeit und Generationengerechtigkeit als zentraler Wert des unternehmerischen Handelns des Konzerns verankert. So gilt als Prämisse die Zufriedenheit und das Vertrauen der Kunden sowie die Achtung und Wertschätzung des engagierten und motivierten Einsatzes der Mitarbeiter. Des Weiteren verschreibt sich die HSE einem von Effizienz, Nachhaltigkeit und Umweltschutz geprägten Umganges mit Energie und ist sich ihrer sozialen Verantwortung gegenüber der Region bewusst (Abb. 2).

In erster Linie hat die HSE ihr Geschäftsmodell im Kerngeschäft verändert. Externe Kosten wie den Umweltverbrauch wurden ins Geschäftsmodell internalisiert. Das ist die entscheidende Änderung und deshalb kann die HSE ein nachhaltiges Wirtschaften entlang ihrer gesamten Wertschöpfungskette umsetzen. Dieser entscheidende Unterschied ist der Kern ihres gesellschaftlichen Engagements. Aus dieser Position gehen auch alle weitergehenden Aktivitäten hervor, mit denen Verantwortung für die Region und die Gesellschaft übernommen wird. HSE/ENTEGA verfolgen in ihrer CSR-Strategie also einen integrierten Ansatz. CSR läuft bei der HSE/ENTEGA nicht unabhängig von unternehmerischem Handeln, sondern ist Teil von diesem. Rechenschaft darüber wird durch ausführliche Nachhaltigkeitsberichterstattung abgelegt.

Heute ist es wichtig nicht irgendwelche Geschäfte zu machen, sondern ein nachhaltiges Geschäft zu betreiben. Das heißt eines, das nicht die Perspektiven zukünftiger Generationen verbaut. HSE ist ein Unternehmen der Daseinsvorsorge. Daraus erwachsen besondere Verantwortlichkeiten, die bei Zielkonflikten wie beispielsweise zwischen langfristigen Investments und kurzfristiger Rendite schon mal den Ausschlag geben können. Aufgrund der gesellschaftsrechtlichen Aufstellung und der starken Fokussierung auf die Rhein-Main-Neckar Region als unseren Markt ist der Konzern auf ein verantwortliches Miteinander angewiesen. Der Konzern braucht für sein Geschäft den Rückhalt in der Region. Verantwortung für die Region übernehmen bedeutet investieren in die Geschäftsgrundlage.

Als Wegbereiterin einer zukunftsfähigen Energieversorgung gestaltet die HSE die Energiewende aktiv mit und leistet dadurch einen dauerhaften Beitrag für eine zukunftsfähige Lebenswelt. Die HSE/ENTEGA beeinflusst durch Investitionen in den Ausbau regenerativer Energieerzeugung und den Vertrieb grüner Energie den direkten Anteil erneuerbarer Energien in Deutschland.

▶   Meilensteine sind zudem der Vertrieb von zertifiziertem Ökostrom und klimaneutralem Erdgas, ergänzt durch das Angebot von innovativen Energieeffizienzdienstleistungen.

4   Corporate Social Responsibility – Markenkern im Nachhaltigkeitskonzern

Die HSE versteht sich heute als Vorzeigeunternehmen und Motor der Energiewende. CSR ist ein wichtiger Teil des Markenkerns der HSE/ENTEGA als Nachhaltigkeitskonzern. Es ist somit fester und bedeutender Bestandteil der Unternehmensstrategie. Die HSE/ENTEGA ist dem Leitbild des „Good Corporate Citizenship" verpflichtet und versteht sich als guten Unternehmensbürger, der aus Überzeugung eigenständig unternehmerische Verantwortung für Gesellschaft und Umwelt übernimmt.

Als Konzern, der gleichermaßen die wirtschaftliche, ökologische und gesellschaftliche Dimension seines Tun beachtet, ist es für HSE/ENTEGA selbstverständlich, Verantwortung für die Mitarbeiterinnen und Mitarbeiter zu zeigen, sie aus- und weiterzubilden, ihre Gesundheit zu schützen und zu fördern sowie ihnen zukunftsfähige Arbeitsplätze zu bieten. Nachhaltigkeit und gesellschaftliche Verantwortung wird nach innen wie nach außen gelebt. Nach innen initiieren und organisieren wir zahlreiche Aktionen, um den Mitarbeiterinnen und Mitarbeitern unsere Strategien zu vermitteln, sie für die Unternehmensziele zu begeistern und ihre Identifikation mit „ihrem" Unternehmen zu stärken. Beispielsweise

Gesprächsrunden mit der Führungsebene in kleinerem Kreis dienen zur persönlichen Informationsvermittlung aktueller Maßnahmen, Mitarbeiter-Sponsoring (hier darf ich mit etwas Glück „meinen" Verein sponsern), die besten Ideen zur Nachhaltigkeitswoche werden prämiert usw. Ganz wichtig ist natürlich auch das Corporate Design. Mitarbeiterinnen und Mitarbeiter haben Zugang zu mit Logo und Claim gebrandeten Dienstfahrzeugen, Arbeitskleidung, Büromaterialien usw., damit wird auch optisch nach außen hin ihre Zugehörigkeit präsent.

HSE/ENTEGA übernimmt über ihre reine Geschäftstätigkeit hinaus Verantwortung für das Gemeinwesen. Sie bestärkt dieses, unterstützt bürgerschaftliches Engagement und fördert soziale und ökologische Innovationen insbesondere in der Region Rhein-Main-Neckar, aber auch darüber hinaus.

Als erster Energiedienstleister in Deutschland hat die HSE ein Institut zur Forschungsförderung in der Rechtsform einer gemeinnützigen GmbH gegründet – das NATURpur Institut für Klima- und Umweltschutz. Es besitzt strategische Partnerschaften mit der deutschen Wissenschaft und fördert ausgewählte Forschungsprojekte in den Bereichen Erneuerbare Energien und Energieeffizienz. Das NATURpur Institut macht der Öffentlichkeit alle Forschungsergebnisse zugänglich. Aufgrund einer Fördervereinbarung zwischen dem Stifterverband für die Deutsche Wissenschaft e. V. und der Technischen Universität Darmstadt sowie dem NATURpur Institut wird am Institut für Angewandte Geowissenschaften eine Stiftungsprofessur vom NATURpur Institut finanziert.

Mittel- und langfristig werden die Ergebnisse aus den anwendungsorientierten Forschungsprojekten den Marken im Konzern und somit all unseren Kunden zugute kommen. Die Forschungsergebnisse sind Grundlage für neue innovative Produkte und Dienstleistungen, wodurch die Marken in der Lage sind eine Vorreiterrolle im Markt einzunehmen. Außerdem ist die Forschungsförderung durch das Institut ein weiterer Beleg für die Ernsthaftigkeit der nachhaltigen Ausrichtung des Konzerns und ist ein gutes Argument in der Kundenkommunikation, dass den Markenkern stützt. Auch dieses Engagement erfährt keine Veränderung durch die Energiewende.

Ihren Pioniergeist stellt die HSE auch durch das EU-Projekt „Web2Energy" unter Beweis, bei dem sie die Konsortialleitung übernommen hat. Im Rahmen des Projekts arbeiten elf europäische Unternehmen und Institutionen daran, die Grundlagen für „Smart Grids" zu entwickeln. Ziel ist die Entwicklung eines einheitlichen Kommunikationsstandards, mit dem in Zukunft die Stromerzeuger, Verbraucher und Stromspeicher miteinander kommunizieren und Stromangebot und Stromverbrauch aufeinander abgestimmt werden können. Dieses Projekt wurde Ende 2012 planmäßig beendet und durch das Folgeprojekt well2wheel ergänzt, bei dem die HSE ebenfalls den Lead übernommen hat. (http://www.well2wheel.de).

Wesentlich zum Gelingen der Energiewende und damit vorrangiges Ziel für den HSE Konzern ist der Ausbau regenerativer Energien. Bis 2015 investiert die HSE über eine Milliarde Euro in den Ausbau eigener erneuerbarer Energieerzeugungskapazitäten – rund 450 MW Kraftwerksleistung sind das erklärte Ziel.

Im April 2012 hat ENTEGA ohne Mehrkosten Tarife mit bislang konventionellem Erdgas auf ein klimaneutrales Produkt umgestellt. ENTEGA ist jetzt der größte Anbieter in Deutschland in diesem Marktsegment.

4.1   Nachhaltigkeitsmanagement – nicht erst seit gestern

Die HSE baut zur Steuerung der unternehmerischen Nachhaltigkeit ihr Nachhaltigkeitsmanagement kontinuierlich aus. Grundlage aller Maßnahmen und Aktivitäten ist eine Nachhaltigkeitsstrategie, die fester Bestandteil der CSR-Strategie und von der Unternehmensstrategie abgeleitet ist – dies schon *lange vor* dem Atomunfall in Fukushima.

HSE/ENTEGA haben sich klare und überprüfbare Nachhaltigkeitsziele bis 2020 gesetzt und entsprechende Maßnahmenpakete bestimmt, sowie eine Nachhaltigkeitsberichterstattung eingeführt, die gemäß der GRI-Standards[2] erfolgt. Das Nachhaltigkeitsmanagement[3] wird permanent weiterentwickelt und mittelfristig wird eine Integration von nachhaltigkeitsorientierten Steuerungsgrößen in alle relevanten Unternehmensprozesse erfolgen. Das Nachhaltigkeitsmanagement ist für das Monitoring und den Verbesserungsprozess interner Abläufe und Regeln sowie für die externe Vernetzung und die Berichterstattung verantwortlich. 2011 veröffentlichte die HSE erstmals ihren Nachhaltigkeitsbericht für das Jahr 2010, ENTEGA bereits ihren im Vorjahr.

Zielmarken und Fortschritt werden in den Nachhaltigkeitsberichten detailliert aufgeführt und sind so für die Allgemeinheit nachvollziehbar. In den Nachhaltigkeitsberichten werden Tabellen veröffentlicht, die die übergeordneten Nachhaltigkeitsziele der HSE bis zum Jahr 2020 auflisten sowie die Zieltermine, die Maßnahmen und die Zielerreichungsgrade, die anhand von wesentlichen Kennzahlen (Key Performance Indicators, kurz: KPI) gemessen wurden. Diese maßgeblichen Indikatoren, KPIs, werden in Anlehnung an die Kenngrößen der Global Reporting Initiative (GRI) und den AccountAbility AA1000 Standard entwickelt. Auf Basis der konzernweiten übergeordneten Nachhaltigkeitsziele sowie der Themen, die für die Stakeholder der HSE von Bedeutung sind, werden dann die konkreten Nachhaltigkeitsziele der HSE für einzelne Gesellschaften und Organisationseinheiten bis zum Jahr 2020 abgeleitet oder fortgeschrieben. Wenn möglich, werden neue ambitionierte Ziele ausgegeben. Die Ziele selbst werden ebenfalls einer kontinuierlichen Überprüfung unterzogen; zum Beispiel wurde das Ziel der CO2-Reduktion pro Mitarbeiter von 25 % auf 40 % bis 2020 heraufgesetzt (Basisjahr 2009).

Immer mehr Umwelt- und Klima- bewusste Kunden und andere Stakeholder fragen gezielt nach verantwortungsvollem Handeln im Kontex unserer gesamtwirtschaftlichen Tätigkeit. Wir handeln aus Überzeugung und kommunizieren dies immer wieder auf zahlreichen Kommunikationskanälen nach außen, um dies auch allen Akteuren am Markt zu verdeutlichen. Die Nachhaltigkeitsberichte sind ein weiteres sehr gutes Instrument in der

---

[2] Global Reporting Initiative (www.globalreporting.org).

[3] www.hse.ag/Nachhaltigkeit/Nachahltigkeits-Management/.

strategischen und operativen Kommunikation mit unseren Stakeholdern. Kunden fragen gezielt nach und fordern diesen dokumentierten „Beweis", andere Stakeholder bekommen die Berichte selbstverständlich wie die Geschäftsberichte zur Verfügung gestellt. Für uns ist die Energiewende auch im Nachhaltigkeitsmanagement kein neuer, sondern auch weiterhin Ansporn für unser Tun.

Ein weiteres Ziel ist die Implementierung von Nachhaltigkeitsanforderungen in das Lieferantenmanagement z. B. durch die Entwicklung eines Code of Conducts für Lieferanten. Die HSE ist als erster mittelständischer Energiedienstleister in Deutschland im Dezember 2010 der Global Reporting Initiative als Organizational Stakeholder beigetreten.

Die HSE führt eine umfassende CO_2-Bilanzierung durch. Das Konzept wurde im gemeinsamen Austausch mit Prof. Dr. Finkbeiner, Inhaber des Lehrstuhls für Systemumwelttechnik an der TU Berlin, entwickelt (Abb. 3).

Zur systematischen Optimierung der Umweltauswirkungen hat der HSE-Konzern 2010 ein Projekt zur Einführung eines Umweltmanagements beschlossen und 2011 mit der Umsetzung begonnen. Über einen Zeitraum von zwei Jahren werden die HSE und alle in diesem Kontext relevanten Tochterunternehmen Umweltmanagementsysteme nach der internationalen Norm DIN EN ISO 14001 und nach der europäischen Verordnung EMAS (Eco-Management and Audit Scheme) sowie Energiemanagementsysteme nach der DIN EN ISO 50001 einführen. Als Basis werden die Strukturen der bestehenden Qualitätsmanagementsysteme genutzt. Darüber hinaus verfügt die HSE mit ihrer Umwelt-Policy, ihren CSR-Grundsätzen und der Lieferanten-Policy über klare Leitlinien, die den Weg zum Nachhaltigkeitskonzern in allen Dimensionen der Nachhaltigkeit absichern. Unser Unternehmen berücksichtigt Prognosen zur Klimaentwicklung, um Risiken zu erkennen und Reaktionen auf den Klimawandel in seine Beschlussfassung einzubringen.

4.2 Transparente Verhaltensregeln im Konzern

Unser Unternehmen hat transparente Verhaltensregeln (oder ethische Normen) zur Regelung der Tätigkeiten aller Unternehmensangehörigen eingeführt. Im Jahr 2008 hat sich die HSE einem eigenen Code of Conduct verpflichtet. Er enthält Regelungen für das Verhalten gegenüber Geschäftspartnern und staatlichen Organen ebenso wie zur Einhaltung kartellrechtlicher Vorgaben und dem Umgang mit Spenden und Sponsoring. Die HSE hat einen Ethik-Ausschuss eingerichtet und einen externen Compliance-Officer installiert. Seit Ende des Jahres 2011 arbeitet die HSE an der Optimierung eines Compliance-Managementsystem, das sich an dem Prüfungsstandard IDW PS 980 orientiert. Dazu hat sie konzernweit Risk-Assessments in Bezug auf Compliance-Risiken durchgeführt. Seit Mitte des Jahres wird das daraus entwickelte Managementsystem implementiert. Als erster mittelständischer Energiedienstleister ist die HSE dem Global Compact der Vereinten Nationen beigetreten. Dieses Forum für das gesellschaftliche Engagement von Unternehmen in der Weltwirtschaft hat sich strenge Richtlinien auferlegt. Die Mitglieder verpflichten sich zur Einhaltung der Menschenrechte und bestimmter Arbeitsnormen, der Sicherung

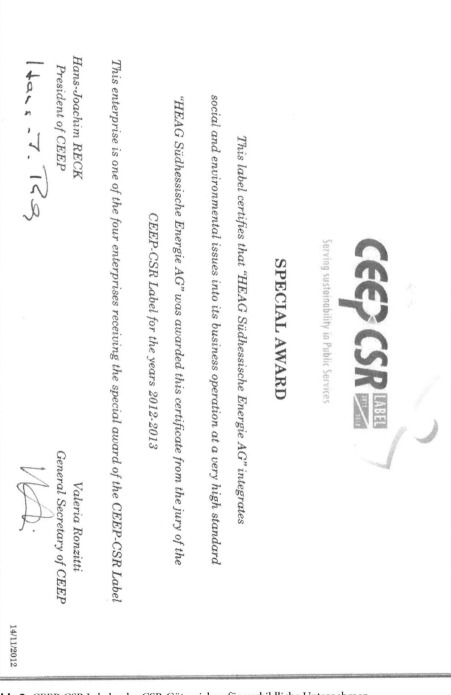

Abb. 3 CEEP-CSR Label – das CSR-Gütezeichen für vorbildliche Unternehmen

project co-funded by
the European Commission

CEEP-CSR Label

granted to

Heag Südhessische Energie AG

Germany
Frankfurter Straße 100
64293 DARMSTADT

This award certifies that **HSE** *integrates*
social and environmental issues into its business operation

* * *

HSE *is awarded this certificate from* **CEEP** *on the*
26 of October 2009 for the year 2009 - 2010.

 CSR label in the framework of the EU funded project
Discerno3 : Analysing and Fostering CSR practices

des Umweltschutzes und der Korruptionsbekämpfung. Des Weiteren haben Vorstand und Aufsichtsrat der HSE im Zuge einer verantwortungsvollen und transparenten Unternehmensführung am 25. Mai 2010 erklärt, dass die HSE den Empfehlungen der Regierungskommission Deutscher Corporate Governance Kodex in der Fassung vom 18. Juni 2009 folgt (Entsprechenserklärung). Der Deutsche Corporate Governance Kodex (DCGK) dokumentiert die Grundsätze für eine wertorientierte, transparente Unternehmensführung und Kontrolle. Ziel des Konzerns ist es, die Empfehlungen umzusetzen, soweit dies für die HSE als nicht börsennotiertes Unternehmen von Vorstand und Aufsichtsrat als angemessen erachtet wird.

Die externen Standards für verantwortungsbewusste Unternehmensführung, denen die HSE folgt, werden durch Grundsätze ergänzt, die die HSE im unternehmenseigenen Leitbild und Policies verankert hat.

4.3 Das Gemeinwesen stärken, soziale und ökologische Innovationen fördern

Die HSE/ENTEGA versteht sich als Impulsgeber für soziale und ökologische Innovationen, sie stärkt das Gemeinwohl insbesondere in der Region und unterstützt bürgerschaftliches Engagement. Um die Förderung in Unabhängigkeit von der wirtschaftlichen Lage zu stellen, hat das Unternehmen das gemeinnützige NATURpur Institut für Klima- und Umweltschutz (IKU) und die HSE Stiftung gegründet. Das IKU konzentriert sich auf die Förderung von interdisziplinären Forschungsprojekten in den Bereichen Energieeffizienz und Erneuerbare Energien. Die Ergebnisse aus den anwendungsorientierten Forschungsprojekten des Instituts sind öffentlich zugänglich und kommen somit der Allgemeinheit zu Gute.

Die HSE Stiftung fördert gezielt zahlreiche soziale, karitative, kulturelle und dem Sport verpflichtete Einrichtungen im Rhein-Main-Neckar-Raum, die das Miteinander bereichern und die identitätsstiftend für die Region sind.

Die HSE weiß, dass sie nicht im luftleeren Raum agiert, sondern Teil der Gesellschaft ist und damit eine ganzheitliche Verantwortung besitzt. Vor diesem Hintergrund hat sie bereits 1999 die HSE Stiftung gegründet. Die HSE Stiftung ist als eigenständiger zivilgesellschaftlicher Akteur unabhängig vom Marktgeschehen und Unternehmensergebnissen und ist daher sowohl Ausdruck des gesellschaftlichen Verantwortungsbewusstseins der HSE als auch des Bestrebens des Konzerns um Nachhaltigkeit. Sie hat ein Stiftungskapital von über 12. Mio. €. Zweck der HSE Stiftung ist die Förderung des bürgerschaftlichen Engagements. Sie unterstützt Projekte und Veranstaltungen von Vereinen, Institutionen und Einrichtungen, die das Zusammenleben bereichern und die identitätsstiftend für die Region Rhein-Main-Neckar sind. Zudem hat die HSE Stiftung den mit insgesamt 60.000 € dotierten Preis „Darmstädter Impuls" ins Leben gerufen. Mit dieser Auszeichnung würdigt sie Persönlichkeiten und Initiativen, die der Gesellschaft wichtige Impulse geben, indem sie sich national, in der Region Rhein-Main-Neckar oder lokal in Darmstadt für Mitmenschen herausragend engagiere.

Unter dem Motto „Spenden statt Geschenke" erhalten jedes Jahr viele soziale und kulturelle Projekte in der Region eine finanzielle Förderung. Gerade in Anbetracht wirtschaftlich und finanziell schwieriger Zeiten will die HSE auch in Zukunft ihrer Rolle als Förderin des gesellschaftlichen Wandels nachkommen. Die HSE Stiftung agiert unabhängig von der wirtschaftlichen Situation des Unternehmens und wendet derzeit rund 400.000 € für die Förderung von Projekten auf. (www.hse-stiftung.de).

4.4   Mitarbeiter leben CSR

Unser Unternehmen regt unsere Mitarbeiter dazu an, ein sozial verantwortliches Engagement mit freiwilligen und karitativen Tätigkeiten zu entwickeln. Die Mitarbeiterinnen und Mitarbeiter kennen ihre Region sowie die bestehenden Bedürfnisse am besten. Aus diesem Grund hat das Unternehmen bereits 2003 das Projekt „HSE-Mitarbeitersponsoring" ins Leben gerufen. Alle Beschäftigten sind aufgefordert, interessante Projekte aus den Bereichen Soziales, Umwelt, Kultur und Sport bei der HSE zur Prämierung einzureichen. Eine Jury wählt das jeweils förderungswürdigste Vorhaben aus und belohnt es mit 1.250 €. Der „Projektpate" überreicht als Botschafter der HSE den Scheck vor Ort. Drei der Projekte bekommen eine finanzielle Zuwendung, eines wird mit Arbeitskraft unterstützt und wird zu „Mitarbeiter in Aktion".

Die HSE/ENTEGA fördert darüber hinaus auch das private ehrenamtliche Engagement ihrer Mitarbeiter. Zum Beispiel ermöglicht das Unternehmen Mitarbeitern, die bei der Feuerwehr aktiv sind, ihren Arbeitsplatz zu verlassen, wenn sie zu einem Einsatz gerufen werden. Für diese Flexibilität wurde die HSE mit der Plakette „Partner der Feuerwehr" ausgezeichnet.

4.5   Mehr als Sponsoring

Die HSE/ENTEGA nimmt ihre Verantwortung gegenüber den Menschen und der Umwelt in der Region sehr ernst. Deshalb unterstützt und fördert sie gezielt zahlreiche soziale, karitative, kulturelle und dem Sport verpflichtete Einrichtungen in ihrem Versorgungsgebiet. Innerhalb des Konzerns findet eine deutliche Teilung der Aufgaben statt. Zum einen erfolgt eine Förderung des bürgerschaftlichen Engagements über die HSE Stiftung in Form von Spenden, zum anderen unterstützt die ENTEGA zahlreiche Vereine und Institutionen über Sponsoring bei dem diese die durch begleitende Kommunikationsmaßnahmen ihr Sponsoring den entsprechenden Stakeholdern verdeutlichen kann. Dieses reicht von einer Förderung des Breitensports bis hin zur Unterstützung von kulturellen Großveranstaltungen. Mit dem Programm „Vision 2020 – Wir schaffen gutes Klima"[4] will die HSE-Tochtergesellschaft ENTEGA das Sponsoring von Vereinen auf eine nachhaltige Basis stellen.

---

[4] www.vision2020.de.

Es wird auf eine langfristig angelegte Partnerschaft Wert gelegt. Vision 2020 will in den Vereinen klimabewusstes Verhalten fördern, Sponsoringleistungen werden an Energieeinsparungen gebunden und ehrenamtliches Engagement unterstützt. Die ENTEGA hat in Zuge dessen den „Vision 2020 Klima-Ideenwettbewerb" für Sportvereine in der Region ins Leben gerufen.

5   FAZIT – HSE nimmt die „Herausforderung Zukunft" an

Das Bestimmen der Marken und ihrer Kernwerte Nachhaltigkeit und CSR fand im HSE Konzern, wie in vorangegangen Kapiteln bereits dargestellt, frühzeitig und lange vor der Energiewende statt. Die Marken wurden zielführend und mit Nachdruck am Markt etabliert und die Wettbewerbsvorteile dank der entstandenen Alleinstellungsmerkmale genutzt. HSE und ENTEGA sind eindeutig die Market Leader. Konsequent wurden alle Maßnahmen an unseren Kernwerten ausgerichtet und zwar entlang der gesamten Wertschöpfungskette. Dies bedeutet beispielsweise, es wurde und wird in die Gewinnung Regenerativer Energien (eigene Anlagen)in sehr hohem Maße investiert, entsprechende Produkte und Dienstleistungen – hier sei nur eines unserer wichtigsten Produkte der „zertifizierte Ökostrom" genannt, angeboten und die gesamte Kommunikation darauf abgestimmt.

Sehr wichtig in der Kommunikation ist die Entwicklung einer integrativen Kommunikationsstrategie, die sämtliche Maßnahmen umfasst. In unserem Fall bedient sich die Kommunikation eines Instrumentenmixes der fast dem gesamten Marketing-Kommunikationsmix entspricht. Gearbeitet wird mit klassischer Werbung (Anzeigen, Plakate), Direktmarketing, außergewöhnliche PR-Aktionen, Messeständen, Aktionen am Point of Sale, gezielten Sponsoringmaßnahmen, Schülerwettbewerben usw., nicht zu vergessen eine gezielte Presse- und Medienarbeit.

Erfolgreiche Beispiele sind Programme wie „Vision 2020" (www.vision.2020), die Kooperationen zwischen Sportvereinen aus der Region und unserer Vertriebsmarke,, bei denen beispielsweise die Vereine als Sponsoringnehmer sich ebenso verantwortlich für Klima- und Umweltschutz verpflichten wie wir.

Unabgestimmte Einzelmaßnahmen verlieren sehr deutlich an Wirk- und Strahlkraft. Dies gilt es unbedingt zu vermeiden. „Herzstück" einer jeden Kommunikation ist Wahrheit und Authentizität – nur so gelingt es die Kunden zu überzeugen! Was versprochen wird – wird gehalten. Was geschrieben ist – ist Wahrheit. Was angekündigt wird – wird umgesetzt. Positioniert sich ein ganzer Konzern im Bereich Nachhaltigkeit – wie in unserem Falle – so muss dieser auch konsequent nachhaltig handeln und dieses Handeln jederzeit für jedermann glaubhaft und nachvollziehbar belegen können Zahlreiche Maßnahmen belegen dies und zahlen somit auf die Marken im Konzern ein. Da dies, wie bereits erläutert, schon lange so ist, wurde im HSE-Konzern nach der Energiewende zunächst kein verändertes Handeln erforderlich, was den Markenkern angeht.

Durch Fukushima und den daraufhin entstandenen politischen Konsens der Energiewende in Deutschland haben sich allerdings die Marktlage in der Energiewirtschaft im allgemeinen, aber auch die ökonomischen Rahmenbedingungen für die HSE und ihre Tochterunternehmen grundlegend verändert. Das Alleinstellungsmerkmal der Vertriebsmarke ENTEGA als konsequent nachhaltige Vertriebsgesellschaft grüner Energie und das der HSE schwindet. Bedingt durch die Auffassung, dass Nachhaltigkeit ein fortwährender Prozess ist und angesichts des sich verändernden Marktes und wachsender Anforderungen, gibt sich die HSE/ENTEGA jedoch nicht mit dem Erreichten zufrieden und setzt sich fortwährend neue Ziele, innovative Projekte und Produkte werden initiiert, Bestehendes wird weiterentwickelt. Konsequente Nachhaltigkeit und CSR werden auch zukünftig den Markenwert der HSE und ihrer Tochterunternehmen steigern. Nach der Energiewende noch mehr als zuvor. Einer der größten Herausforderungen wird sein, unseren Platz am Markt weiterhin zu behaupten und auf die neuen Herausforderungen des Marktes ebenso vorausschauend und flexibel, wie es nur einem mittelständigen Unternehmen möglich ist, zu reagieren wie in den letzten Jahren.

Die Geschichte von COEO Haus der guten Taten: Was ist die Alternative zu gewinnmaximierendem Wirtschaften?

Wilfried Franz

Zusammenfassung

Die Markenstory ist die ganz persönliche Lebensgeschichte von Wilfried Franz. Als klassischer Unternehmer mit 24 Jahren die erste Firma gegründet, kam 2008 die Kehrtwende und der Schritt zum sozialen Unternehmertum. Sehr persönlich schildert Franz den Gründungsimpuls von COEO, den Markenaufbau und die Erfolgsgeschichte. Sinnhaftigkeit gepaart mit Innovation – die Grundsteine des Erfolges – wurden bereits im ersten Jahr ausgezeichnet.

Mein Name ist Wilfried Franz, Jahrgang 1951, verheiratet, 5 Kinder und z. Zt. 4 Enkel. Mit Leib und Seele bin ich Unternehmer und habe große Erfolge aber auch schwere Krisen durchlebt. 1976 habe ich im Alter von 24 Jahren die erste Firma gegründet. Daraus ist ein mittelständisches Filialunternehmen im Spielwaren- und Babyausstattungshandel geworden, welches zu den Topunternehmen seiner Branche in Deutschland zählt.

Vor etwa zehn Jahren schenkte mir jemand ein Buch von Bob Buford mit dem Titel „Halftime". In diesem Buch wird das Leben mit einem Fußballspiel verglichen. Die erste Halbzeit hat die Überschrift „Erfolg" – Ausbildung, Karriere, Geldverdienen, Häuschen bauen … Die zweite Halbzeit hat idealerweise die Überschrift „Bedeutung". Ferner ermutigte mich das Buch, Gottvertrauen auch im Bereich der Wirtschaft zu testen. Das Buch machte mich sehr nachdenklich. Ich fragte mich selbst: Was machst du eigentlich? Du kannst alle zehn Jahre die Zahl deiner Filialen und den Umsatz (Ertrag wahrscheinlich nicht) verdoppeln. Aber das läuft unter der Überschrift „Erfolg". Was ist überhaupt die Alternative zu gewinnmaximierendem Wirtschaften?

W. Franz (✉)
Coeo Haus der guten Taten gGmbH, Schloßstraße 1, 12163 Berlin, Deutschland
E-Mail: wilfried-franz@gmx.de

A.-K. Kirchhof, O. Nickel (Hrsg.), *CSR und Brand Management,* Management-Reihe Corporate Social Responsibility, DOI 10.1007/978-3-642-55188-8_9,
© Springer-Verlag Berlin Heidelberg 2014

Ich habe dann für mich eine Antwort gefunden, aus der ich jedoch kein Dogma machen will. Auch respektiere ich, wenn Leute anders darüber denken. Meine Antwort als Alternative zu gewinnmaximierendem Denken lautet: Menschenorientiertes Wirtschaften!

In der Folgezeit hatte ich vor meinem inneren Auge – manche würden dies eine Vision nennen – leere Ladengeschäfte in Einkaufszentren. Ich hatte den Eindruck, dass ich nochmal ein Filialsystem aufbaue – unter der Überschrift „Menschenorientiertes Wirtschaften". Aber ich wusste nicht, welche Artikel in den Geschäften verkauft werden könnten.

In einem etwa zwei Jahre dauernden gedanklichen Prozess entschied ich mich, alle Anteile an dem von mir aufgebauten Filialunternehmen zu verkaufen. Unter professioneller M&A-Begleitung wurden potentielle Käufer national und international identifiziert und angesprochen. Schließlich verkauften wir im Jahr 2008 an einen ausländischen strategischen Investor, der in seinem Land Marktführer in der Spielwarenbranche war. Spiele Max AG betrieb zu diesem Zeitpunkt 45 Filialen auf Flächen zwischen 800 und 3600 qm^2 und hatte über 800 Mitarbeiter.

Übrigens hatte der Erwerber erkannt, welches große Steigerungspotential Spiele Max im Bereich Kindertextilien hatte. Es gelang ihm, dies Potential zur Entfaltung zu bringen und damit einhergehend große Umsatz- und Ertragssteigerungen zu generieren.

Eines Nachts kam mir der Gedanke, ob es wohl eine gute Idee wäre, ein innovatives Ladenkonzept für Produkte aus Werkstätten mit Menschen mit Behinderungen zu entwickeln. Ich erzählte einigen Bekannten von dieser Idee. Alle waren begeistert. Schnell entstand ein Thinktank mit der Aufgabe zu eruieren, welche Produkte es in der Werkstätten Branche gibt, die sich für ein solches Ladenkonzept eignen.

Wir fanden heraus, dass es in Deutschland über 700 Werkstätten mit ca. 280.000 Menschen mit Behinderungen gibt. Erstaunt waren wir, welch hervorragende Qualität und Vielfalt von den Werkstätten hergestellt wird. Schließlich fanden wir etwas mehr als tausend Artikel, die sich für ein solches Ladenkonzept eignen. Diese Anzahl war allerdings deutlich zu wenig, um ein Ladengeschäft mit kostendeckenden Umsätzen zu betreiben. So fragten wir uns, was denn zu Werkstattprodukten gut passen würde und kamen auf Fair Trade.

Also besuchten wir in- und ausländische Fair Trade Messen. Jetzt war es kein Problem mehr, ein Sortiment von 3000 bis 4000 Artikeln zusammenzustellen. Allerdings haben die Fair Trade Branche und die Werkstätten Branche ein gemeinsames Problem: sie sind nicht besonders innovativ. Anfangs würden die Kunden begeistert sein. Aber wenn nach mehreren Monaten immer die gleichen Artikel präsentiert werden, sagen die Kunden bald: das Sortiment ist langweilig. Es ist wichtig, dass solch ein Sortiment mit überwiegend Geschenk- und Impulskaufartikeln möglichst mindestens 30 % Neuheiten jährlich aufweist.

Was tun? Im Ergebnis der Überlegungen wurden dann verschiedene Messen besucht, um Lieferanten und Artikel zu finden, die zur Zielgruppe passen. Als Kern – Zielgruppe sehen wir Frauen im Alter von 30–60 Jahren. In großer Fleißarbeit wurden Artikel identifiziert, die es nicht an jeder Ecke gibt und die zur Zielgruppe passen.

Nun war es Zeit, in einem nächsten Schritt einen Pitch zu machen, um eine Entscheidung für einen Ladenbau-Architekten, der auch kompetent bezüglich Markenentwicklung ist, treffen zu können. Wir luden namhafte Adressen „der ersten Liga" Deutschlands ein. Gewonnen hat DAN PEARLMAN aus Berlin mit ihren Geschäftsführern, Frau Srock-Stanley und Herrn Fischer. Sie waren sofort von unserer Idee begeistert. Insbesondere nachdem sie hörten, dass hier ein Modell für soziales Unternehmertum geschaffen werden sollte. Zwischenzeitlich waren wir im Thinktank übereingekommen, das neue Konzept auf gemeinnütziger Basis zu entwickeln, um mitzuhelfen, dass Menschen mit Behinderungen und Langzeitarbeitslose im ersten Arbeitsmarkt integriert werden.

In sehr professioneller Vorgehensweise wurde ein Markenkern entwickelt. Die Philosophie wurde in folgenden Formulierungen zusammengefasst:

COEO Haus der guten Taten – aus Liebe zu den Menschen … Potentiale entfalten … sinnstiftend inspirierend … lebensfroh handelnd Übrigens hatte DAN PEARLMAN ursprünglich drei Namen erarbeitet. Aber nach umfassender Recherche blieb von den drei Namen COEO übrig, weil die anderen Namen bereits rechtemäßig vergeben waren. COEO kommt aus dem Lateinischen, coire – zusammenkommen. Da passte die gedankliche Brücke **„Zusammenkommen, um Gutes zu tun".**

DAN PEARLMAN entwickelte einen Colourcode, der nach neuesten wissenschaftlichen Erkenntnissen auf die Gefühle der Zielgruppe, die durch Farben beeinflusst werden, ausgerichtet war.

Inzwischen eruierten wir mögliche Ladenflächen in Berliner Einkaufszentren. Ursprünglich wollten wir als Größe ca. 250 qm² Verkaufsfläche. Jedoch wurden wir insbesondere bei Erdgeschossflächen wegen für das Konzept nicht tragbarer Mietansätze nirgendwo mit Vermietern einig. Das Forum Steglitz bot uns im 1. Obergeschoss eine Fläche, die etwa doppelt so groß war wie von uns gewünscht bzw. geplant. Das Management des Forum Steglitz wollte unbedingt dies innovative COEO-Konzept als Modell für social Entrepreneurship und bot uns die eigentlich zu große Fläche zu Konditionen an, dass wir nicht nein sagen konnten. Und wissen Sie, was das besondere an dieser Ladenfläche ist? Genau in diesem Laden war der allererste Spiele Max, der 1982 eröffnet wurde. Das war übrigens damals der erste Selbstbedienungsspielwaren-Fachmarkt in Deutschland. Nach drei sehr schweren Anlaufjahren ist daraus eine der größten Erfolgsstories der Spielwarenbranche geworden. Vielleicht ist nun hier der erste COEO Haus der guten Taten wieder der Beginn einer Erfolgsstory.

Jetzt wurde es ernst. Wer sollten nun endgültig die Gesellschafter der neu zu gründenden gemeinnützigen gGmbH sein. Eine gemeinnützige GmbH ist eigentlich für Gesellschafter völlig uninteressant, weil keinerlei Gewinne entnommen werden dürfen und man auch nicht von einer Unternehmenswertsteigerung profitieren kann. Von daher kamen gewinnorientierte Gesellschafter nicht in Betracht. Schließlich konnten wir den Vorstand der Bodelschwingschen Anstalten aus Bielefeld, die von ihrer Größe her Marktführer in Deutschland im Bereich Behinderten-Werkstätten sind, als Gesellschafter gewinnen. Dazu eine Stiftung, zwei Einzelpersonen und „Gemeinsam für Berlin e. V." Gemeinsam für Berlin ist ein besonderes Netzwerk für Christen auf übergemeindlicher Basis.

Die künftigen Gesellschafter sorgten für die Gesamtfinanzierung des Konzeptes und stimmten zu, dass der Mietvertrag für die große Ladenfläche im Forum Steglitz zu Ende verhandelt wird.

Eines Morgens wache ich mit der inneren Stimme auf: Ruf Herrn Huismann an!

Wer ist Herr Huismann? Dies ist ein praktizierender evangelischer Christ, der nach dem Mauerfall aus dem Keller seines Einfamilienhauses in Berlin half, christliche Literatur in der ehemaligen DDR zu verbreiten. Nach kurzer Zeit hatte dies eine so positive Entwicklung, dass das Projekt aus allen Nähten platzte. Daraufhin mietete er ein Ladengeschäft an und stellte einen Mitarbeiter an. Er selbst behielt jedoch seine Anstellung als Entwickler für Banken-Software. Der Laden „Bücher für Christen" musste keinen Gewinn erwirtschaften. Es reichte, wenn dieser kostendeckend arbeitete. Meine Frau und ich kauften in dem Laden fast seit Beginn an. Herr Huismann und ich wussten von einander, aber wir hatten uns nie persönlich kennengelernt.

Nachdem ich mir seine Handynummer besorgt hatte, rief ich ihn an. Ich fragte, ob ich störe. Er antwortete: Er segele zwar gerade auf der Müritz. Es sei aber grad kein Wind. Deshalb soll ich einfach sagen, was ich möchte. Lange Rede, kurzer Sinn – am Ende des Telefonats sagte Herr Huismann: Dass ich angerufen habe, betrachte er als Führung von Gott. Er wisse, dass bezüglich des Ladens grundsätzliche Änderungen nötig sind und er überlege schon seit längerem, was er mit dem Laden machen soll.

Wir lernten uns dann persönlich kennen. Nach zwei weiteren Treffen entschied Herr Huismann, seinen Laden zu schließen und bei COEO Gesellschafter zu werden. Shop der guten Taten übernahm seine Ware und seine Mitarbeiter. Und nun wussten wir, wozu es gut war, dass wir eine viel größer als ursprünglich geplante Ladenfläche anmieteten! Auf der ursprünglich geplanten Größe hätten wir unmöglich noch das Sortiment Bücher unterbringen können.

Am 19.11.2010 wurde dann COEO Haus der guten Taten im Forum Steglitz in Berlin mit großem Erfolg eröffnet. Die Kunden waren begeistert! Am Abend des Eröffnungstages ging ein unbekannter Herr aus dem Laden, wobei er vorher zum Kassierer geäußert hatte: Ich werde COEO zum „Store of the year" vorschlagen. Tatsächlich kamen nach einigen Tagen Unterlagen, mit denen COEO sich dann für „Store of the year" beworben hat. Wie wir später erfuhren, waren im Laufe der nächsten Monate etliche der 14 köpfigen Jury bei COEO, um sich persönlich ein Bild von dem Konzept zu machen.

Schließlich wurden wir zur Preisverleihung im Rahmen eines Kongresses vom Handelsverband des deutschen Einzelhandels (HDE) eingeladen. Dies bedeutete, dass COEO unter den drei Finalisten seiner Kategorie war!

Tatsächlich gewann COEO den 1. Platz seiner Kategorie als „Store of the year"! Dies ist auch für mich persönlich einer der größten Erfolge in meinem Leben. Es muss aber dazugesagt werden, dass ohne DAN PEARLMAN, deren Engagement weit über das Normale hinausging, der Erfolg nicht möglich geworden wäre! Bei der Laudatio wurde aber auch ausdrücklich betont, dass nicht nur das innovative und gelungene Ladenkonzept sondern auch die Sinnhaftigkeit, die hinter dem Konzept steht, den Ausschlag für die Entscheidung der Jury gegeben hat.

Was ist das besondere an COEO?
1. **Die Philosophie:**
   aus Liebe zu den Menschen… Potentiale entfalten … sinnstiftend inspirierend … lebensfroh handelnd …
2. **Die Mitarbeiter:**
   schwerpunktmäßig Menschen mit Behinderungen und Langzeitarbeitslose
3. **Das Sortiment:**
   - Werkstattprodukte von Menschen mit Behinderungen
   - Fairtradeprodukte
   - Sonstige Produkte für die Haupt-Zielgruppe Frauen 30–60 Jahre
   - werteorientierte Bücher und allgemeine Literatur
   - kleiner Gastrobereich, wo z. B. Fair Trade-Kaffe gekostet werden kann
4. **Die Gewinnverwendung:**
   Kein Gesellschafter erhält Gewinnausschüttungen. Sondern entstehende Gewinne werden in die Weiterentwicklung des Konzeptes investiert und an andere soziale Einrichtungen wie z. B.: Haus Jona in Berlin-Staaken und Arche verspendet.

Unter anderem werden Menschen mit Handicap bei COEO als Verkäufer oder Einzelhandelskaufleute ausgebildet. Normalerweise liegt bei Menschen mit Behinderungen die Quote erfolgreicher Integration im ersten Arbeitsmarkt zwischen 2 und 8 %. So ist COEO stolz darauf, dass im Sommer 2013 der erste Auszubildende mit Erfolg seine Verkäuferausbildung bestanden hat und anschließend als Vollzeitkraft angestellt werden konnte. COEO beschäftigt 10 Mitarbeiter – davon fünf Menschen mit Beeinträchtigungen. Inzwischen ist COEO anerkannter Integrationsbetrieb.

Da die Sortimentskombination bestehend aus Werkstatt-, Fair Trade-Produkten und Büchern einzigartig ist, war es natürlich spannend herauszufinden (und hat auch viel Lehrgeld gekostet), welche Artikel sich gut verkaufen lassen und welche nicht. So wurden bei COEO in den ersten zwei Jahren über 360 Lieferanten getestet – schwerpunktmäßig Werkstattbereich und Fair Trade. Das ist natürlich kaufmännisch eigentlich nicht vertretbar. Aber dies ist ja ein Pilotprojekt, woraus ein multiplizierbares Konzept entstehen soll, das dann auch einen Rollout haben soll. So betrachten wir also diesen umfangreichen Lieferanten-und Sortimentstest als Investition in die Zukunft.

Unter Fair Trade versteht COEO übrigens die Unterstützung kleinfamiliärer Strukturen vorwiegend in der Dritten Welt. Durch gerechten Lohn haben die Familien ein Auskommen, welches ausreicht, dass die Kinder eine gute Schulausbildung erhalten und somit eine verhältnismäßig gute Zukunft haben können.

Praktisch bedeutet das, dass z. B. Kakaobauern oder Kaffeeerntehelfer bei Fair Trade oft den vierfachen Lohn bekommen als durch internationale Konzerne bezahlt wird. Es ist klar, dass dann Schokolade und Kaffee beim Endverbraucherpreis doppelt so teuer sind wie bekannte Markenware, die auch noch oft von Supermärkten und Discountern aus Preisimagegründen unter Einkaufspreis aggressiv beworben werden. Dabei ist auch im Fair Trade-Bereich die Marge z. B. bei Kaffee für den Handel nicht kostendeckend.

Bei einer Marketingkonferenz wurde vor kurzem das Ergebnis einer Untersuchung bekannt gegeben. 96 % der Deutschen sind für Fair Trade, Bio, „Grün", Nachhaltigkeit etc.! Aber nur 4 % der Deutschen sind bereit, dafür mehr Geld auszugeben! Das bedeutet auch für COEO das „Bohren dicker Bretter". Natürlich sind etwa ein Drittel aller Deutschen darauf angewiesen beim Discounter zu kaufen. Aber die anderen zwei Drittel, die sich Fair Trade leisten können, sind relativ schwer zu ermutigen, ihnen unbekannte Produkte, die auch noch relativ teuer sind, zu testen. Diejenigen, die es probieren, entdecken, welche hervorragende Qualität und welchen köstlichen Geschmack die meisten Fair Trade-Lebensmittel haben.

Es gilt das Gefühl kennenzulernen, etwas zu genießen und dabei das Bewusstsein zu haben, etwas Gutes zu tun! Oder nehmen wir den Bereich Bücher. COEO hat einen Onlineshop – www.coeo-berlin.de -, bei dem fast alle in Deutschland erhältlichen Bücher lieferbar sind. Bestellungen bis 12 Uhr werden noch am selben Tag an den Logistikpartner übergeben. Es hängt dann vom Logistikpartner ab, ob die Bestellung in einem oder zwei Tagen ausgeliefert wird. Natürlich kann der Onlineshop von COEO nicht mit den Features international tätiger Unternehmen im Internet mithalten. Aber durch die Preisbindung bei Büchern gibt es keinen Grund, nicht bei COEO zu kaufen **und dadurch etwas Gutes zu tun!**

Der Vermieter von COEO im Forum Steglitz ist übrigens sehr zufrieden. Es hat sich herumgesprochen, dass es bei COEO die beste Auswahl werteorientierter und christlicher Bücher Berlins gibt, was auch mit Hilfe unseres Gesellschafters „Gemeinsam für Berlin e. V." in dessen Netzwerken wiederholt beworben wurde. Ferner veranstaltet COEO durchschnittlich einmal im Monat eine Lesung. Es kommen Prominente wie Margot Käsmann, Bernd Siggelkow (Gründer Arche) sowie Autoren, die aus ihren Neuerscheinungen lesen und für Diskussionen zur Verfügung stehen. Durch COEO kommen jede Woche mehrere hundert Kunden in das Einkaufzentrum Forum Steglitz, die sonst nie ins Forum Steglitz kämen. Es ist nun Sache des Vermieters durch ein gutes Management diese Kunden dazu zu bringen, auch in anderen Läden zu kaufen. So profitiert dann der Vermieter über die Umsatzmieten der anderen Läden und kompensiert, was er mietmäßig COEO entgegengekommen ist.

Als besondere unternehmerische Herausforderung stellte sich bei COEO heraus, dass die Produktivität der Menschen mit Behinderungen und der Langzeitarbeitslosen deutlich geringer als normal ist. Dadurch sind die Anlaufverluste höher und länger als ursprünglich geplant und konnten nur durch einige Großspenden abgefangen werden. Normalerweise hat man eine Stellenbeschreibung mit Aufgabenbeschreibung und Profil. Dann versucht man unter den Bewerbern den besten herauszufinden und für das Unternehmen zu gewinnen. Bei COEO ist es umgekehrt! Es gibt eine Aufstellung aller im Unternehmen anfallender Tätigkeiten. Nun gilt es herauszufinden, welche Aufgaben den Fähigkeiten der Mitarbeiter am ehesten entsprechen und den Mitarbeiter möglichst hier einzusetzen. Tatsächlich brauchen die meisten Mitarbeiter relativ lange, bis sie bestimmte Prozesse verinnerlicht haben. Jedoch wird das Tempo und somit die Produktivität nachhaltig unterdurchschnittlich bleiben. Menschen mit Beeinträchtigungen vertragen nur wenig Stress. In Stresssituationen steigt die Fehlerquote enorm. Ich gebe zu, dass ich bezüglich der Mitarbeiter mit Handicaps und der Langzeitarbeitslosen etwas blauäugig war. Dennoch bin ich zuversichtlich, dass wir im dritten vollen Geschäftsjahr – abhängig von einem guten Weihnachtsgeschäft –spätestens aber im vierten Jahr die Kostendeckung schaffen.

Ein weiterer Risikofaktor des Projektes ist folgender: Die Förderung der Mitarbeiter mit einem Behinderungsgrad von mindestens 50 % ist immer befristet. Durch Änderungen von Bestimmungen kann man nicht langfristig Personalkosten planen. Die Förderungen von Menschen mit Behinderungen werden in der Regel im Laufe der Jahre immer geringer. Fakt ist aber, dass ein Mensch mit Behinderungsgrad von mindestens 50 % in der Regel nie die Produktivität eines normalen Mitarbeiters erreichen wird, denn seinen Behinderungsgrad hat er ja dauerhaft. So gleicht auf lange Sicht die (ansonsten gute) staatliche Förderung nicht das Produktivitätsdefizit des Mitarbeiters mit Handicap voll aus.

Da es uns bei COEO um Menschenorientierung und nicht um Gewinne geht, sind wir überzeugt, dass COEO langfristig erfolgreich sein wird. Es ist kein Geheimnis, dass COEO Haus der guten Taten ein Projekt von praktizierenden Christen ist, die etwas werteorientiert in unserer Gesellschaft bewegen wollen. Jemand hat einmal gesagt, dass COEO so etwas wie die „Verpackung der Liebe von Gott" werden könnte. Ich gebe zu, dass mir diese Vision sehr gefällt. Realistischer Weise ist festzustellen, dass es auch bei COEO teilweise sehr menschelt.

Zum Schluss: COEO will auf keinen Fall überteuerte Produkte auf der Mitleidschiene verkaufen. Viele Produkte wurden nicht in das Sortiment genommen, weil das Preis-Leistungs-Verhältnis nicht stimmt. Andererseits kann und will COEO kein Discounter sein, der Massenproduktion verkauft. Fast alle Produkte bei COEO sind von Hand gefertigt.

Schließlich ist unser Ziel, Gewinne zu erwirtschaften, um spenden zu können. Aber auch wenn wir in der Anfangsphase noch keinen Gewinn haben, dann haben wir trotzdem etwas erreicht: Acht Menschen haben einen Arbeitsplatz, deren Produktivität für den normalen Arbeitsmarkt zu gering ist.

Lernen Sie das Gefühl kennen, etwas Gutes zu tun, wenn Sie bei COEO Haus der guten Taten etwas kaufen! Sie wertschätzen, was Menschen mit Behinderungen leisten! Sie helfen Familien in der sogenannten Dritten Welt! Sie helfen in unserer Gesellschaft etwas zu bewegen, wobei nicht Gewinnmaximierung im Mittelpunkt steht!

Bitte kaufen Sie Bücher im COEO Onlineshop www.coeo-berlin.de!

Schamel Meerrettich – Kontinuität seit 1846.

Erfolgreiches, nachhaltiges Wirtschaften am Beispiel des Familienunternehmens Schamel

Matthias Schamel

Zusammenfassung

Die Ausgangslage: Ein traditionsreiches Familienunternehmen, das qualitativ hochwertige Lebensmittel herstellt, Marktführer und älteste Meerrettichmarke der Welt. Und dennoch unter Preisdruck. Schamel spricht daher von ehrlichen und leistungsgerechten Preisen, die Wertschöpfung und nicht Wertvernichtung für alle an der Wertschöpfungskette Beteiligten ermöglichen müssen. Als Familienunternehmen weniger im Quartalsdenken verhaftet, setzt Schamel auch bei der nachhaltigen Markenführung auf Langfristigkeit und auf gelebte Familienwerte, die sich in Unternehmensführung und damit auch in der Marke wiederfinden. Angefangen beim regionalen, vielfältigen Engagement bis hin zur persönlichen Qualitätsgarantie durch die Bürgschaft der Familie Schamel. Ein in sich schlüssiges Konzept.

1 Das Familienunternehmen Schamel

Im Jahr 1846 gründete Johann Wilhelm Schamel in der Stadt Baiersdorf einen Meerrettich-Großhandel und legte damit den Grundstein für das bis heute bestehende Familienunternehmen. Sein Enkel Johann Jakob Schamel hatte im Jahr 1914 erstmals die Idee, reibfrischen Meerrettich genussfertig herzustellen und in kleinen Gläschen anzubieten. Das ist bis heute die Kernkompetenz des Familienunternehmens. In fünfter Generation leiten die Brüder Hanns-Thomas und Hartmut Schamel das Geschäft und mit Matthias Schamel ist bereits die sechste Generation in die Firma eingestiegen. In den über 160 Jahren Firmen-

M. Schamel (✉)
Schamel Meerrettich GmbH & Co KG, Johann-Jakob-Schamel-Platz 1,
91083 Baiersdorf, Deutschland
E-Mail: info@schamel.de

A.-K. Kirchhof, O. Nickel (Hrsg.), *CSR und Brand Management*, Management-Reihe
Corporate Social Responsibility, DOI 10.1007/978-3-642-55188-8_10,
© Springer-Verlag Berlin Heidelberg 2014

Abb. 1 Johann Wilhelm Schamel legte 1846 den Grundstein
für das Familienunternehmen

geschichte ist das Unternehmen kontinuierlich und erfolgreich gewachsen und seit Jahrzehnten nationaler Marktführer für Meerrettich-Spezialitäten. Ein Erfolg, der auf nachhaltigem wirtschaftlichen und sozialen Handeln beruht – nur so konnte diese Tradition
krisenfrei fortgeführt und zur ältesten Meerrettich-Marke der Welt und meistgekauften in
Deutschland werden (Abb. 1).

Im Folgenden soll am Beispiel des Familienunternehmens Schamel gezeigt werden,
wie das Unternehmen über Generationen hinweg nachhaltig und erfolgreich gewirtschaftet hat und wie das Unternehmen die Weichen für folgende Generationen und die stetig
wachsende Verantwortung stellt (Abb. 2).

2   Eine funktionierende Wertschöpfungskette als Fundament eines nachhaltigen Familienunternehmens

Heutzutage wird das Wort Nachhaltigkeit sehr inflationär eingesetzt. Fragt man nach einer
Definition von Nachhaltigkeit, erhält man meist sehr viele unterschiedliche Antworten,
in der Regel beziehen diese sich aber auf ökologische Aspekte. Der Tenor lautet dabei,
dass ein nachhaltiges Unternehmen sich umweltbewusst verhalten muss, um nachhaltig zu
sein. Dem ist auch nichts hinzuzufügen, dennoch steht dahinter weitaus mehr als zunächst
vermutet. Es darf nicht zur Debatte stehen, dass man als Unternehmen Verantwortung für
das soziale und ökologische Umfeld tragen muss. Dies sollte in einer sozialen Marktwirtschaft auch eine Selbstverständlichkeit sein. Vielmehr ist die Frage, was man dafür tun
kann, damit diese Selbstverständlichkeit aufrechterhalten werden kann – über Generationen hinweg …

Um als traditionsreiches Familienunternehmen bestehen zu können, liegt es in der Natur jener Unternehmen, nachfolgende Generationen im Blick zu behalten. Vorausschau-
endes, zielstrebiges Handeln, gepaart mit der Verantwortung gegenüber der sozialen und
ökologischen Umwelt, stellen die Leitlinie eines (Familien-)Unternehmens dar. Gerade in

Abb. 2 Johann-Jakob Schamel stellte den Meerrettich erstmals genussfertig zubereitet her

langjährig erfolgreich geführten Familienunternehmen rücken diese Aspekte immer stärker in den Mittelpunkt – der Erfolg eines Unternehmens geht einher mit dem Anstieg an sozialer Verantwortung, an Rücksicht auf nachfolgende Generationen, aber auch mit dem gerechten Umgang aller Beteiligter der Wertschöpfungskette. Wird ein Glied der Kette geschwächt, so ist immer die gesamte Wertschöpfung in Gefahr – was wiederum dazu führt, dass die oben genannte Verantwortung nicht mehr ausreichend bedient werden kann und schwerwiegende Konsequenzen für alle Beteiligten zur Folge hat.

Somit muss es primär immer die Aufgabe sein, eine funktionierende Wertschöpfungskette zu errichten und zu erhalten und für alle Stufen Verantwortung zu übernehmen. Jegliche Ansätze, die auf einer nicht intakten Wertschöpfungskette aufbauen, sind lediglich von kurzfristiger Natur und führen zwangsläufig zu Missständen unter den einzelnen Gliedern und letztendlich zum Zusammenbruch des Systems. Funktionierende Wertschöpfungsketten tragen immer zum Wohle der Allgemeinheit bei und sind die Grundlage unserer Wohlstandsgesellschaft.

Wird die Wertschöpfung durch ständigen Preisdruck , misstrauenerweckende schwankende Preise oder Billigprodukte geschwächt können ökonomische, soziale und ökologische Ziele nicht mehr ausreichend verfolgt werden. Beispiele für daraus resultierende Konsequenzen werden fast täglich vermeldet: Betriebsverlagerungen, Betriebsschließungen, Lebensmittelskandale sind nur die Spitzen der Eisberge und führen letzten Endes dazu, dass gesamte Wertschöpfungsketten zusammenbrechen.

Schamel Meerrettich – Verantwortung für die gesamte Wertschöpfungskette Seit der Firmengründung im Jahr 1846 ist Schamel heute noch fest in der Region verankert: Das Unternehmen produziert ausschließlich in der fränkischen Meerrettichstadt Baiersdorf, mitten im traditionsreichen Krenanbaugebiet zwischen Nürnberg und Bamberg. Mit ca. 100 Erzeugern unterhält Schamel mehrjährige Anbauverträge und garantiert die Abnahme der gesamten bayerischen Meerretichernte. Genauer bedeutet dies, dass Schamel den bayerischen Krenbauern eine Preis- als auch Abnahmegarantie gibt und damit den Anbau von bayerischem Meerrettich nachhaltig fördert. Die sehr handarbeitsintensive Kultivierung des Meerrettichs (ca. 1000 Arbeitsstunden Jahr/Hektar) führte zu einem rückläufigen Anbau und hier galt es als markenführendes Glied der Wertschöpfungskette Verantwortung für die Vorstufe zu übernehmen. Die Förderung und der Erhalt des bayerischen Meerrettichs ist Grundlage für das Fortführen des Familienunternehmens Schamel, doch auch für die künftigen Generationen der Krenbauern sowie für den Lebensmittelhandel von Relevanz – denn nur auf diesem Weg kann die jahrhundertalte Bedeutung und der unverwechselbare Geschmack des bayerischen Meerrettichs aufrecht erhalten werden und den Verbrauchern auch in Zukunft feinste Qualität genussfertig angeboten werden.

Die Markenprodukte aus dem Hause Schamel stehen für Güte, Qualität und Sicherheit. Zum Wohle aller Beteiligten muss es demnach auch für dieses Qualitätsprodukt einen wertgerechten Preis geben, von dem alle profitieren: Vom Erzeuger bis zum Verbraucher.

3   Markenprodukte bieten Vertrauen und Sicherheit

Gerade in der heutigen Zeit, in der dem Verbraucher durch Billigpreis-Kampagnen suggeriert wird, dass Qualität keine Preisfrage sei, steht Schamel für hochwertige Produkte ein. Selbstverständlich wird durch effektive Produktion und kaufmännisch sorgfältige Kalkulation versucht, die Preise für die Verbraucher so niedrig wie möglich zu halten – für Markenprodukte sind dennoch Güte, Qualität und Sicherheit die primär entscheidenden Verkaufsargumente. Gute Marken tragen also nicht nur die Verantwortung für die Endverbraucher, sondern auch für die Erzeuger, Lieferanten und Mitarbeiter – also für die gesamte Wertschöpfungskette. Dabei ist die Preisführung ein Teil der Markenführung.

Gut geführte Marken haben einen hohen volkswirtschaftlichen Wert und sind die Basis unserer Wohlstandsgesellschaft und damit auch nachhaltige Treiber für einen Fortbestand derselben.

Wenn man als Verbraucher qualitativ hochwertige Lebensmittel wünscht, dann sollte man auch bereit sein, den leistungsgerechten Preis dafür zu bezahlen und die Arbeit jedes Gliedes der Wertschöpfungskette entsprechend wertzuschätzen und zu würdigen. Denn: Unternehmen und Marken müssen immer den Menschen dienen und einen Kundennutzen bieten.

Hans Domizlaff zeigte in seinem 1939 erschienenen und bis heute als das Fundament für Markentechnik geltende Buch „Die Gewinnung des öffentlichen Vertrauens", dass die

Grundlage eines jedes Markenartikels darin liegt, Vertrauen bei den Verbrauchern aufzubauen. Das geschieht zum einem durch eine exzellente Warenqualität, welche eine strenge Gleichmäßigkeit in ihrer Beschaffenheit aufweisen muss, zum anderen aber auch durch einen leistungs- und wertgerecht kalkulierten Preis. Preisschwankungen, Preisabsenkungen und Rabattaktionen sind dem öffentlichen Vertrauen und damit der Marke niemals förderlich.

Der Preis als wichtigster Nachhaltigkeitsfaktor Die unverbindlichen Verkaufspreis-Empfehlungen der Firma Schamel sollen die nachhaltige wirtschaftliche und qualitative Entwicklung der gesamten Wertschöpfungskette sichern und den Kunden die notwendige Verlässlichkeit bei ihrer Kaufentscheidung geben. Gerade im heutigen Marktumfeld ist der ordentlich kalkulierte, ehrliche und leistungsgerechte Preis für die Konsumenten einer der wichtigsten Qualitätsindikatoren. Der Eindruck von Ramschpreisen zerstört das Qualitätsbild einer Marke und verunsichert insbesondere die Konsumenten, die nach Sicherheit und langfristig zuverlässigen Qualitäten suchen. Vertrauen schafft man beim Kunden durch stabile und wertgerechte Preise, anderenfalls kauft der Verbraucher immer mit dem unguten Gefühl „es wo anders vielleicht noch billiger bekommen zu können". Markenartikel leben vom Vertrauen der Kundschaft. Dieses Vertrauen der Kundschaft sollte mit allen erforderlichen Mitteln bewahrt werden. Denn jede Irritation schwächt die Bindung der Kunden an die Marke, was wiederum zur Schwächung der abhängigen Wertschöpfungskette führt.

Dazu gehört auch, dass man sich dem stetigen Preisdruck widersetzen muss. Der Sog, der durch Preis-Abwärtsspiralen entsteht, ist für die gesamte Volkswirtschaft nicht förderlich und für die Konsumenten nur auf den ersten Blick ein vermeintlich verlockendes Verkaufsargument. Das Grundgesetz der Wirtschaft nach John Ruskin (englischer Sozialökonom, 1819–1900) sollte uns heute –mehr denn je zuvor- daran erinnern:

> Es gibt kaum etwas auf der Welt, was sich nicht ein bisschen schlechter herstellen ließe, um dann ein bisschen billiger verkauft zu werden. Diejenigen, die ausschließlich auf den Preis sehen, sind deshalb die zu Recht Bestraften.
>
> Es ist unklug, zu viel zu bezahlen, aber es ist noch schlechter, zu wenig zu bezahlen. Wenn Sie zu viel bezahlen, verlieren Sie etwas Geld, das ist alles. Wenn Sie dagegen zu wenig bezahlen, verlieren Sie manchmal alles, da der gekaufte Gegenstand die ihm zugedachte Aufgabe nicht erfüllen kann.
>
> Das Gesetz der Wirtschaft verbietet es, für wenig Geld viel Wert zu erhalten. Nehmen Sie das niedrigste Angebot an, müssen Sie für das Risiko, das Sie eingehen, etwas hinzurechnen. Und wenn Sie das tun, dann haben Sie auch genug Geld, um für etwas Besseres zu bezahlen.

Nachhaltigkeit darf kein kurzfristiges Marketing-Instrument, sondern muss ein langfristiger Bestandteil der Markenführung sein Nur aus einer starken Marke und einer soliden Wertschöpfung heraus, kann nachhaltig soziale und ökologische Verantwortung übernommen werden. Kurzfristige „Nachhaltigkeitsaktionen" zu Lasten der Wertschöpfung sind kontraproduktiv bei denen sich langfristig eher eine negative Wirkung einstellt.

Nachhaltigkeit darf kein Marketing- oder PR-Instrument sein, sondern muss gelebt und in der Unternehmenskultur verankert werden. Nachhaltigkeit ist ein Managementansatz. Sogenanntes Greenwashing –also PR und Marketing Kampagnen zur Imageaufpolierung– schaffen kurzfristig vielleicht Aufmerksamkeit, in den meisten Fällen führen sie aber dazu, dass Unzulänglichkeiten im verantwortungsvollen Umgang aufgedeckt werden: Wenn Missstände vorliegen, sollten diese kritisch untersucht und hinterfragt werden; ein Vertuschen durch „Reinwaschen" oder Täuschungsversuche sind verantwortungslos.

4   Schamel Meerrettich übernimmt soziale Verantwortung

Schutz des bayerischen Meerrettichs – als Qualitätsmerkmal und Verantwortung gegenüber der Region Seit 2007 wird das Kernsortiment von Schamel aus bayerischem Meerrettich hergestellt. Der „Bayerische Meerrettich" ist EU-weit als geographische Angabe (g. g. A.) geschützt. Nur Meerrettich, der zu 100 % aus bayerischer Meerrettichrohware und nach überlieferten Methoden in Bayern verarbeitet und abgefüllt wird, darf diese Bezeichnung tragen. Als Initiator der Schutzgemeinschaft Bayerischer Meerrettich hat sich die Firma Schamel für diesen Schutz des „Weltgenusserbes" bei der Europäischen Kommission stark gemacht. Zum einem zeigt es die Wertschätzung der Qualität des bayerischen Meerrettichs, zum anderen zeigt es aber auch die Verantwortung, die man als Initiator für die gesamte Region übernimmt und den bayerischen Meerrettich tief in die Markenführung des Familienunternehmens integriert.

Auswirkungen hat ein Schutz der Rohware für alle Beteiligten. Angefangen bei den Erzeugern, welche durch den geographischen Schutz eine besondere Rohware anbauen, die sich nicht mehr nur allein durch die ohnehin schon einzigartige traditionelle Qualität unterscheidet, sondern darüber hinaus auch noch von der Europäischen Union als schützenswerte regionale Spezialität angesehen wird. Dadurch ist die Rohware nicht mehr austauschbar und das Erzeugnis unterscheidet sich damit deutlich von anderen Provenienzen.

Das veredelnde Gewerbe profitiert natürlich auch von einem solchen geographischen Schutz, denn wie auch der Erzeuger hat es dadurch ein Alleinstellungsmerkmal gegenüber anderen Anbietern. Dadurch kann sich ein Unternehmen deutlich von seinen Wettbewerbern abgrenzen und nimmt auf dem Markt eine klare Position ein.

Letztendlich profitiert auch der zwischengelagerte Handel von dem einzigartigen Qualitätszeugnis „Bayerischer Meerrettich" und sollte bei der Warenpräsentation die Vorteile in seine Verkaufsargumente integrieren. Am wichtigsten ist der Schutz aber selbstverständlich für den Verbraucher, denn dieser kann sich absolut sicher sein, dass er ein Produkt mit 100% Herkunftsgarantie erhält, und ihm beste Güte garantiert. Das schafft Vertrauen und Vertrauen ist das Fundament jeder Marke.

Verlässlicher Arbeitgeber und Partner In der modernsten Meerrettich-Spezialfabrik Europas arbeitet ein fester Stamm von rund 50 Mitarbeitern. Die meisten Mitarbeiter

Abb. 3 Mitarbeiter aus der Region

kommen aus unmittelbarer Nähe und damit ebenfalls aus der Region. Das zeigt wiederum die regionale Verbundenheit des Unternehmens. Darüber hinaus ist es aber auch förderlich für die gesamte Produktion, da die Mitarbeiter ebenfalls eng mit der Tradition des bayerischen Meerrettichs verbunden sind und somit eine emotionale Bindung zur scharfen Wurzel haben (Abb. 3).

Generationen übergreifend – auch bei den Mitarbeitern Auch unter den Mitarbeitern gibt es Verbundenheit über Generationen hinweg. Es bestätigt den Arbeitgeber in seiner Funktion und bietet den Mitarbeitern zuverlässige und zukunftssichere Arbeitsplätze in der Region. Dass die Fluktuation im Unternehmen sehr gering ist, unterstreicht das Engagement, die Mitarbeiter langfristig in das Unternehmen zu integrieren und zu fördern.

Regionales Engagement und darüber hinaus Schamel Meerrettich setzt sich auch in vielen weiteren Bereichen für die Region ein. So unterstützt Schamel den in der traditionsreichen Meerrettichstadt ansässigen Baiersdorfer Sportverein als Hauptsponsor. Als Betreiber des einzigartigen Meerrettich-Museums unterstützt Schamel die Stadt und den Tourismus in der Region. Zudem ist Schamel der Initiator des Baiersdorfer Krenmarkts – ein jährlich stattfindendes Fest rund um die scharfe Wurzel. Ebenfalls hat Schamel mit dem Tourismusverband die „Scharfen Wochen" ins Leben gerufen – hierbei werden jedes Jahr im Oktober in teilnehmenden fränkischen Gastronomien speziell Gerichte mit Meerrettich angeboten (Abb. 4).

Alle zwei Jahre veranstaltet die Firma Schamel den „Kren-aktiv" Köchewettbewerb, wobei Köcheteams aus Deutschland, Österreich und der Schweiz zum kulinarischen Kräftemessen antreten. Neben den karrierefördernden Auszeichnungen für die teilnehmenden Köche fördert der Wettbewerb die Kreativität, wie man Meerrettich in der modernen Küche einsetzen kann und soll die Küchenchefs inspirieren, auch zukünftig das urgesunde Gemüse in ihre Speisekarten zu integrieren.

Abb. 4 100 % Bayerischer Meerrettich – ein unverwechselbarer
Genuss

5   Schamel Meerrettich steht für umweltbewusste Herstellung

Kurze Lieferwege für geringe Belastung der Umwelt In Baiersdorf werden täglich rund
150.000 Gläser Meerrettich produziert, für die der Kren jeden Tag reibfrisch verarbeitet
wird. Gleich nach der Ernte werden die Krenstangen in firmeneigenen Klimakammern
eingelagert. Durch den Unternehmenssitz in Bayern sind die Lieferwege für die bayerische
Rohware kurz was nicht nur die Umwelt schont, sondern auch die Produktfrische gewährleistet. Und zu dem Arbeitsplätze in der Region schafft. Auch bei anderen Zulieferern setzt
Schamel vorwiegend auf Partner aus Deutschland, so kommen zum Beispiel die Gläser für
die Meerrettichprodukte aus Thüringen, die Etiketten aus dem Rheinland und die Karto-
nagen aus der Oberpfalz.

Solarstrom und Wasserkraft Grundlage des Erfolgs von Deutschlands meistgekaufter
Meerrettichmarke ist das gesunde Naturprodukt Meerrettich: Das Unternehmen trägt
damit auch eine besondere Verantwortung für die Umwelt. Diese ökologische Verpflichtung nimmt man in Baiersdorf ernst. Über eine Solaranlage auf dem Dach des Fertig-
warenlagers werden pro Jahr 31 t CO_2 eingespart. Und 2012 wurde der gesamte Betrieb
komplett auf Ökostrom aus 100 % Wasserkraft umgestellt. Ein Umwelt-Managementsys-
tem nach DIN EN ISO 14001 ist im Unternehmen implementiert (Abb. 5).

6   Integration der Nachhaltigkeit in die Markenführung

Die Unternehmensführung muss dafür Sorge tragen, dass Nachhaltigkeitsmaßnahmen tatsächlich "nachhaltig" sind und es auch zukünftig bleiben. Nur durch die Integration in die
Markenführung ist gewährleistet, dass diese Punkte konsequent verfolgt werden und sich
auch in den Markenprodukten widerspiegeln. Bei Schamel Meerrettich sind die nachfol-

Abb. 5 Solaranlage auf dem Fertigwarenlager

gend genannten Markenwerte die Konstante, an der jedes Produkt gemessen wird, bevor es das Haus verlässt. Durch das definierte Unternehmensleitbild werden alle Mitarbeiter stets daran erinnert, diesen Werten gerecht zu werden – die Grundlage für Qualität, aber auch für das nachhaltige Fortbestehen (Abb. 6).

Folgende Werte aus dem Schamel-Leitbild sind zugleich eine Markengarantie für Handelspartner und Kundschaft:

Abb. 6 Das Firmengelände in Baiersdorf

Das Original seit 1846
Älteste Meerrettichmarke der Welt
Seit mehr als 160 Jahren garantiert Familie Schamel feinsten reibfrischen Meerrettichgenuss aus Bayern. Johann Jakob Schamel hatte erstmals die Idee, frisch geriebenen Meerrettich tafelfertig anzubieten und ersparte damit seiner Kundschaft das tränenreiche Reiben der beißend-scharfen Wurzel.

Reibfrisch aus Bayern
Täglich frische Herstellung in Baiersdorf
Heute noch werden bei Familie Schamel in der fränkischen Meerrettichstadt Baiersdorf, mitten im traditionsreichen Anbaugebiet zwischen Nürnberg und Bamberg, handverlesene Krenwurzeln täglich frisch gerieben und im Kaltverfahren nach dem Originalrezept zu den exquisiten Schamel Meerrettich-Delikatessen veredelt.

100 % Herkunftsgarantie
Feinster Bayerischer Meerrettich g.g.A.
Wegen der über 500-jährigen Anbaukultur, der traditionellen Verfahren und des einzigartigen Geschmacks wurde die Bezeichnung „Bayerischer Meerrettich" von der EU als geschützte geographische Angabe (g.g.A.) eingetragen und muss demnach aus 100% bayerischer Meerrettichrohware hergestellt und in Bayern verarbeitet und abgefüllt werden.

Aus nachhaltigem Anbau
Partnerschaft mit den Krenbauern
Durch mehrjährige Anbauverträge sichert Schamel die Existenz der bayerischen Erzeuger und garantiert die Abnahme der gesamten heimischen Meerrettichernte. Das fördert den Krenanbau in Bayern, garantiert beste Rohwarenqualität und Produktfrische, schont die Umwelt durch kurze Lieferwege und schafft Arbeitsplätze in der Region.

Zur Krönung aller Speisen
So schmeckt nur das Original
Feinschmecker in aller Welt schätzen Schamel Meerrettich aus Bayern als würzige und gesunde Delikatesse zu allen Wurst-, Fleisch- und Fischgerichten sowie zum Verfeinern von Gemüse, Suppen, Saucen und Salaten. Denn Schamel Meerrettich macht jedes gute Essen feiner, pikanter und bekömmlicher und weckt die Lebenskräfte.

Bürgschaft der Familie
Persönliche Qualitätsgarantie
Für feinste Qualität und das einzigartige Geschmackserlebnis von Deutschlands beliebtester Meerrettichmarke sowie für nachhaltiges Wirtschaften und fairen Handel zum Nutzen der gesamten Wertschöpfungskette bürgen heute Hanns-Thomas und Hartmut Schamel als Inhaber in fünfter Generation auf jedem Produkt mit ihrem Namen.

Schamel: Deutsche Marke des Jahrhunderts Nur weil die Familie Schamel ihr unternehmerisches Handeln schon immer an nachhaltigen ökonomischen, ökologischen und sozialen Zielen orientiert hat, konnte und kann das Unternehmen über so lange Zeit höchste Qualität liefern und sich als Marktführer am Markt behaupten. Älteste Meerrettichmarke der Welt sowie meistgekaufte Meerrettichmarke Deutschlands und eines der traditionsreichsten Unternehmen in der Region sind in jeder Hinsicht eine Verpflichtung gegenüber nachhaltigem Verhalten. Nicht zuletzt wegen dieses Engagements hat es das Unternehmen auch unter die deutschen „Marken des Jahrhunderts" geschafft – in einer Reihe mit Nivea, Persil, Haribo und Co.

Ein in sich schlüssiges Konzept Damit die Produkte aus dem Hause Schamel weiterhin die feinsten Meerrettich-Spezialitäten auf dem Markt bleiben können, bedarf es einer weiterhin konsequenten Markenführung. Diese ist auch der Garant für gesunde und funktionierende Wertschöpfungsketten, welche wiederum das Fundament unserer Gesellschaft darstellen.

Wenn so ein Kreislauf entsteht, in dem alle Beteiligten im Sinne des Gemeinwohls agieren, dann kann volkswirtschaftlich nachhaltig und erfolgreich gewirtschaftet werden.

Das Familienunternehmen Schamel übernimmt Verantwortung für die gesamte Wertschöpfungskette, damit auch die zukünftigen Generationen darauf aufbauen und nachhaltig erfolgreich wirtschaften können.

Schindlerhof – „Great Place to work" Mitarbeiter als Markenbotschafter

Klaus Kobjoll

Zusammenfassung

Der Schindlerhof ist ein mittelständisches Unternehmen der Hotel- und Gastronomiebranche. Was ihn auszeichnet ist sein Markenkern – Qualität und Herzlichkeit – in seiner konsequenten Umsetzung. Das Credo des Gründers und Inhabers Klaus Kobjoll ist: „Voraussetzung für hohe Servicequalität sind begeisterte Mitarbeiter". Dieser Fokus auf eine besondere Führungskultur, die durch Vertrauen und Transparenz gekennzeichnet ist, ist gerade in der Hotel- und Gastronomiebranche herausstechend. Nationale wie internationale Auszeichnungen belegen seinen Erfolg, mit seiner Gesamtkapitalrendite liegt er in der Spitzengruppe der deutschen Gastronomie.

In einem Interview erläutert Kobjoll seine Positionierung, das kollektive Bewusstsein als Teil der besonderen Unternehmenskultur, seine prägende Rolle als Unternehmer, welche Markenbotschaften beim Kunden direkt und welche indirekt kommuniziert werden und wie man den Markenkern „Qualität und Herzlichkeit" in der Gastronomie managen kann.

Die Schindlerhof Klaus Kobjoll GmbH ist ein mittelständisches Unternehmen der Hotel- und Gastronomie-Branche. Mit 72 Mitarbeitern werden hier auf dem historischen Gelände eines ehemaligen Bauernhofes in Nürnberg-Boxdorf die Tagungs- und Restaurantgäste bewirtet. Dafür stehen 92 individuell eingerichtete Hotelzimmer, zehn Tagungsräume, das Restaurant „Unvergesslich" mit dem historischen Bankettsaal sowie eine eigene Kochschule zur Verfügung. Der Schindlerhof wurde 1984 von Renate und Klaus Kobjoll gegründet. Inzwischen ist bereits Tochter Nicole in der Geschäftsführung. In fünf Bauetappen wuchs der Schindlerhof zur heutigen Größe.

K. Kobjoll (✉)
Schindlerhof Klaus Kobjoll GmbH, Steinacher Straße 6-10,
90427 Nürnberg, Deutschland
E-Mail: info@kobjoll.de

A.-K. Kirchhof, O. Nickel (Hrsg.), *CSR und Brand Management*, Management-Reihe Corporate Social Responsibility, DOI 10.1007/978-3-642-55188-8_11,
© Springer-Verlag Berlin Heidelberg 2014

137

Ein Meilenstein war und ist die Qualität der Leistungen. Seit über 15 Jahren nutzt der Schindlerhof das Business Excellence Modell erfolgreich zur Entwicklung seiner Organisation und Leistungsfähigkeit. Herausstechend nicht nur in der Hotellerie- und Gastronomiebranche ist die Führungskultur, die durch Vertrauen und Transparenz gekennzeichnet ist. Belegt wird dies durch nationale wie internationale Preise, wie zum Beispiel den European Quality Award und den „Great Place to Work" Award 2013 in der Kategorie 50 bis 499 Mitarbeiter für Deutschland und Europa. Frank Hauser, Geschäftsführer des Great Place to Work Institute Deutschland, fasste die Auszeichnung anlässlich der Verleihung 2013 zusammen: „Sie steht für eine Arbeitsplatzkultur, die in besonderer Weise von Vertrauen, Stolz und Teamgeist geprägt ist."[1]

Entscheidend für die Bewertung und Platzierung des Schindlerhofs mit Mitarbeitern als die Nr. 1 in der Kategorie I (50 bis 499 Mitarbeiter) auf der Hitliste „Deutschlands Beste Arbeitgeber" war eine anonyme Befragung der Mitarbeiter zu den Themen Glaubwürdigkeit, Respekt und Fairness des Managements, Identifikation mit der eigenen Tätigkeit und dem Arbeitgeber insgesamt sowie zur Qualität der Zusammenarbeit. Zusätzlich wurde ein „Culture-Audit" zu den Programmen und Maßnahmen der Unternehmen im Personalbereich durchgeführt. Insgesamt stellten sich in 2013 über 500 Unternehmen aller Größenklassen, Branchen und Regionen dieser unabhängigen Untersuchung. Mehr als 100.000 Mitarbeiter beteiligten sich an der Befragung.

Und schon sind wir am Markenkern des „Schindlerhof" – Qualität und Herzlichkeit – den Gästen gegenüber und auch intern. Denn nur wenn sich die Mitarbeiter wohl fühlen, können sie auch die Herzlichkeit nach außen tragen. Und damit zu wahren Markenbotschaftern werden, die die unternehmenseigene Definition von Qualität tagtäglich umsetzen und den Gast begeistern.

Klaus Kobjoll gilt als umtriebiger Unternehmergeist mit solider wirtschaftlicher Einstellung, der das Hotel- und Restaurantunternehmen mit kreativen Initiativen konsequent und kontinuierlich entwickelte und zum nachhaltigen Erfolg führte. 1984 startete er, nach jahrelanger Erfahrung in elf von ihm geführten Betrieben, sein eigenes Familienunternehmen mit 37 Zimmern und rund 200 Restaurantplätzen. Mit einem Investitionsvolumen von rund 14,5 Mio. € wuchs der Schindlerhof zu einem regelrechten Hoteldorf. Sein Team und mitsamt Geschäftsführung erwirtschafteten im Jahr 2012 6,1 Mio. € brutto Umsatz. Mit einer Produktivität von 103.000 € pro Kopf (Azubis zur Hälfte gerechnet) liegt das Unternehmen weit über dem Branchendurchschnitt. Die Auslastung des Hotels lag 2010 bei 68 %, die Tagungskapazität bei 70 %. Das Restaurant „Unvergesslich" war mit einer Belegung von 90 % an 300 Tagen pro Jahr ausgebucht – mit Gästen aus der Region und darüber hinaus. Mit einer Gesamt-Kapitalrendite von 14 % liegt sein Unternehmen sicher in der Spitzengruppe deutscher Gastronomiebetriebe. „Voraussetzung für hohe Servicequalität sind begeisterte Mitarbeiter", lautet Kobjolls Credo, das er in seinem Betrieb vorlebt und

---

[1] Pressemitteilung „Europas Beste Arbeitgeber 2013" – „Great Place to Work – Europe": Schindlerhof zum vierten Mal die europäische No 1 in der Hotellerie – Erfolg auf der ganzen Linie, 25.04.2013, http://www.schindlerhof.de/presse,140.html.

mit seinem Trainingsprogramm vermittelt. Seiner Ansicht nach sind Talente heute die wichtigsten Faktoren für Erfolg in der Gastronomie. Wer die Mitarbeiter mit den leuchtendsten Augen und der größten Leidenschaft für ihre Aufgaben um sich scharen könne, der habe Erfolg, so Kobjoll.

Ein weiterer Beleg für dieses erfolgreiche Mitarbeiterkonzept ist die Verleihung des Sonderpreises „Wissen & Kompetenz" 2013. Dieser Preis orientiert sich an den Kriterien der INQA – Initiative Neue Qualität der Arbeit. Das Motto dieser Initiative lautet „Zukunft sichern, Arbeit gestalten". Und die entscheidende Frage dabei ist, wie Arbeit für Unternehmen rentabel und für Beschäftigte gesund, motivierend und attraktiv gestaltet werden kann. Der Schindlerhof gewann den Sonderpreis zum Thema „Kompetenz & Wissen" unter anderem wegen seiner Jahrzehnte langen Beschäftigung mit dem Thema Qualitätsmanagement, eines außergewöhnlichen Weiterbildungsangebots für Mitarbeiter und seiner innovativen Mitarbeiter App[2]

Als erster Privathotelier wurde Klaus Kobjoll 2008 in den Landessenat Bayern im BWA Bundesverband für Wirtschaftsförderung und Außenwirtschaft e. V. berufen[3] In diesem Bundesverband sind führende Persönlichkeiten aus Wirtschaft, Wissenschaft und dem Öffentlichen Leben aktiv, die davon überzeugt sind, dass Wirtschaft eine Gesellschaft nicht trennt, sondern die Menschen vielmehr in Industrie und Dienstleistung, Wissenschaft, Politik und Kultur eng miteinander verbindet. Ziel des Verbandes ist es, gemeinsam mit seinen Mitgliedern dazu beizutragen, Deutschland und Europa zukunftsfähig zu machen. Die Verantwortlichen setzen sich für eine globale ökosoziale Marktwirtschaft ein. Darüber hinaus ist es eines der Hauptanliegen der Organisation, sich für einen attraktiven Standort Deutschland zu engagieren. Gemeinsam mit dem EVW Ethik-Verband der Deutschen Wirtschaft e. V[4] wurden Grundsätze aufgestellt, nach denen die angeschlossenen Mitgliedsunternehmer und -unternehmen arbeiten. Der BWA folgt als erster Wirtschaftsverband Deutschlands im Rahmen der Global Marshall Plan-Initiative[5] den ökologischen, sozialen und wirtschaftlichen Zielen sowie den „Millenium Goals" der UNO.

1 Die Marke Schindlerhof – „Klappern gehört zum Handwerk"

„Klappern gehört zum Handwerk" – dies ist Motto und Ausrichtung der Marketing-Strategie. Das Ziel der Markenpolitik ist es nicht nur, den Schindlerhof positiv und erkennbar von Konkurrenzmarken und –produkten abzuheben, um auf der Nachfrageseite einen

---

[2] Pressemitteilung „Europas Beste Arbeitgeber 2013" – „Great Place to Work – Europe": Schindlerhof zum vierten Mal die europäische No 1 in der Hotellerie – Erfolg auf der ganzen Linie, Nürnberg, 25.04.2013, http://www.schindlerhof.de/presse,140.html.

[3] Pressemitteilung „Klaus Kobjoll" – in den BWA-Senat berufen, Nürnberg, 2008, http://www.schindlerhof.de/presse,140.html.

[4] www.ethikverband.de.

[5] www.globalmarshallplan.org.

möglichst hohen Grad an Markentreue aufzubauen, sondern vielmehr auch die konsequente Preispolitik am Markt auf der Basis der kontinuierlichen Qualität von Produkt und Dienstleistung durchzusetzen.

Der Markenaufbau und die Markenführung spielten seit 1984 eine zentrale Rolle. Denn es war Klaus Kobjoll und seinem Team immer bewusst, dass sie als Einzelkämpfer neben den Hotelkonzernen nur als starke Marke an der Spitze überleben können. Also von Beginn an einen eigenen und unverwechselbaren Charakter aufbauen, ein individuelles Konzept mit hohem Wiedererkennungswert entwickeln und pflegen, um so eine am Markt zunehmende Austauschbarkeit zu verhindern. Die Markenpolitik des Schindlerhofs umfasst nicht nur strategische, sondern vor allem auch operative Elemente, die sich im Wesentlichen aus der Dienstleistung per se ergeben. Das Corporate Design, Imagepflege, das hauseigene Kommunikationskonzept und das bewährte, dennoch stets innovative Leistungsspektrum haben über mehr als zwei Jahrzehnte dafür gesorgt, dass der Schindlerhof heute zu den bekanntesten und besten Tagungshotels im deutschsprachigen Raum zählt.

Ermittlung eines dynamischen Markenwertes Das Hotel Schindlerhof ist eine Marke für sich. Seit einem Vierteljahrhundert konzentriert man sich darauf, die Marke „Schindlerhof" mit all ihren Marken- und Kennzeichen in den Köpfen und Seelen der Gäste zu verankern. Der Stammgastanteil liegt bei 60 %, ein wesentliches Zeichen dafür, dass es gelingt, dies entsprechend zu vermitteln. Um den Markenwert zu erschließen, hat Professor Dr. Ulrich Scheiper von der Fachhochschule Würzburg-Schweinfurt 2004 im Auftrag des Unternehmens mit sechs Studenten des Studiengangs Wirtschaftsingenieurwesen eine entsprechende Studie entwickelt[6] Dabei wurden sowohl finanzorientierte Ansätze wie Kosten, Ertragswert und preisorientiertes Verfahren als auch der kundenpsychologische Ansatz im Rahmen des sogenannten „Interbrand-Modell" herangezogen. 2004 wurde damals ein dynamischer Markenwert von 1.431.489,- € ermittelt. Das Markenteam der Fachhochschule Würzburg-Schweinfurt hat auf der Grundlage dieses Modells ein speziell auf den Schindlerhof zugeschnittenes Bewertungsverfahren realisiert. (Abb. 1)

Das Erfolgsmuster der Marke „Schindlerhof" Zusammenfassend aber darf bei aller Detailbewertung eines nicht vergessen werden: Die Marke und ihr Aufbau beinhalten im Grunde nichts anderes als das Unternehmen selbst – mit seiner Außenwirkung. Nämlich das, was sich jeden Tag über einen langen Zeitraum wiederholt und im Unternehmen überzeugend gelebt wird. Das Ergebnis ist eine gewisse Leistungserfahrung beim Kunden, die bei ihm eine Präferenz entstehen lässt. Daraus schließlich ergibt sich eine Vernetzung der Meinungsbildung über dieses Unternehmen. Eine „kollektive Meinung" entsteht, und mit diesem positiven „Vorurteil" beim Kunden wird die Marke geschaffen. Eine Marke ist darüber hinaus auch nach einem definierten Muster zu führen. Um dieses zu finden, gibt es zwei Dimensionen:

---

[6] Pressemitteilung „Die Marke ‚Schindlerhof' – ‚Klappern gehört zum Handwerk'", Nicole Kobjoll, http://www.schindlerhof.de/presse,140.html.

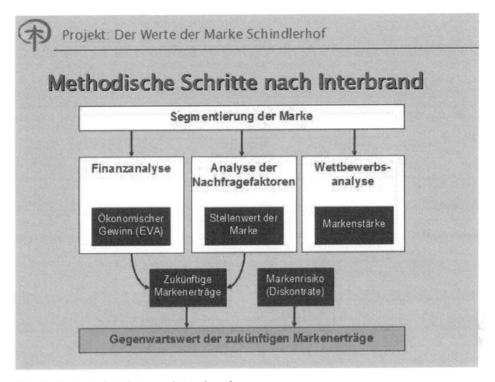

Abb. 1 Methodische Schritte nach Interbrand

1. Das Unternehmen selbst (also Produkt, Sortiment, Verpackung, Preisgestaltung, Vertrieb…) als Ursache für die Markenbildung.
2. Den Kunden (positive Vorurteile, Markenbindung, Konsumneigung,…) als Wirkung auf die Markenbildung.

Die Erfolgsmuster der Marke Schindlerhof sind in diesem Zusammenhang zum Beispiel folgende:

- Die Herzlichkeit der Mitarbeiter,
- das im Laufe der Jahrzehnte gewachsene Hoteldorf,
- die Summe aller „Ahs und Ohs" – die vielen Überraschungsmomente,
- eine konsequent praktizierte Preisgarantie oder
- das Restaurant-Konzept „Franken geht fremd" sowie
- konsequente Öffentlichkeitsarbeit

und viele andere mehr.

Markenbildung über gelebte Individualität Der Schindlerhof ist schon immer einen eigenen Weg der Markenbildung gegangen. Dies ist umso wichtiger, um sich so mit der

Abb. 2 Auswahl der Kriterien

überzeugten und gelebten Individualität von anderen Hotels und Restaurants abzugrenzen. Der Schindlerhof möchte einzigartig sein, unverwechselbar. Aus dieser Überzeugung heraus schließt sich der Schindlerhof beispielsweise grundsätzlich keinen Ketten oder Marketing-Kooperationen an. (Abb. 2)

Die oben beschriebenen Soft Facts wurden im Rahmen der Wertermittlung der Marke Schindlerhof auf der Basis des Brand Potential Index der Gesellschaft für Konsumforschung (GfK) auf den drei Ebenen der emotionalen und verstandesmäßigen Wertschätzung sowie der Verhaltensbereitschaft in Angriff genommen.

Modifizierte Art der Markenmessung Zukünftig wird sich die Markenwertmessung jedoch erheblich verändern. Dies betrifft unter anderem die Frage, was eigentlich gemessen wird, welche Personen und Maßnahmen auf den Markenwert wirken und welche Bedeutung Raum und Zeit für die Markenwertmessung haben. Die Markenwertmessung wird somit zur Messung der Qualität von Beziehungen. Diese sind nach quantitativen wie auch qualitativen Kriterien im Zeitverlauf zu bewerten. Jene Markenmanager, die in der Lage sind, Beziehungen systematisch und langfristig aufzubauen, schaffen Beziehungen mit Wert. Ziel der Markenführung ist es, eine wertvolle Beziehung zwischen Marke und ihren wichtigen Bezugsgruppen, vor allem ihren Kunden/Gästen, zu entwickeln und diese auf der Basis eines langfristigen Vertrauens zu gestalten. Unternehmen, denen es gelingt, sich gezielt auf dieses Verständnis von Markenführung einzustellen, werden erfolgreicher dabei sein, starke und einzigartige Marken aufzubauen, die den Unternehmenswert langfristig steigern. Diese zukünftig modifizierte Art der Markenwertmessung passt exakt in das schon seit langem praktizierte Konzept und wird gelebt, von allen Mitarbeitern wie den Mitgliedern der Eigentümer-Familie. Flankiert wird dies durch die angestrebte, kontinuierliche Präsenz in der Öffentlichkeit. Nicht zuletzt auch über Auszeichnungen: Beispielsweise für das Qualitätsmanagement, die Kundenorientierung oder das leistungsbezogene und hochmotivierende Mitarbeiter-Konzept.[7]

Unternehmenspolitische und -strategische Elemente Die unternehmenspolitischen und –strategischen Elemente spiegeln das Bestreben wider, an der Spitze der Tagungshotellerie in Deutschland zu bleiben. Dazu gehören neben den schon an anderer Stelle genannten Details:

- Die Unternehmenskultur,
- Perioden-, Jahreszielpläne und Monatsberichte,
- das Total Quality Management auf der Basis von EFQM European Foundation of Quality Management
- ISO-Zertifizierungen 9001 und 14001,
- selbst entwickelte Führungsinstrumente wie beispielsweise TUNE, Cockpit, ErfolgSpiegel, MAX – MitarbeiterAktienindeX,
- konsequente Preispolitik (Preisgarantie)
- Innovation als Kernprozess – einer von acht KPZ
- nachhaltiges Umweltbewusstsein,
- totale Transparenz aller Zahlen,
- Offener Umgang mit den Ergebnissen und den Schlüssen, die daraus gezogen werden sowie
- 100 % unserer aller Herzblut.

2 Interview mit Klaus Kobjoll

Frage: CSR ist mehr als ein Konzept für ökologische Innovationen, für ein Umdenken in Sachen Ökonomie, für einen stärkeren Fokus auf das Gesellschaftliche. Vielmehr geht es auch darum, eine neue Beziehung aufzubauen zwischen den Menschen, zwischen den Kulturen. CSR kann also ein neuer zivilisatorischer Entwurf sein. Das ist die Kraft, die in diesem CSR-Ansatz steckt. Schon fast philosophisch und sehr weit gedacht. Oft wird aber

---

[7] Pressemitteilung „Die Marke ‚Schindlerhof' – ‚Klappern gehört zum Handwerk'", Nürnberg, http://www.schindlerhof.de/presse,140.html.

die Säule „Gesellschaft" vergessen, das Miteinander. Und die hat meiner Meinung nach langfristig die größte Stärke.

Kobjoll: Richtig. Wenn ich von der von Ihnen beschriebenen Meta-Ebene auf die Micro-Ebene eines Unternehmens gehe, ist all das, was sie geschildert haben, enthalten in einem Total-Quality-Management (TQM). Denn da sind alle Stakeholder, also alle, die an Prozessen eines Unternehmens beteiligt sind, mit im Boot und allesamt gleich wichtig. Es geht hier um eine ganzheitliche Sicht in einem Unternehmen. Im TQM-Ansatz gibt es das Kriterium 8, Impact on Society. Dieses Kriterium besagt, dass ein Unternehmen eben mehr sein muss als ein Gewerbesteuerzahler in dem Gebiet, in dem es angesiedelt ist. Vielmehr muss es ständig sein Image messen und tunlichst verbessern. Eines der großen Punkte dabei ist die Mitarbeiterorientierung. Und das ist ja auch unsere bauernschlaue Strategie von Anfang an gewesen, über den Umweg der Mitarbeiter zu begeisterten Kunden zu kommen.

Frage: Von Anfang an?

Kobjoll: Seit 30 Jahren, seit ich den Schindlerhof habe. Vorher hatte ich alles falsch gemacht, was man nur falsch machen kann. Die heiße Herdplatte ist eben immer noch der beste Lehrmeister. Es dauerte, bis ich gemerkt habe, dass nicht die Immobilien, die Konzepte oder die Kunden das Wichtigste sind, sondern die Menschen, die Unternehmen arbeiten.

Frage: Und wie kam es zum Umdenken?

Kobjoll: Ich habe mich nur über den Leidensdruck geändert. Mit 25 Jahren besaß ich den ersten 911er. Ich war ein Workaholic. Alle Szene-Lokale, die ich eröffnet hatte, waren volle Erfolge. Die Leute standen Schlange vor der Tür. Nur die Mitarbeiter kamen in meinem Denken nicht vor. Es waren Tellerträger und dementsprechend schlecht waren die Unternehmen dann auch geführt. Ich hatte den gleichen Umsatz wie heute, aber hinten kam nix raus. Wer sich mit 22 Jahren selbstständig macht, der muss ausprobieren und lernen. Eine gewisse Reife gehört auch zu diesem Umdenken dazu.

Frage: Das Image hat ja eine hohe Relevanz auf die Marke, gerade auch in der Hotellerie- und Gastronomiebranche. Mit dem Schindlerhof machten Sie den Cut – wie lange dauert es, bis sich ihr Image verbesserte?

Kobjoll: Der Schindlerhof war eine Neu-Positionierung, alle 25 Mitarbeiter wurden neu für das Unternehmen eingestellt und bereits nach anderen Kriterien ausgewählt. Von daher ging es schnell und war auch wesentlich leichter als eine Umpositionierung oder das kollektive Bewusstsein in einem Unternehmen – also die Unternehmenskultur – zu ändern. Das dauert je nach Größe des Unternehmens fünf bis zehn Jahre. Dies neu zu implementieren vielleicht ein bis drei Jahre, denn auch wenn es im Vergleich zur Umpositionierung deutlich einfacher ist, geht eine Neupositionierung nicht von heute auf morgen.

Frage: Kann man sagen, dass dieser Paradigmenwechsel im CSR-Managementansatz – das neue Miteinander – gerade in der Hotellerie- und Gastronomiebranche besonders ist? Die Branche hat ja keinen allzu guten Ruf.

Kobjoll: Insbesondere in unserer Branche bestimmt der Gast die Rahmenbedingungen. Ich zahle keine Gehälter, sondern immer nur der Gast. Ich als Inhaber bin lediglich der Mittler zwischen Mitarbeiter und Gast. Und noch ein Wort zur Work-Life-Balance, einem Modewort. Das ist erstens eine große Lüge für alle wirklich karriereorientierten Menschen. Diese müssen zunächst eine Priorität auf die Karriere setzen. Und dann kommen noch die Rahmenbedingungen in der Gastronomie dazu – alles nicht so familienvereinbar wie in anderen Branchen oder bei Großunternehmen. Trotzdem habe ich 80 % Frauen in der Führung.

Frage: Warum?

Kobjoll: Aufgrund des von Ihnen angesprochenen Paradigmenwechsels. Man kann grundsätzlich drei Kategorien potentieller Mitarbeiter unterscheiden. Es gibt erstens eine wachsende Gruppe karriereorientierter Leute, bei der die Frauen tougher sind als die Männer. Manche sprechen schon davon, dass das vergangene Jahrhundert das letzte Jahrhundert der Männer war. Nun beginnt das Jahrhundert der Frauen. Sie haben mehr und mehr Power, wir Männer verkommen zu Lustobjekten. Nun, es gibt Schlimmeres. Die zweite Gruppe nenne ich die Gruppe der Mitarbeiter mit freizeitorientierter Schonhaltung. Sie stellt die größte Gruppe an Mitarbeitern in Deutschland dar, dies wird auch immer vom Gallup-Institut mit seiner Studie „Working Force" bestätigt. Von Montag bis Freitag schonen sich diese Mitarbeiter am Arbeitsplatz, um am Wochenende fit zu sein und beim Skydiving oder Bungee-Springen Endorphine zu produzieren. Die dritte Gruppe ist noch schlimmer, das ist die Gruppe der Mitarbeiter mit alternativem Engagement. Da ist Hopfen und Malz verloren. Die sitzen in drei oder vier Ausschüssen – ehrenamtlich – und erhalten nur dort die Anerkennung, die wir alle so dringend brauchen. Das ist keine Rede gegen das Ehrenamt. Nur motiviert man diese Mitarbeiter schon gar nicht mehr mit Anerkennung im Job.

Unser Modell ist daher sehr spitz formuliert – wir gehen nur auf die kleine Gruppe der karriereorientierten Mitarbeiter los. Wenn wir Anzeigen schalten, was sehr selten passiert – wir bekommen zwischen 200 und 400 Blindbewerbungen im Jahr – steht immer der gleiche Text in der Anzeige: „Eigentlich sind wir kein Hotel, sondern eine Schule für zukünftige Unternehmer. Einige Jahre bei uns und Sie haben alles, was Sie für Ihre Selbstständigkeit brauchen."

Frage: Wie hoch ist dann die Fluktuation?

Kobjoll: Bei Führungskräften im Schnitt alle sieben Jahre. Danach machen sich die meisten selbstständig und wachsen aus dem Unternehmen heraus. Das funktioniert gut und ist auch gut so. Und bei allen anderen alle durchschnittlich 2,5 Jahre.

Frage: Wie ist das im Branchendurchschnitt einzuordnen?

Kobjoll: Hier sind wir sogar noch besser als der Branchendurchschnitt. Manche Ketten haben eine Fluktuation, die deutlich höher ist. Ich habe auch kaum Abbrecher bei den Auszubildenden, obwohl wir viel ausbilden. Zum einen liegt das daran, dass wir sehr sorgfältig aussuchen. Zum anderen schenken wir aber auch reinen Wein ein, was es bedeutet, diesen Beruf zu erlernen.

Frage: Es passt ja auch nicht jeder rein in das Konzept.

Kobjoll: Unser Konzept ist sehr stark polarisierend und das ist auch gut so. Denn da sind wir wieder bei der Marke. Starke Marken haben immer starre Regeln. Das ist das erste, was man wissen muss. Und das muss nicht jedem gefallen.

Frage: Eine solche klare Fokussierung auf Mitarbeiter muss dennoch authentisch und sein und gelebt werden.

Kobjoll: Richtig. „Die Arbeit jedes einzelnen an sich selbst verändert unbewusst die ganze Gesellschaft" – Carl Friedrich von Weizsäcker. Das heißt, wir kommunizieren immer, auch nonverbal. Es gibt Chefs, die sagen ihren Mitarbeitern ins Gesicht „Ich vertrauen Ihnen voll" und die Mitarbeiter spüren, dass er später zum Kontrollieren nochmal kommt. Es muss also erst mal selbst gelebt werden. Und dann kann sich diese Energie, diese Schwingung weiterentwickeln. Völlig klar – der Fisch stinkt am Kopf zuerst.

Frage: In der Unternehmensphilosophie ist der Gleichklang von Geist und Gefühl verankert. War dies schon zu Beginn so?

Kobjoll: Nein, dieser Satz ist erst später hinzugekommen. Das Leitbild wird immer wieder überarbeitet, feingetunt, verbessert. Aber das Gefühl war uns von Anfang an wichtig. Denn in der Gastronomie kann man Kunden nur durch Erlebnisse und Emotionen begeistern. Die Erlebnisse entstehen vor allem durchs Ambiente, aber Gefühle entstehen nur durch Menschen. Das ist fast etwas Feinstoffliches. Löst jemand Schwingungen im Bauch seines Gegenübers aus, löst er Resonanz aus, oder eben nicht. Dinge lösen keine Resonanz aus, sie sind schön anzuschauen, aber ein Gefühl ist es nicht. Beim Ambiente haben wir als Gründungsunternehmer immer das Nachsehen gegenüber Milliardären, die sich als Hobby ein Hotel leisten. Aber bei den Softskills haben wir bisher immer alle aus dem Feld geprügelt.

Frage: Gibt es ein Spannungsfeld zwischen Ihrer Unternehmensphilosophie und der Branchenrealität?

Kobjoll: Das erste, was wir vor ca. 20 Jahren beschlossen hatten, war, dass wir keine Mitarbeiter mit Konzernerfahrung einstellen. Denn die sind für ihr gesamtes Leben versaut für den Mittelstand. Im Konzern wollen die Mitarbeiter am ersten Arbeitstag wissen, wo die Tür zum Betriebsrat und ob die Überstunde schon genehmigt ist. Die können Sie auf gut fränkisch knicken. Wir suchen daher Leute, die zum Teil aus einem Unternehmerstall kommen. Ca. 30 % unserer Auszubildenden kommen aus Hotels, die zum Teil größer sind als wir. Oder solche, die sich in jungen Jahren vorstellen, sich selbstständig zu machen. Viele gehen ja auch in die Gastronomie, weil es da relativ leicht ist, sich selbstständig zu machen. Dadurch bin ich natürlich ein rotes Tuch für alle Hotelkonzerne. Für mich ist ein Novotel kein Hotel, sondern eine Jugendherberge für Erwachsene. Ich bräuchte Valium, um da eine Nacht zu überleben. Wie Karnickelställe sind die Zimmer angeordnet, alle sehen gleich aus. Morgens weiß man noch nicht mal, in welchem Land man ist. Uns mag nicht jeder, aber alles, was polarisiert, hinterlässt eben einen klaren Eindruck.

Frage: Mit welchen Management-Ansätzen arbeiten Sie bzw. kommen bei Ihnen zum Einsatz? Wie messen Sie, um eine Grundlage zum managen zu haben?

Kobjoll: Nun, ich habe schon ein riesen Problem mit dem Begriff managen. Management ist ein Handwerk, das ich erlernen kann wie ich schreinern lernen kann. Hier sprechen wir aber von Leadership, von führen. Und ob ich das Lernen kann, darüber streiten sich die Geister.

Womit wir wieder bei der Eingangsfrage wären, denn wenn es die Spitze des Unternehmens nicht vorlebt, dann wird CSR auch nicht funktionieren. Wir sind Stück für Stück – auch durch Marktdruck von außen – an das Thema herangeführt worden. Begonnen mit der Ökologie – wir kaufen keine genmanipulierten Lebensmittel ein, wir achten auf tiergerechte und umweltgerechte Erzeugung aller Lebensmittel, wir kaufen eben keine Tiere aus Massentierhaltung und zahlen den dreifachen Preis. Auch wenn Sie es nicht immer schmecken. Momentan habe ich einen Vorstoß gewagt und im À la carte Bereich Kalbfleisch verbannt. Dass Rinder irgendwann sterben ist uns allen klar. Aber dass man das Kalb direkt nach der Geburt von der Mutter trennt und die Kühe noch wochenlang nach ihren Kälbern auf der Wiese schreien, darüber kann man unterschiedlicher Meinung sein. All das kann der Gast im Restaurant, im Internet, in unseren Broschüren nachlesen. Das war unser Einstieg.

Dann kam über das Qualitätsmanagement der ganzheitliche Ansatz dazu. Wir haben beispielsweise alle Zimmer als Lebensräume betrachtet, angefangen mit natürlichen Materialien zu bauen oder diese einzusetzen. Wir setzen auf Energieeffizienz und haben als Benchmark die zehn energieärmsten Hotels der Schweiz, mit denen wir uns messen. Wir haben seit 15 Jahren ein eigenes Blockheizkraftwerk und denken jetzt über eine energetische Grundsanierung nach. Als letzten Schritt in diesem Prozess wollen wir uns Familienstatuten geben. Hier legen wir als Familienbetrieb schriftlich fest, welche Rechte alle Familienmitglieder haben – Leute, die ich einmal im Jahr sehe und die einen Anwalt benötigen, können beispielsweise kostenlos auf unseren Anwalt zurückgreifen. Aber haben kein automatisches Recht, Apanagen zu beziehen.

Frage: Können Sie Ihre Erfahrungen teilen, welche der von Ihnen durchgeführte CSR-Maßnahmen kein Erfolg waren, nicht in die Marke eingezahlt haben?

Kobjoll: Wenn man Fleisch aus artgerechter Haltung kauft, zahlt sich das nicht aus. Das muss man einfach mal so sagen. Und die wenigsten Gäste fragen nach, woher das Fleisch stammt. Aber mir persönlich ist das wichtig. Ja, wir kommunizieren diese Haltung und sie zahlt ein in das Gesamtkonzept. Wir stark dies von den Gästen wahrgenommen wird, ist fraglich. Sicher, eine kleine Gruppe honoriert dies und zahlt gerne mehr.

Frage: Stichwort Kommunikation – wie stark fließt CSR in Ihre interne Kommunikation hier im Schindlerhof ein, die ja eine hohe Relevanz hat, und wie stark in die externe Kommunikation?

Kobjoll: Es hat keine hohe Priorität, weil es selbstverständlich ist, fast schon wie Zähneputzen.

Frage: Verwenden Sie den Begriff bewusst nicht?

Kobjoll: Wir haben von Anfang an versucht, unser eigenes Wording zu finden und zu vermitteln. Abteilungen und Abteilungsleiter gibt es bei uns nicht, denn da kommt gleich die Schnittstellenproblematik auf. Implizit wird hier denken, handeln abgeteilt. Wir haben dafür Leistungsbereiche und Teamleader. Viele Bezeichnungen in Großunternehmen haben militärische Wurzeln, zum Beispiel der Begriff Division. Dies ist auch ein Grund, warum sich Frauen in großen Unternehmen oft unwohl fühlen. Denn was hat Kriegsführung mit Unternehmensführung zu tun? Das Wording war uns immer wichtig, auch das

Wort Personal gab es bei uns nie. Wir sprechen von Mitgliedern unseres Ensembles. Ich sehe einfach eine Parallele zwischen Showbusiness und Gastronomie, denn in den Öffnungsstunden muss eine Performance gezeigt werden, die Menschen begeistert. Daher unterscheiden wir auch ob wir on stage sind – also Kundenkontakt haben, oder backstage arbeiten. Dies alles haben wir in unserem Leitbild verankert, vieles machen wir daher intuitiv oder aus der Erfahrung heraus und daher fällt es uns gar nicht mehr auf.

Frage: CSR ist ein Leadership Thema, Sie sprechen immer von „Wir" – wer ist dieses „Wir" im Schindlerhof? Wer lebt diese Werte – Sie, Ihre Frau und Ihre Tochter?

Kobjoll: Richtig, ich würde aber auch gerade beim Thema Umwelt die Auszubildenden mit dazu nehmen. Die heute 19jährigen sind hier viel sensibler als meine Generation. Zwei Beispiele: Ich habe vor gut 20 Jahren in Berlin in einem mexikanischen Restaurant wertige Papiertischdecken entdeckt, auf denen die Gäste gemalt haben, manche haben Verträge darauf abgeschlossen. Das wollte ich auch im Schindlerhof einführen. Da kamen dann meine Auszubildenden und lehnten den Vorschlag ab, weil zu viel Papier verschwendet werden würde. Das habe ich natürlich akzeptiert. Oder einmal kam ich zurück aus dem Savoy in London. Dort hatte ich eine Suite mit Blick auf den Big Ben und einen brennenden offenen Kamin beim Einchecken. Nun haben wir einige Erdgeschoßzimmer, bei denen wir ohne große Kosten offene Kamine hätten einbauen können. Wieder kamen die Auszubildenden und lehnten den Vorschlag ab mit der Begründung, dass man den Zeitpunkt des Eincheckens nicht genau bestimmen, also der Kamin viel zu lange brennen könnte und entsprechend Energie verschwendet würde. Die jungen Leute würde ich als noch wichtiger empfinden als die Führungskräfte selber.

Frage: In der Umsetzung ja, verstanden, aber auch in der Gestaltung?

Kobjoll: Ja unbedingt. Unser KVP – der kontinuierliche Verbesserungsprozess – läuft bei uns sehr sehr gut. Wir erhalten 600–800 schriftliche Verbesserungsvorschläge pro Jahr von einem 70köpfigen Team. Die Umsetzungsquoten liegen bei 70–80 % jedes Jahr. Hier spiegelt sich auch unser Wertekonzept wider.

Frage: Würden Sie dann sagen, dass CSR, wenn es im Unternehmen gelebt wird, vom Leadershipthema zum breiten Thema des ganzen Hauses werden kann – quasi als nächster Schritt?

Kobjoll: CSR ist Teil der Unternehmenskultur und für mich ist Unternehmenskultur kollektives Bewusstsein. Aber da muss man einen langen Atem haben. Zunächst ist Unternehmenskultur inklusive CSR Design, es ist im Kopf anzusiedeln. Ich rede aber von „Sein", es muss also von der Kopfebene in die Herzensebene transformiert werden. Es muss zum Schwingen gebracht werden, erlebbar, spürbar gemacht werden. Und zwar für alle Stakeholder. Schon beim Betreten des Hofes, spätestens aber nach 30 min sollte jeder es spüren, dass wir hier anders ticken. Dass Dinge hier anders geregelt sind und wir anders miteinander umgehen. Das wird uns auch immer bestätigt.

Frage: Schafft man das alles alleine?

Kobjoll: Nein, zu zweit geht es immer besser. Ich habe seit 39 Jahren meine Frau an meiner Seite, die eigentlich das Unternehmen immer schon geführt hat, später gemeinsam mit unserer Tochter. In meinem Organigramm stand schon immer „Unternehmensentwicklung". Ich sehe mich verantwortlich für Impulse, die Wachstum bringen, für Marketing und Innovation. Aber nicht für das Tagesgeschäft.

Frage: Wie würden Sie das Markenerleben im Schindlerhof umschreiben?

Kobjoll: Machen wir es fest am Beispiel eines Espressos – zwei Regeln sind wichtig zum Aufbau einer Marke: Starre Regeln – das hatte ich schon erwähnt. Wir haben eine Preisgarantie von Anfang an, jeder zahlt den gleichen Preis. Und das zweite: Wir schließen immer von der Kundschaft auf die Marke. Deshalb haben wir uns von Anfang an spezialisiert auf individualreisende Geschäftsleute. Wir sind keine eierlegende Wollmilchsau, wir hatten noch nie einen Reisebus vor der Tür, denn das ist das sichere Zeichen für Apparatemedizin. Der Patient zuckt noch und verlängert seinen Leidensweg. Wir arbeiten nicht mit Tour-Operatern zusammen, von denen die Hotellerie heutzutage größtenteils lebt. Sicher ist das teilweise ein schwieriger Weg, wenn Großkunden Kostenmanagement betreiben und Preise vorgeben wollen. Wenn diese Gefahr laufen, wegzubrechen, ist es hart. Aber unsere Preisgarantie gehört zum Markenkern und darf nicht aufgegeben werden.

Frage: Den Weg, den Sie mit Ihrem ganzheitlichen Konzept eingeschlagen haben, war von Beginn an ein steiniger?

Kobjoll: Ja, und die Branchenkollegen haben mir die ersten zehn Jahre die Pest in die Kasse gewünscht und gewartet, wann ich Pleite gehe. Inzwischen wird mein Weg akzeptiert und alle Kollegen, auch die der großen Ketten und Häuser, waren alle schon in meinen Seminaren. Mein Weg wird auch häufig kopiert. Aber eines war mir auch von Anfang an klar – ich kann Menschen nicht per se motivieren. Ein Mensch hat einen inneren Antrieb, die intrinsische Motivation. Da greife ich auf die Psychologie zurück, auf die Polarität zwischen Trieb und Reiz. Die meisten Menschen sind reizgesteuert. Triebgesteuerte Menschen stehen morgens auf und suchen ihre tägliche Challenge. Hier habe ich viel von Reinhard Sprenger gelernt. Diese triebgesteuerten Menschen brauchen wir im Schindlerhof und die müssen gleich im Anstellungsgespräch herausgefiltert werden. Heute schaffen wir das zu 80–90 %.

Frage: Sind das Ziel 100 %?

Kobjoll: Naja, es gibt Bereiche wie in der Spülküche oder bei den Zimmermädchen, da beißt man sich die Zähne aus.

Frage: Gibt es Schlüsselpersonen im Unternehmen neben Ihnen, Ihrer Frau und der Tochter?

Kobjoll: Unsere fünf Teamleader. Und jeder ist in seiner Position besser, als ich es je gewesen bin oder sein könnte.

Frage: Alle selber ausgebildet?

Kobjoll: Homegrown sind mir die Liebsten. Ausbildung im Schindlerhof gemacht, dann Auslandspraktikum oder Erfahrungen an anderen Orten gesammelt und schließlich als Führungskraft wiedergekommen. Führungskräfte aus anderen Unternehmen haben es bei uns sehr schwer mit unserer sehr eigenen Kultur. In den ersten Wochen schütteln sie nur den Kopf und denken, dass muss ne Sekte sein.

Frage: Sie bieten Ihren Mitarbeitern an, zu Mit-Unternehmern zu werden.

Kobjoll: Ja, ich fördere ganz klar Empowerment, halte aber nichts von Beteiligungen. Und ich gehe auch soweit, dass wir regelmäßig den Fehler des Quartals oder des Halbjahres wählen und uns bei demjenigen mit einem Glas Champagner für seinen Mut bedanken, den Fehler gemacht zu haben. Sicher, dazu braucht man viel Vertrauen, wir pflegen dieses Ritual seit gut zehn Jahren. Mein erster geistiger Mentor ist Tom Peters, von ihm habe ich den Satz „Bestrafen Sie mittelmäßige Erfolge, belohnen Sie fulminante Fehlschläge". Soweit traue ich mich nicht zu gehen, aber er hat natürlich Recht. Die Leute, die wirklich den Mut haben, etwas Innovatives auszuprobieren, die bringen erstens Schwung in die Bude, und nur die können auch den Innovationsprozess befördern.

Frage: Kann man sich im Schindlerhof weiterbilden?

Kobjoll: Ja, es gibt sogar Pflichtseminare: die Schindlerhof-Philosophie, ISO-Zertifizierung, Qualitätsmanagement. Der Hintergedanke ist simpel – die neuen Mitarbeiter sollen im ersten Jahr, am besten schon im ersten Halbjahr spüren, wie wir ticken.

Frage: Wie kann ich mir diese Seminare dann vorstellen?

Kobjoll: Im Schindlerhof-Philosophie Seminar stellen wir unser Leitbild nicht einfach vor, wie erläutern es, zeigen, wie es in der Praxis funktioniert, welche Ziele wir bei der Arbeit verfolgen. Was uns ausmacht und wo die Unterschiede zwischen uns und anderen liegen. Ich zeige nur aus der Vogelperspektive den großen Überbau, die Feinarbeit leisten die Führungsmitarbeiter in den jeweiligen Bereichen.

Frage: Warum halten Sie dieses Seminar? Das könnten ja auch die Führungsmitarbeiter übernehmen.

Kobjoll: Jede Minute, die ein Unternehmer mit seinen Mitarbeiter verbringt, ist besser investiert als mit einem Kunden. Davon bin ich felsenfest überzeugt. 85 000 Gäste kann ich nicht pampern, aber 70 Mitarbeiter schon und ihnen kann ich meinen Spirit weitergeben.

Frage: Welche Relevanz hat CSR denn bereits heute für Sie in der Markenkommunikation?

Kobjoll: Wenn man heute beispielsweise wie Schlecker grob gegen die sozialen Verantwortung verstößt, dann wirkt das direkt negativ. Vieles bleibt aber nach wie vor unter der Oberfläche, also nicht sichtbar für den Kunden. Im Marketing ist aber das Wichtigstes „just in time", CSR ist noch nicht „just in time" aber man muss vorbereitet sein, um dann „just in time" alles parat zu haben. Momentan hat es aber in der externen Kommunikation noch keine hohe Priorität.

Frage: Wie manage ich Software, ein Wertekonzept?

Kobjoll: Erstens gibt es ein Talent, dass man nicht lernen kann und auf das wir im Einstellungsverfahren sehr achten, und das ist Empathie. Empathische Menschen können mitfühlen, mitleiden, wenn etwas schief läuft, sie kommunizieren gern, sie sind neugierig auf andere Schicksale – und das kann man nicht lernen. Mitarbeiter, die am Empfang sind oder direkt mit unseren Gästen in Kontakt stehen, werden danach ausgewählt.

Als zweites haben wir eine Herzlichkeitsbeauftragte. Da sind wir das erste deutsche Unternehmen, vielleicht sogar weltweit. Bereits in ihrer Ausbildung ist uns aufgefallen, dass sie hier ein besonderes Talent hat. Das haben wir dann mit Weiterbildungsmaßnahmen gefördert und nun hilft sie neben ihrem normalen Job anderen, insbesondere den jüngeren Mitarbeitern dabei, ihren eigenen Duktus, ihren eigenen Stil im herzlichen Umgang mit den Kunden zu finden. Ganz konkret nimmt sie dann mal einen Kollegen beiseite, wenn ihr etwas aufgefallen ist, und versucht seinen Umgang, seine Kommunikation, seinen Auftritt zu verbessern. Ganz wichtig dabei – wir haben kein Service-Design. Es gibt nichts Vorgeschriebenes, Vorformuliertes. Dann bräuchte ich Schimpansen mit Bananen als Mitarbeiter. Mir geht es darum, dass unsere Herzlichkeitsbeauftragte gemeinsam mit dem Mitarbeiter den besten Weg findet, der zu seiner Persönlichkeit, zu seinem Stil am besten passt. Es gibt nur grobe Richtlinien, die die Mitarbeiter selbst entwickeln. Dito bei der Arbeitskleidung. Im Restaurant haben beispielsweise alle entscheiden, ganz in Schwarz gekleidet zu arbeiten. Das machen alle wie sie lustig sind, da halte ich mich völlig raus.

Frage: Herzlichkeitsbeauftragte ist ja ein starkes Wort, ein starker Begriff. Kommunizieren Sie dies?

Kobjoll: Bisher nur in meinen Seminaren, die natürlich ein guter Multiplikator sind. Viele Seminarteilnehmer sind Hotel- oder zumindest Restaurantkunden. Doch zunächst ist es eine interne Angelegenheit, um die erlebbare Servicequalität noch etwas zu steigern. Auch mit dem Ziel, noch mehr Kicks, mehr Emotionen heraus zu kitzeln.

Frage: Und warum nutzen Sie es nicht in der externen Kommunikation?

Kobjoll: Ich würde gerne alles einsetzen, aber nicht alles eignet sich. Und die Kunden sind beim Thema CSR noch nicht so weit, wie wir es uns wünschen. Die Auszeichnung des Schindlerhofs mit dem European Quality Award, der höchsten europäischen Qualitätsauszeichnung, lässt sich nur schwer bis gar nicht erfolgreich verwenden. Aber die Auszeichnung „Great Place to work" wiederum ist emotional aufgeladen und damit kommen wir sogar in die Zeitschrift impulse.

Frage: „Nur was man messen kann, kann man auch managen" heißt es oft. Wie halten Sie es mit der Evaluation?

Kobjoll: Vieles kann ich messen. Herzlichkeit zum Beispiel nicht. Wir reporten und controllen wo sinnvoll und weiterführend. Reporten hat ja auch ein stark motivierendes Momentum: Wenn meine Mitarbeiter sehen, dass unsere Energiesparmaßnahmen uns im Benchmarking voranbringen, dann wird dies als sehr zufriedenstellend empfunden. Das trägt ganz klar zur Stolzkultur bei.

Aber wir betrachten alle Ansätze kritisch. Was nach sechs Monaten nach Einführung sich nur als bürokratischer Akt entpuppt und keinen Mehrwert hat, wird wieder abgeschafft.

Frage: Wie wichtig sind dann Auszeichnungen?

Kobjoll: Für die Stolzkultur sind sie enorm wichtig. Auch, um einen Mythos und nicht zuletzt eine starke Arbeitgebermarke aufzubauen. Jede Auszeichnung hilft enorm, dass wir noch mehr Initiativbewerbungen erhalten. Der Vertriebsweg muss ein Kapilarsystem sein. Man stellt sich hin und sagt „Product find you market, attraction sells". Das gleiche gilt für die Arbeitgebermarke.

Herr Kobjoll, herzlichen Dank für das Interview.

Salus – Naturarzneimittel-Hersteller zwischen Tradition und Moderne

Otto Greither

Zusammenfassung

Die Marke Salus ist ein Beispiel, dass Prinzipientreue sich langfristig lohnt. Der Naturarzneimittelhersteller in Familienbesitz liefert seit 98 Jahren Produktinnovationen, erhält dafür nationale Auszeichnungen und lebt seit Gründung die Philosophie, dass nicht allein der Unternehmensgewinn zählt, sondern auch der Weg, auf dem man ihn erreicht. Die Verbindung von Haltung mit Erfolg ist entscheidend.

Der Megatrend „Gesundheit" erreicht mehr und mehr Bevölkerungsgruppen und sensibilisiert diese. Ein sensibler Kontext, in dem Glaubwürdigkeit und Vertrauen die Währung sind. Wie dies in sich wandelnden Märkten, veränderten Vertriebswegen und im wachsenden Markenartikelwettbewerb heute realisiert werden kann, zeigt der Beitrag auf.

Salus ist das beste Beispiel dafür, dass Prinzipientreue sich langfristig lohnt. Nach fast 70 Jahren in der Geschäftsleitung sagt Otto Greither, der Geschäftsführende Gesellschafter des erfolgreichen Traditionsunternehmens dazu: „Die Werte, für die wir stehen, haben sich seit unserer Gründung nicht verändert. Und sie werden das auch in Zukunft nicht tun. Unser Streben war und bleibt es, die Gesundheit und das Wohl der Menschen in einem ganzheitlichen Sinn zu fördern. Getreu unserem Motto ‚Der Natur verbunden, der Gesundheit verpflichtet' machen wir keine Kompromisse hinsichtlich der Qualität unserer Produkte und unserer Produktionsweisen. Denn für uns zählt nicht allein der Unternehmensgewinn, sondern auch der Weg, auf dem wir ihn erreichen. Die Verbindung von Haltung mit Erfolg – das ist es, was Salus zu einem ganz besonderen Unternehmen macht: gestern, heute und auch morgen" (Abb. 1).

O. Greither (✉)
SALUS Haus, Bahnhofstraße 24, 83052 Bruckmühl, Deutschland
E-Mail: info@salus.de

A.-K. Kirchhof, O. Nickel (Hrsg.), *CSR und Brand Management*, Management-Reihe 153
Corporate Social Responsibility, DOI 10.1007/978-3-642-55188-8_12,
© Springer-Verlag Berlin Heidelberg 2014

Abb. 1 Otto Greither, Inhaber der Salus-Gruppe

1   Gründungsgedanke und Unternehmensgeschichte

Der Name ist Programm: Salus – Gesundheit für den Menschen und Wohlergehen für die Natur! Nach Kriegsende wollte der junge Otto Greither 1945 eigentlich Medizin studieren. Der plötzliche Tod seiner Mutter zwang ihn, stattdessen die Leitung des Familienunternehmens zu übernehmen – im Alter von 20 Jahren.

Sein Vater, Otto Greither, eröffnete 1892 nach seinem Medizinstudium eine Praxis in München. Aufgrund einer eigenen schweren Krankheit begann er bald, die Ursachen für Erkrankungen des menschlichen Körpers zu erforschen. Als er erkannte, dass zahlreiche gesundheitliche Beeinträchtigungen ihren Ursprung in Störungen des Verdauungstraktes haben, entwickelte der Mediziner für deren natürliche Behandlung die „Salus Kur". Diese entschlackende Mischung aus dem so genannten Münchner Kräutertee und verschiedenen Ölen wurde sogleich erfolgreich angewandt – und die Basis des bekannten Naturarzneimittel-Unternehmens.

Schon 1916 begann Dr. med. Otto Greither, seine Naturheilmittel selbst zu produzieren. Er gründete in München das erste „Salus-Werk". Zunächst waren im Programm nur Produkte, die für die „Salus-Kur" benötigt wurden: Münchner Kräutertee, Heilmoor, Heilerde, Greitherna-Tabletten, ein spezielles Salus-Öl und der Bauchschnellgürtel – dem er ein eigenes Büchlein widmete.

Abb. 2 Eines der ersten Salus-Reformhäuser

Die Salus-Häuser wurden zu Reformhäusern Bald jedoch umfasste das Angebot des Salus-Werkes bereits eine umfangreiche Produktpalette.

Dr. Greither verkaufte in einem der ersten Reformhäuser Deutschlands, in der Münchner Rosenstraße, Kräutertees, Tonika, Vitamin-Kapseln, Kräuter-Dragees und Arzneikräuter-Tropfen. Es folgten „Salus Häuser" am Hamburger Jungfernstieg und in der Münchner Maximilianstraße. 1927 unterhielt das Salus-Werk bereits 26 eigene Verkaufs- und Auskunftsstellen zwischen München und Kiel, Essen und Breslau.1928 gab es bereits 50. Später entwickelten sich daraus Reformhäuser (Abb. 2).

Sein Tod im Jahr 1930 zwang die Witwe des Arztes, die Leitung des Unternehmens zu übernehmen. Sie meisterte diese Aufgabe überaus erfolgreich bis die Produktionsstätten 1943 durch einen Bombenangriff vollständig zerstört wurden. Als auch sie zwei Jahre später starb, fiel ihrem 20-jährigen Sohn Otto, unmittelbar nach seiner Rückkehr aus dem Kriegsdienst, die Aufgabe zu, das Familienunternehmen wieder aufzubauen.

Der junge Mann war geradezu erfüllt von dem Wunsch, das Erbe seines Vaters zu bewahren und den Reformgedanken auch künftig weiter in die Welt zu tragen. Noch heute erinnert der Geschäftsführende Gesellschafter des Unternehmens sich daran, wie er vor fast 70 Jahren mit dem Fahrrad vom heimischen Tegernsee auf der leeren Autobahn nach München fuhr und in München die ausgebombte Fabrik vorfand. Unter schwersten Bedingungen gelang es Otto Greither tatsächlich, am ursprünglichen Standort wieder eine funktionsfähige Naturarzneimittel-Produktionsstätte zu errichten. „Ich hatte keine andere Wahl und habe es bis heute nicht bereut", sagt er rückblickend noch heute, im Jahr 2013.

Das Unternehmen wächst – die Vision bleibt Im Jahr 1960 erwarb Salus die „Floradix Arzneimittel-Fabrik" Wiesbaden, die im Laufe der Jahre voll integriert werden konnte und dem Naturarzneimittel-Hersteller eines seiner erfolgreichsten Produkte bescherte. Aufgrund des wachsenden Bedarfs an Produktionsstätten kehrte das Unternehmen München 1968 den Rücken und zog mitsamt seinen 100 Mitarbeitern ins weitläufige ländliche Bruckmühl, um dort problemlos expandieren zu können.

Mit annähernd 400 Mitarbeitern und einem Jahresumsatz von 100 Mio. € gehört Salus heute zu den Marktführern der Reformwaren-Branche. Als einer von wenigen Naturarzneimittel-Herstellern in Europa deckt das Unternehmen den gesamten Herstellungsprozess konsequent selbst ab – von der Saat über die Ernte bis hin zur Verarbeitung, Abfüllung und Verpackung.

Die Salus-Gruppe besteht aus den drei Einzelfirmen SALUS Haus, Schoenenberger und SALUS Pharma. Alle drei Firmen verfügen über jahrzehntelange Erfahrung in der Heilmittelbranche.

Seit Schoenenberger 1991 Teil der Salus-Gruppe wurde, ergänzen sich die Firmen nicht nur erfolgreich in ihrem Know-How und der Erfahrung in der Herstellung von Phytotherapeutika. Sie wurden auch zu wichtigen Impulsgebern im Bereich von Bioanbau, Heilpflanzenforschung und Technologie-Entwicklung.

Das Traditionsunternehmen Schoenenberger wurde bereits 1927 in Magstadt bei Stuttgart gegründet. Der gleichnamige Schweizer Apotheker und Naturforscher Walther Schoenenberger galt als ein Pionier der Kräuterheilkunde und machte es zu seiner Lebensaufgabe, die Vorzüge natürlicher Heilmittel gegenüber chemischen Wirkstoffen zu betonen. Seinem jahrzehntelangen Engagement ist es letztlich zu verdanken, dass die „Presssäfte aus frischen Pflanzen" 1961 offiziell als Naturheilmittel in das deutsche Arzneimittelgesetz aufgenommen wurden.

Heute gilt Schoenenberger als der bedeutendste Hersteller von Frischpflanzen-Presssäften in Deutschland. Das aktuelle Sortiment umfasst mit mehr als 35 Säften ein beeindruckendes Angebot zur Vorbeugung, Linderung und Heilung vielfältiger Beschwerden. Weitere bekannte Schoenenberger-Produkte sind neben den bekannten Olbas-Tropfen aus ätherischen Ölen auch Müslis, Sojaprodukte, Essige und eine Haarpflege- und Naturkosmetikserie.

SALUS Pharma ist zwar deutlich jünger als Salus und Schoenenberger, vertreibt aber auch bereits seit mehr als 30 Jahren Naturarzneimittel im Apothekenmarkt.

2 Marktpositionierung, Produkte & Sortiment

Dem Reformhaus verbunden – nicht nur aus Tradition Salus-Produkte werden in Apotheken, Reformhäusern und Naturkostgeschäften vertrieben und in mehr als 60 Länder in aller Welt exportiert. Nicht nur aus historischen Gründen bekennt die Salus-Gruppe sich ganz eindeutig zum Reformhausmarkt. Die Reformhäuser sind bis heute starke und verlässliche Vertriebspartner des Naturarzneimittel-Herstellers und finden auch beim Verbraucher im Bereich der frei verkäuflichen Arzneimittel immer mehr Akzeptanz. Da die Zahl der Reformhäuser jedoch stark rückläufig ist, gewinnen auch der Apothekenmarkt und der Naturkosthandel zunehmend an Bedeutung.

Ein breites Sortiment für ein rundum gesundes Leben Salus steht für ein breites Produktsortiment von außergewöhnlich hoher Qualität. Insgesamt bietet der Naturarzneimittel-Hersteller rund 1.500 verschiedene Artikel an, zu denen Arznei-, Kräuter- und Gewürztees ebenso gehören wie Heilpflanzen, Küchenkräuter und Kräuterbonbons, Tonika und Tropfen sowie Elixiere und viele weitere Produkte. Die Qualitätsansprüche des Unternehmens sind höher als die gesetzlich vorgeschriebenen. Alle Produkte von Salus – auch die Lebensmittel – werden daher nach den strengen Kriterien der Arzneimittelgesetze geprüft.

Zu den bekanntesten Produkten gehören das Eisentonikum Kräuterblut®-Floradix®, Multi-Vitamin-Energetikum, Darm-Care, Protecor Herz-Kreislauf-Tabletten, der Markenklassiker Olbas® Tropfen sowie die Frischpflanzen-Presssäfte von Schoenenberger.

Neben ihrer guten Bekömmlichkeit zeichnet die Salus-Produkte aus, dass sie auf Basis laborkontrollierter Rohstoffe – wo irgend möglich in Bio-Qualität – und unter Verzicht auf gentechnisch erzeugte Rohstoffe, Konservierungsstoffe und künstliche Aromen produziert werden. Bis hin zu den umweltfreundlichen Verpackungen, Glas- statt Plastikflaschen und geknoteten statt mit Metallklammern verschlossenen Teebeuteln, zeigt sich das konsequente Bekenntnis des Unternehmens zu ökologisch verträglichen Produktionsweisen.

Das Salus Bio-Siegel Jene Produkte, die das Salus Bio-Qualitäts-Siegel tragen, genügen demnach noch strengeren Anforderungen als solche, die mit dem staatlichen Bio-Zeichen versehen sind. Das Salus Bio-Siegel garantiert die Herkunft aller pflanzlichen Zutaten aus ökologischem Landbau und zusätzlich eine sorgfältige Kontrolle der Rohstoffe im hauseigenen Labor auf Schadstoffe, z. B. Schwermetalle und Pestizide, die weit über die gesetzlichen Vorgaben hinausreicht.

3 Produktqualität

3.1 Rohstoffe

Der Lieferant ist die Natur Ein Arznei- oder Lebensmittel ist immer nur so gut wie die Rohstoffe, die es enthält. Deshalb legt Salus allergrößten Wert auf die sorgfältige Auswahl seiner Rohstoffe und setzt bevorzugt solche ein, die aus kontrolliert ökologischem Anbau stammen. Der Firmengründer Dr. med. Otto Greither sprach sich schon vor rund 80 Jahren in seinen Veröffentlichungen für den so genannten organisch-dynamischen Landbau aus – ohne Kunstdünger und Chemie. Nach diesen Prinzipien ließ er bereits in den 1930erJahren nördlich von München Heilkräuter erzeugen.

Ähnliche Pionierarbeit leistete auch der „Pflanzensaft-Erfinder" Walther Schoenenberger, der 1928 die Gärtner rund ums schwäbische Magstadt in schwierigen Verhandlungen erst überreden musste, Pflanzen wie z. B. Löwenzahn und Brennnesseln anzubauen, die damals als „Unkraut" galten. Heute arbeitet dort bereits die dritte Generation mit ihrer ganzen Erfahrung im ökologischen Heilpflanzen-Anbau.

Regionaler Vertragsanbau – aus Magstadt direkt in die Flasche Die Bio-Rohstoffe für die Frischpflanzenpresssäfte von Schoenenberger werden zu einem großen Teil direkt in Magstadt und Umgebung angebaut, wo die Salus-Gruppe sehr eng mit den Landwirten und Gärtnereien zusammenarbeitet.

Einige Rohstoffe, wie zum Beispiel Weißdornblätter und -blüten, stammen aus kontrollierter Wildsammlung, was bedeutet, dass die Pflanzen direkt an ihrem natürlichen Wuchsort gesammelt werden. Durch festgelegte Sammelkontingente und eine strenge behördliche Überwachung wird gewährleistet, dass das empfindliche Gleichgewicht der oftmals vielfältigen und artenreichen Lebensräume nicht gestört wird.

Die zweite Heimat liegt in Chile Bis ins Jahr 1986 bezog Salus sehr viele Arzneikräuter aus osteuropäischen Ländern. Dann kam die verheerende Umweltkatastrophe von Tschernobyl – und mit ihr die Erkenntnis, dass es in Europa immer schwieriger werden würde, ökologisch einwandfreie, unbelastete Rohstoffe zu erhalten. Salus hat daher begonnen, seine Heilpflanzen außerhalb Europas selbst zu kultivieren und zu züchten. Die Salus Bio-Farm in Chile bietet neben idealen klimatischen Verhältnissen den Vorteil, dass weder Atomkraftwerke noch Schwerindustrie in der Nähe sind. Die Böden wurden nie intensiv bewirtschaftet und sind somit frei von künstlichen Düngern, Pflanzenschutz- und Unkrautbekämpfungsmitteln.

Mehr als 100 Heilpflanzen und Gewürzkräuter und sogar vom Aussterben bedrohte Pflanzen wie der Gelbe Enzian werden – streng nach den Prinzipien der EU-Bio-Verordnung – auf den nahezu 600 H großen Flächen der Salus-Bio-Farm bei Villarrica kultiviert (Abb. 3).

Förderprojekte in aller Welt – zum Wohle kommender Generationen Die Salus-Gruppe fördert aber auch spezielle Produkte in aller Welt: So z. B. den Jatamansi-Wurzel-Anbau durch Kleinbauern in Nepal, Bio-Schwarztee-Erzeugung in Asien, den Heilkräuter-Anbau in Westafrika und die Teufelskralle-Aufzucht in Namibia. Abnahme-Verträge garantieren den Einheimischen ein gesichertes Einkommen.

Darüber hinaus gibt es in der Gegend um den Firmensitz im oberbayerischen Bruckmühl Versuchsfelder zur Saatgut-Gewinnung von besonders widerstandsfähigen und wirkstoffreichen Mutterpflanzen. Innerhalb der Salus-Gruppe arbeiten Diplom-Landwirte, Agrar-Ingenieure, Biologen, Chemiker und Pharmazeuten Hand in Hand an der Inkulturnahme von Wild-Pflanzen, die in der „Roten Liste" erfasst sind und deshalb dem Artenschutz unterliegen.

Abb. 3 SALUS-Farm vor dem
Villarrica in Chile

So investiert die Salus-Gruppe gezielt und verantwortungsvoll, um Artenschutz und Rohstoffgewinnung im Einklang mit der Natur zu unterstützen und auf diese Weise die genetische Vielfalt der Natur bewusst zu fördern und für kommende Generationen zu erhalten.

3.2 Produktionsabläufe

In der Produktion herrscht Perfektion Die Salus-Gruppe gehört zu den wenigen Unternehmen, bei denen die Heilpflanzen-Zuchtauswahl, der Anbau, die Ernte, die Labor-Kontrollen und auch die Produktion in den eigenen Händen liegen. Schon nach der Ernte wird eine kleine Kräutermenge im eigenen Labor nach den strengen Salus-Standards untersucht, die weit über den gesetzlichen Vorschriften liegen. Die Prüfung erfolgt auf Identität, Wirkstoffgehalt und Reinheit, wobei es um eventuelle chemische Spritzmittel-Rückstände, Schwermetall- oder Radioaktivitäts-Belastungen sowie um möglichen Befall mit Krankheitserregern geht. Erst wenn das Muster alle Voraussetzungen erfüllt, darf die Gesamtmenge angeliefert werden.

Um die geernteten Pflanzen auf möglichst natürliche Weise von Schädlingen zu befreien, werden sie mit CO_2 aus natürlicher Quellkohlensäure bei 15 Bar Druck behandelt. Anschließend werden sie durch eine automatische, optomechanische Sortieranlage, die erste weltweit ihrer Art, verlesen. Schonende Herstellungsverfahren sollen einen besonders hohen Wirkstoffgehalt der Salus-Produkte garantieren.

4 Nachhaltigkeitsbereiche und Aktivitäten

4.1 Soziales und gesellschaftliches Engagement

Ausbildung wird bei Salus groß geschrieben Salus bildet junge Menschen in neun verschiedenen Ausbildungsbereichen aus. Von mehr als 170 Azubis, die seit 1974 dort eine Ausbildung durchlaufen haben, konnten mehr als 80 % übernommen werden. Otto Greither erklärt dazu: „Unsere Firmenphilosophie ‚Der Natur verbunden. Der Gesundheit verpflichtet‘ spricht auch die Jugend sehr an. Wir bieten unserem motivierten Nachwuchs nicht nur eine fundierte Ausbildung, sondern auch Perspektiven für eine vielfältige und spannende berufliche Zukunft". Außerdem offeriert das Unternehmen ein großes Angebot an Praktikumsplätzen und Diplomarbeiten.

Gelebtes Miteinander Salus versteht sich als lebendiges soziales Geflecht. Von den vielen Sozialleistungen, die den Mitarbeitern gewährt werden, ist vor allem der Zuschuss zu den Kinderbetreuungskosten hervorzuheben. Auch der rege Austausch der Mitarbeiter wird durch vielfältige gemeinsame Aktivitäten gefördert.

Verbundenheit mit der Region Zahlreiche soziale Projekte in der Region und viele örtliche Vereine werden finanziell und mit Sachspenden von Salus unterstützt. Erst im Sommer 2013 gab der Naturarzneimittel-Hersteller ein beeindruckendes Beispiel gelebter Solidarität. Die großzügige Spende des Unternehmens von 80.000 € für die Opfer der Hochwasserkatastrophe im Landkreis Rosenheim kommentierte der Firmenchef mit den schlichten Worten: „Es zählt der Mensch – und in Krisen wie diesen gibt es zur Solidarität keine Alternative".

Das Auwald Biotop – Pfad in eine vergessene Welt? In unmittelbarer Nachbarschaft des Firmengeländes im oberbayerischen Bruckmühl erstreckt sich direkt am Ufer des idyllischen Gebirgsflusses Mangfall das sehenswerte Salus Auwald-Biotop. Otto Greither hat das Auwald-Grundstück 1995 erworben und es sich zur Aufgabe gemacht, einen der letzten natürlichen Auwälder in der Umgebung für die Nachwelt zu erhalten. Ein abwechslungsreicher Lehrpfad führt durch den Auwald mit seinen zahlreichen Tier- und Pflanzenarten. Abseits der Wege ist die Natur weitgehend sich selbst überlassen und stellt für Tiere und Pflanzen eine wertvolle Rückzugszone dar. Umgestürzte Bäume bleiben als Totholz liegen und bieten zum Beispiel Insekten und Pilzen einen wichtigen Lebensraum. An seinem 75. Geburtstag machte Otto Greither sein Auwald-Biotop für die Öffentlichkeit zugänglich und sagte: „Man sollte nie vergessen, wie es mal war und woher man kommt".

Gesundheitserziehung: „Salus Kräutergarten" für Münchner Lichtblick-Kinder Im März 2010 spendierte der Naturarzneimittel-Hersteller der Fördereinrichtung „Lichtblick Hasenbergl" im Norden Münchens den „Salus Kräutergarten". In dem weitläufigen Riech-, Schmeck-, Fühl- und Nutzgarten können die Kinder der Einrichtung ihre Kräuter und

Pflanzen seither selbst pflanzen, pflegen und ernten. So lernen sie spielerisch die Natur, Vitamine und gesunde Nahrung kennen. Gerade bei Kindern aus sozial benachteiligten Familien kommt eine ausgewogene Ernährung oft zu kurz. Im „Lichtblick Hasenbergl", wo mehr als 70 Kinder bis zum Eintritt ins Berufsleben begleitet werden, hat gesundes Essen daher einen ganz großen Stellenwert.

Salus will die Fördereinrichtung bei ihrer fundierten Gesundheitserziehung gezielt unterstützen. „Schon im Kindesalter ein Gefühl für die Natur und die richtige Ernährung zu wecken, ist uns ein besonderes Anliegen. Die Kinder müssen erleben wie sie ihre Lebensqualität selbst beeinflussen können, wenn sie schon früh auf ihre Gesundheit Acht geben", erklärt Firmenchef Otto Greither und finanziert daher alljährlich die Pflanzaktion, den Ausflug der Kinder ins Auwald-Biotop und den Kräuterkochkurs zur Verarbeitung der Ernte.

Der Salus-Medienpreis Anlässlich seines 85. Geburtstages erfüllte Otto Greither sich 2010 einen persönlichen Herzenswunsch. Als passionierter Pionier der Naturschutzbewegung hatte er sich seit jeher gegen die Patentnahme von Genen ausgesprochen und gentechnikfreie Lebens- und Arzneimittel gefordert. So stiftete er den „Salus-Journalistenpreis" für eine kritische Berichterstattung zu den Folgen der Agro-Gentechnik. Als Naturarzneimittel-Hersteller bezieht Salus damit eindeutig Position gegen den Einsatz der Agro-Gentechnik und jegliche Verwendung von Rohstoffen dieser Herkunft.

Drei Jahre lang wurden preiswürdige journalistische Beiträge zum Thema ausgezeichnet ehe der „Salus-Journalistenpreis" 2013 zum „Salus-Medienpreis" ausgedehnt wurde. „Mit dieser Erweiterung will ich engagierte Journalisten und auch Publizisten dazu anregen, nicht nur die Agro-Gentechnik weiterhin im Auge zu behalten, sondern auch der Frage nachzugehen, inwieweit eine ökologische und gentechnikfreie Landwirtschaft neue Chancen für eine umweltverträgliche Produktion gesunder Nahrungsmittel eröffnet. Ich hoffe auf Einsendungen, die auch ganz deutlich zeigen, welche Vorstellung die Menschen heute von einem nachhaltigen Umgang mit der Natur und einer gesunden Lebensweise haben", erläutert der engagierte Stifter dazu (Abb. 4).

Salus fördert Wertebewusstsein Salus ist außerdem Mitglied der Assoziation ökologischer Lebensmittelhersteller e. V. (AoeL). Die AoeL ist ein Zusammenschluss von Verarbeitungsunternehmen der Lebensmittelwirtschaft, die ökologische Lebensmittel herstellen und hat sich zum Ziel gesetzt, den Umwelt- und Verbraucherschutz unter Berücksichtigung ökologischer Gesichtspunkte, das Wertebewusstsein für Lebensmittel und das Wissen über Qualität und Sicherheit von ökologischen Lebensmitteln zu fördern.

Salus – eine durch und durch grüne Firma Schon seit 1968 erzeugt das SALUS Haus die bei der Produktion benötigte Energie selbst durch Wasserkraft. Heute werden im SALUS Haus jährlich ca. 2.290.000 kWh Strom in eigenen Anlagen umweltfreundlich erzeugt. Das entspricht rund 70 % des Strombedarfs am Produktionsstandort. Um auch den restlichen Bedarf zu decken, wurden im Frühsommer 2011 zusätzlich zwei Photovoltaik-Anlagen an

Abb. 4 Im Schulterschluss für eine lebenswerte Zukunft: Otto Greither, der Stifter des Salus-Medienpreises. Mascha Kauka, die Gründerin und Leiterin der Stiftung AMAZONICA. Michael Märzheuser, der geschäftsführende Gesellschafter der Märzheuser Kommunikationsberatung, Dr. Felix Prinz zu Löwenstein, Vorstandsvorsitzender des Bundes Ökologische Landwirtschaft bei der Preisverleihung 2012

der Fassade und auf dem Dach der Lagergebäude in Betrieb genommen. Auch Recycling wird bei den Salus-Firmen groß geschrieben. Die organischen Reststoffe aus der Produktion werden als organischer Dünger für die Felder der Gärtnereien genutzt.

Der „Ökomanager des Jahres" ist eine begehrte Auszeichnung, die von der WWF Deutschland und dem Wirtschaftsmagazin Capital an Personen vergeben wird, welche sich beispielhaft für die Natur einsetzen. Otto Greither, der geschäftsführende Gesellschafter von Salus, zählt bereits seit 2003 zum exklusiven Kreis der Preisträger.

5   Unternehmerinterview mit Otto Greither

Wie führe ich eine Marke nachhaltig erfolgreich über diese Zeit? Mein Vater Dr. med. Otto Greither, hat im Jahr 1916 Salus in München gegründet. Sein Bestreben war es, die Menschen mittels seines Wissens um die Bedeutung der natürlichen Ernährung und der Naturheilkunde in ihrem Bemühen um die eigene Gesunderhaltung zu unterstützen. Er wäre sicher heute sehr stolz, dass Salus mit etwa 100 Mio. € Umsatz zu den Marktführern in der Reformbranche zählt und seine Grundsätze immer noch Bestand haben. So geht es bei uns nach wie vor um die Gesundheit und das Wohl des Menschen im ganzheitlichen

Sinn. Die Werte, für die wir stehen, haben sich seit unserer Gründung im Prinzip nicht verändert. Und sie werden das auch in Zukunft nicht tun. Das gelebte Bekenntnis zu unserem Wahlspruch „Der Natur verbunden. Der Gesundheit verpflichtet." hat Salus in all den Jahrzehnten zu einem verlässlichen Partner unserer Kunden gemacht und sie belohnen uns mit ihrem Vertrauen. So wie wir keine Kompromisse machen, wenn es um Qualität und unsere Überzeugungen geht, sollte auch kein Mensch einen zweifelhaften Handel eingehen, wenn es um seine Gesundheit geht, denn die ist nun mal unser aller höchstes Gut.

Was bedeutet das innerhalb des Unternehmens? Wir bemühen uns natürlich, auch innerhalb der Unternehmensgruppe das zu leben, was wir nach außen vertreten. So ist Salus stets bemüht, auch als Arbeitgeber zum Wohle des Menschen sozial verträglich zu agieren. Wir gestalten faire Verträge, interessante Aufgabenbereiche, leisten einen Zuschuss zu anfallenden Kosten für die Kinderbetreuung und bemühen uns um einen menschlichen und freundlichen Umgang miteinander. Darüber hinaus ist es natürlich auch unser Bestreben, alle Mitarbeiter – unseren Umweltrichtlinien entsprechend – auch in unsere Bemühungen zum langfristigen Schutz unserer Ressourcen einzubeziehen, indem wir sie motivieren und informieren. Das ist der einzige Weg für ehrlichen Umweltschutz im Unternehmen und wir beziehen unsere jungen Auszubildenden hier ebenso intensiv mit ein wie langjährige Mitarbeiter.

Wie agieren Sie in Richtung Kunden? Wir verzichten auf Vieles – aber nicht auf Qualität! Salus bekennt sich zur Natur und zur Gesundheit des Menschen. Unsere Produkte und unser Handeln am Markt orientieren sich an Glaubwürdigkeit und höchsten Qualitätsansprüchen.

Bei uns gab es den ersten „Bio-Boom" schon, als das Wort noch keiner kannte. Nachhaltigkeit praktizieren wir schon seit den Anfängen unseres Unternehmens. Wir scheuen keine Bemühungen, um Rohstoffe bester Qualität zu züchten und zu erhalten und nutzen andererseits den technischen Fortschritt, um sie so schonend wie möglich verarbeiten zu können, ohne die Umwelt übermäßig zu belasten oder die natürlichen Ressourcen zu gefährden.

Auch wenn es nicht dem Zeitgeist der Konsumgesellschaft entspricht, basiert unser Handeln bis heute auf der Erkenntnis, dass nicht jeder Fortschritt zwangsläufig auch ein Gewinn ist. Stattdessen gilt noch heute: Weniger ist sehr oft mehr! Wir wollen keinesfalls, dass die Menschen künftig Lebensqualität einbüßen und verzichten daher auf viele vermeintliche neuzeitliche Errungenschaften: So lehnt Salus Konservierungsstoffe in Arznei- und Lebensmitteln ebenso entschieden ab wie künstliche oder naturidentische Aromen und natürlich alle radioaktiv bestrahlten Rohstoffe.

Außerdem verweigern wir auch der Agro-Gentechnik unsere Zustimmung. Stattdessen weisen wir ihren Einsatz in Landwirtschaft und Pflanzenzüchtung konsequent zurück und verwenden bei der Herstellung unserer Produkte keinerlei agrogentechnisch veränderte Rohstoffe. Dies dokumentieren wir auch durch die jährliche Vergabe des Salus-Medienpreises für herausragende kritische Berichte zu diesem Themenkreis. Die gelebten Überzeugungen prägen Firmenphilosophie und Produkte und dienen damit unmittelbar dem Wohl unserer Kunden.

Was prägt die Zusammenarbeit mit den Partnern? Unsere Partner im Reformhaus-, Apothekenmarkt und Naturkosthandel profitieren in gleicher Weise wie die Kunden von unserem Bekenntnis zu Qualität und Glaubwürdigkeit.

Zugleich aber partizipieren sie natürlich auch davon, dass es uns immer wieder gelungen ist, Tradition und Innovation zu einem bewährten Erfolgsrezept zu vereinen. So wurden wir gerade im Jahr 2013 nicht nur mit dem Reformwarenpreis in der Kategorie „Naturarznei innovativ", sondern auch gleich dreifach vom Bundesverband Deutscher Apotheker mit dem Preis für die „Medikamente des Jahres 2013" geehrt.

Welche Herausforderungen bestehen für die Zukunft? Stichwort: Reformhausbewegung und Veränderung der Märkte
Wir bekennen uns ganz eindeutig zum Reformhausmarkt. Die Reformhäuser sind starke und verlässliche Vertriebspartner. Auch ist zu beobachten, dass sie im Bereich der frei verkäuflichen Arzneimittel immer stärker akzeptiert werden. Wir hoffen, dass der Trend, die verbliebenen Reformhäuser in attraktive, moderne Fachgeschäfte für den Gesundheitsbedarf zu verwandeln, ihnen neue Wachstumschancen beschert.

Da ihre Zahl in den vergangenen Jahren jedoch leider stark rückläufig war, gewinnen für uns auch der Apothekenmarkt und der Naturkosthandel zunehmend an Bedeutung.

Es ist für einen Markenhersteller einfach unverzichtbar, ein flächendeckendes Netz von Verkaufsstellen zu haben.

Wie können Sie Ihre starken Marken pflegen und aufbauen – Stichwort: Markenartikelwettbewerb? Mit dem Erschließen des Apotheken- und Naturkostmarktes kommen andere Herausforderungen auf unsere Produkte und unsere Kommunikationsleistung am und ums Produkt zu. Einige unserer erfolgreichen Reformhaus-Produkte sind schon in diesen Märkten eingeführt, bzw. haben unseres Erachtens sehr gute Chancen in diesen Vertriebskanälen. Dies bedarf einer konsequenten Fokussierung und einer dem Vertriebsweg angepassten Strategie in Produkt, Werbung und Gestaltung.

Wir wollen insbesondere den Bekanntheitsgrad und die Verkaufsstellen unserer flüssigen Naturarzneimittel weiter ausbauen. Zu nennen sind hier vor allem „Kräuterblut"-Floradix® mit Eisen" sowie Salus Kindervital, Salus Darm Care, Salus Multi-Vitamin-Energetikum und die Schoenenberger Frischpflanzensäfte.

Im Apothekenmarkt soll ergänzend dazu die schon führende Kompetenz im Bereich „Medikation Eisenbedarf" ausgebaut werden, durch „Florix® Schlaubär Power Stix" und weitere Eisenpräparate unter der Marke „Floradix®", wie „Floradix® Eisen 100 mg forte". Neben diesen Erfolgsprodukten haben wir mit den OLBAS® Tropfen und dem Weißdornpräparat Protecor® starke Produkte in der Apotheke platziert.

Darüber hinaus sehen wir natürlich auch Marktchancen mit unserem Tee-Sortiment. Dieses umfasst aktuell mehr als 200 Sorten und Geschmacksrichtungen und ist vom Qualitätsniveau im Premium-Level anzusiedeln. Das Sortiment reicht vom Bio-Arznei- bis hin zum Bio-Gourmet-, Bio-Bachblüten-Tee und 5-Elemente-Tee. Aufgabe hier ist, den richtigen Produkt-Mix für den jeweiligen Vertriebsweg zu finden.

Produktpionier und Impulsgeber für gesellschaftliche Entwicklung – wie sieht die Marschrichtung aus? Wir wollen weiterhin, wie in den vergangenen 98 Jahren, mit Produktinnovationen aus dem Naturheilmittelbereich unseren Beitrag zu einer gesünderen und menschlicheren Gesellschaft leisten. Ich bin zuversichtlich, dass immer mehr Kunden diese Garantie zu schätzen wissen, da sie zum einen erkennen, dass Gesundheitsvorsorge zunehmend zur Privatsache und damit einer Frage des Vertrauens wird. Zum anderen beginnen sich spürbar mehr Menschen um unsere Natur und die Lebensbedingungen nachfolgender Generationen zu sorgen und damit zu fragen, unter welchen Bedingungen Produkte entstehen.

Hier wollen wir Beispiel geben, indem wir uns weiterhin kompromisslos gegenüber der Agro-Gentechnik, der Verwendung von Konservierungsstoffen und in der Beschränkung auf natürliche Aromen zeigen.

Wir werden auch zukünftig auf unsere Firmenpolitik setzen: ökologisch verträglich und ressourcenschonend agieren. In diesem Bestreben werden wir vielfältige Projekte anstiften und unterstützen. Dabei ist es nicht unser Ziel, den maximalen Gewinn zu erwirtschaften, sondern den Gedanken einer an der Natur orientierten Lebensweise weiter zu verbreiten.

Den Gründungsgedanken meines Vaters in der Welt zu halten, ist mein Lebenswerk und die Aufgabe meiner Familie.

Ein Leben für die Natur: Otto Greither Seit fast 70 Jahren leitet Otto Greither die Geschicke des Naturarzneimittel-Herstellers Salus. Der 89-Jährige zählt damit zu den dienstältesten Managern Deutschlands. Mit annähernd 400 Mitarbeitern und einem Jahresumsatz von 100 Mio. € hat er das Unternehmen seines Vaters zu einem der Marktführer in der Reformwaren-Branche gemacht. Durch die konsequente Orientierung an dessen Wertvorstellungen ist Salus mit dem Leitsatz „Natur und Gesundheit sind unser höchstes Gut" zum Sinnbild für Qualität und gelebte Naturverbundenheit geworden. Der vitale Unternehmer lebt in Oberbayern und auf seiner Bio-Farm in Chile. Als Triebfedern seiner Erfolgsgeschichte nennt er: „Neugier, Offenheit, Verantwortungsbewusstsein und die lebenslange Liebe zu meinem Beruf".

Retro-Waschsalon mit Kulturprogramm & Nachbarschaftshilfe

Nele Gilch und Petra Schinz

Wir müssen selbst die Veränderung sein, die wir in der Welt sehen wollen.
Mahatma Gandhi

Zusammenfassung

Der Trommelwirbel ist ein Erlebniswaschsalon, der einen Branchenmix aus Dienstleistung, Erlebnisgastronomie, Unterhaltungsprogramm und Einkaufsmöglichkeit bietet. Waschsalon mit Kulturprogramm und Nachbarschaftshilfe klingt erstmal nach einem Spannungsfeld. Im Kerngeschäft „Waschen" ist der Markt stark preisgetrieben und die Kundschaft sehr sensibel. Wie hier eine Marke aufbauen, die sich nachhaltig positioniert?

Mit der Gründung in 2010 leben die beiden Geschäftsführerinnen ein nachhaltiges Unternehmenskonzept mit einem klaren Markenversprechen – Menschen bewegen mit dem Ziel, mehr Lebensqualität durch nachhaltiges Wirtschaften und Handeln zu schaffen. Dies setzen sie konsequent um und die Marke „Trommelwirbel" ist Ausdruck dieses Engagements. Erlebbar am POS und allen Touchpoints, bei den Mitarbeitern, die Markenbotschafter sind, im stimmigen und konsequent umgesetzten Corporate Design und vor allen Dingen gelebt von den beiden Geschäftsführerinnen. Die Konsequenz – Auszeichnungen, einen stetig wachsenden Kundenstamm und eine wahre Fangemeinde.

N. Gilch (✉) · P. Schinz
Trommelwirbel OHG, Bayreuther Straße 21,
90409 Nürnberg, Deutschland
E-Mail: info@trommelwirbel.de

A.-K. Kirchhof, O. Nickel (Hrsg.), *CSR und Brand Management*, Management-Reihe Corporate Social Responsibility, DOI 10.1007/978-3-642-55188-8_13,
© Springer-Verlag Berlin Heidelberg 2014

1   Mit Schaum, Charme und Methode

Als Hobby-Wühlmäuse, Dreckspatzen, Tomatensaucen-Kleckerer, Schokoladen-Krümelmonster, Eiscreme-Vertropfer, Autoreifen-Selbstwechsler, Rotwein-aufs-Hemd-Verschütter… haben wir alle etwas gemeinsam: wir müssen immer wieder und wieder Wäsche waschen.

Wir Trommelwirbler haben das Wäsche waschen nicht erfunden. Aber unsere Begeisterung, was man daraus machen kann, steckt an! Frische Ideen in einen mehr oder weniger gesättigten Markt einzubringen – dazu gehört eine Menge Mut. Aber es lohnt sich. Unser Konzept Bestehendes, Bewährtes und Bewegendes aufzugreifen, kreativ zu verändern, völlig neu zu kombinieren, und einfallsreich mit viel Herzlichkeit im Alltag der Zielgruppe zu verankern, öffnet den neuen Markt der Erlebniswaschsalons. In diesem neuen Markt etablieren wir den Trommelwirbel mit sozialer und ökologischer Verantwortung als Kern unserer Identität und richten die gesamte Unternehmensführung danach aus. Die Marke Trommelwirbel lebt von Anfang an authentisch ihre CSR-Identität. Mit unserer frischen Marke bringen wir Menschen in Bewegung: jeden für sich und alle miteinander. Dies schwingt bereits im Slogan „Trommelwirbel – waschen. wohlfühlen. wiedersehen" mit.

Gegründet von Nele Gilch und Petra Schinz eröffnete der erste Erlebniswaschsalon Trommelwirbel im Januar 2010 in Nürnberg. Als Gesellschaftsform wählten wir die OHG um bereits dadurch zu signalisieren, dass wir nach alter Kaufmannstradition ohne Einschränkung hinter der Idee stehen und Verantwortung übernehmen. Seit der Eröffnung ist der Trommelwirbel um drei Mitarbeiterinnen gewachsen. Und wir haben zwei Unternehmenspreise gewonnen: „Kultur- und Kreativpilot 2011" des Bundesministeriums für Wirtschaft sowie „Unternehmen mit Weitsicht" des Pakt50 der Arbeitsagentur Nürnberg. Als erster Waschsalon bietet der Trommelwirbel mit seinem Branchen-Mix aus Dienstleistung, Erlebnisgastronomie, Unterhaltungsprogramm und Einkaufsmöglichkeit dem Kunden ein ganzheitliches Dienstleistungskonzept (Abb. 1).

1.1   Überschäumende Begeisterung

Im Trommelwirbel wird nicht nur gewaschen. Hier trifft man sich mit Freunden, genießt einen heißen Cappuccino oder hausgemachte Schmankerl im Waschcafe, surft kostenlos im Internet, schmökert in Zeitschriften, entspannt einfach nur in der gemütlichen Sofaecke oder im Bubble-Chair. Ein Waschsalon wie ein Wohnzimmer, ein lebendiges Museum, ein nostalgisches Erlebnis: alles im Kult-Ambiente der 70er Jahre. Der Trommelwirbel ist nicht nur optisch ein Erlebnis. Wir verstehen uns als Forum von Menschen für Menschen. Regelmäßig finden Lesungen, Musikveranstaltungen, Modeschauen, Theaterabende und vieles mehr statt. Wichtig ist jedoch: jeder darf bei uns sein wie er ist. Wir geben unseren Mitarbeitern und Kunden Raum, ihre eigene Trommelwirbel-Welt zu gestalten, ihre Talente und Ideen einzubringen, zu erzählen, aufzuschreiben, in Fotos und Film festzuhalten, mitzuteilen und ganz persönliche Erfolgserlebnisse mitzunehmen. So bewirkt die Trommelwirbel-Welt eine unvergessliche Verbindung von Nützlichem und Schönen.

Abb. 1 Nele Gilch und Petra
Schinz

1.2 Saubere Aussichten – Nachhaltige Verantwortung als Selbstverständnis

Unser Wertemanagement ist geprägt von Nachhaltigkeit in jeder Form. Sei es in Bezug auf Menschen, Umwelt oder Finanzen. Soziale Verantwortung fängt bei unseren Mitarbeitern an, hört dort aber noch längst nicht auf. Wir bekennen uns zu Nürnberg und der Region, fördern Nachbarschaftsarbeit, multikulturelle Projekte, unterstützen schulische und sportliche Aktivitäten. Wir stellen uns der ökologischen Herausforderung. Nachhaltiger Umweltschutz ist nicht nur ein Etikett, sondern mit konkreten Inhalten verbunden. Wir sehen uns nicht nur als Innovator für neue Nutzungsmöglichkeiten des Waschsalons, sondern auch als „Coach" für die Verbraucher bei der Anwendung im Alltag. Wir setzen uns Ziele zur Verbesserung der Umweltverträglichkeit unserer Leistungen und sprechen offen darüber.

2 Zusammen Trommeln – gemeinsam Wirbeln: die Marke Trommelwirbel

2.1 Schleudergang mit Mehrwert: von der Vision und gelebten Werten zur CSR-Marke (Abb. 2)

Unsere Vision ist es, den Trommelwirbel zum Flaggschiff der Erlebniswaschsalons zu machen und zur Kultmarke zu entwickeln. Das Erlebniswaschen fügt bodenständige Dienstleistung, aufrichtige Gastfreundschaft mit einem außergewöhnlichen Unterhaltungsprogramm und hippen Kult nahtlos ineinander. Dabei steht die Marke Trommelwirbel für Optimismus, Sauberkeit und Frische, faires Handeln, nachhaltiges Waschen und individuellen Service, Spaß, Unterhaltung und das besondere (Er-)Lebensgefühl.

Abb. 2 Postkarten verbreiten
Trommelwirbel-Botschaften
(Design Projekt R2 GmbH)

Die Trommelwirbel-Mission „Wir bewegen Menschen. Jeden für sich und alle miteinander. So verbinden wir für andere und uns selbst Spaß und Freude zu mehr Lebensqualität durch nachhaltiges Wirtschaften und Handeln." ist unser Markenversprechen.

Ausgehend von dieser Mission leiten wir folgende *grundlegende Werte* ab:

1. Wir begegnen allen Menschen, der Natur und der Umwelt mit Respekt.
2. Wir sind offen und tolerant und behandeln alle Menschen mit Wertschätzung. Wertschätzung ist uns wichtiger als Wertschöpfung.
3. Mit professionellen Rahmenbedingungen und Empowerment ermöglichen wir unseren Mitarbeitern selbstverantwortliches Arbeiten.
4. Freundlicher Service ist für uns selbstverständlich.
5. Jeder handelt jederzeit verantwortlich. Jeder hat das Recht Fehler zu machen und lernt daraus.
6. Wir hören und sehen hin.
7. Wir halten, was wir versprechen und versprechen nur, was wir halten können.
8. Wir hinterfragen Bestehendes immer wieder neu und entwickeln uns stetig weiter.

Das stellen wir jeden Tag unter Beweis. Mit unserer optimistischen Einstellung und unserem positiven Handeln stecken wir an. Vertrauen und Verlässlichkeit sind die Basis unserer Arbeit und Partnerschaft. Mit Transparenz und Ehrlichkeit schaffen wir Vertrauen.

Die **Strategie unserer Markenführung** ist, nachhaltig ein positives Image unseres Angebots zu vermitteln. Dieses Image gilt es durch Substanz und strukturierte, markenkonforme Handlungen zu sichern, indem wir das, was wir versprechen an allen Berührungspunkten mit der Marke Trommelwirbel halten und erlebbar machen. Das fängt auf unserer Internetseite bei der Informationsbeschaffung an und wird beim Besuch des Ladens bestätigt: freundliche Mitarbeiter, transparentes Produktangebot, Service und Beratung, umweltfreundliches Waschen, faire Preisgestaltung, Wohlfühlen im lebendigen Museum, ein vielseitiges kulturelles Angebot. Auch nach dem Besuch folgen mit Newsletter und

Facebook Kontaktpunkte der Marke, die unsere Strategie der Markenführung im Trommelwirbel festigen.

Der **USP der Marke Trommelwirbel** liegt in der offenen und freundlichen Kundenbetreuung und der hohen Qualität in allem was wir tun. Als Begegnungsstätte und Drehscheibe geben wir vielen Menschen Raum für soziale Verantwortung und Aktivität. Für den Kunden ist Wäschewaschen ein Erlebnis, macht Spaß und neben der Arbeit wird er mit hausgemachten Schmankerln verwöhnt, lernt unterschiedlichste Leute kennen und trägt aktiv seinen Teil zur Entstehung einer Kultmarke bei.

Diese Markenbotschaft kleiden wir in ein einheitliches und wiedererkennbares Corporate Design mit unserem Logo mit Bild und Wortmarke (waschen.wohlfühlen.wiedersehen.), festgelegten Farben und Schriften sowie einer aussagekräftigen Bildsprache.

In der Markenführung arbeiten wir zweigleisig. Einerseits wollen wir unsere Markenwerte langfristig leben. Das tun wir mit eher subtil wirkenden Maßnahmen wie z. B. unseren Fotobüchern. Hier halten wir alle großen und kleinen Ereignisse im Trommelwirbel auf Foto fest und fügen sie in Fotobüchern zusammen. Unsere Kunden sind stolz darauf, dass sie nachweislich an der Geschichte des Trommelwirbel teilhaben und zeigen dies auch gerne und stolz anderen Besuchern und Freunden. Viele Kunden bringen von zu Hause Gegenstände aus den 70er Jahren mit und freuen sich über ihren Beitrag zum lebendigen Museum. Jeder Kunde erzählt seine persönliche Geschichte vom Trommelwirbel. Diese Geschichten bilden einen soliden Grundstock für den Markenwert Trommelwirbel. Andererseits setzen wir in der Markenführung kurzfristig auf aufmerksamkeitsstarke Aktionen wie z. B. den Tagen des Waschens in Zusammenarbeit mit dem Forum Waschen[1]. Dabei dreht sich alles um umweltfreundliches Waschen und wie jeder einzelne dazu beitragen kann. Wir zelebrieren auch einmal jährlich den Tag des Kaffees und stellen dabei Qualität und fair gehandelte Produkte in den Mittelpunkt.

Die Marke Trommelwirbel haben wir nicht als spezielles Produkt, sondern als Unternehmen in seiner Gesamtheit angelegt. CSR ist dabei ein fester Bestandteil der Marke und bedeutet für uns Vorbild zu sein und Veränderungen dauerhaft zu leben. Unsere Vision und unsere Werte sowie unser Verhaltenskodex reflektieren unsere unternehmerische und gesellschaftliche Verantwortung. Maßstab ist unwiderruflich die Kohärenz mit unserer CSR Philosophie und den Unternehmensgrundsätzen: wir können als Unternehmen nur dann langfristig erfolgreich sein, wenn wir aus unserer Tätigkeit heraus einen Mehrwert für die Gesellschaft schaffen. Das gelingt uns auf der Basis unserer CSR Philosophie mit Transparenz und Ehrlichkeit, Verlässlichkeit und Vertrauen. Auch ökologisch nachhaltiges Handeln ist für uns zwingende Grundlage für den langfristigen Erfolg unseres Unternehmens.

Damit spricht die Marke Trommelwirbel sehr unterschiedliche Zielgruppen an: den typischen Single im Waschsalon, Familien mit Kindern, Alleinerziehende, junge wie alte Menschen, Menschen aus unterschiedlichsten Nationalitäten und Kulturen. Der Trommelwirbel ist ein Schmelztigel und genau deshalb trifft die Marke Trommelwirbel den Nerv der Zeit.

---

[1] Das Forum Waschen ist eine deutschlandweite Initiative für nachhaltiges Waschen, Spülen und Reinigen im Haushalt. Siehe www.forum-waschen.de.

Abb. 3 Die Marke Trommelwirbel

2.2 Licht aus. Spot an: willkommen im Trommelwirbel

Stellen Sie sich vor, Sie kommen zum ersten Mal in den Trommelwirbel…

…freundliche, begeisterte Mitarbeiter begrüßen Sie herzlich und fragen, ob sie helfen können,

…es duftet nach frischem Kaffee und dezent nach frischer Wäsche,

…es empfängt Sie eine lebendige Atmosphäre und es stellt sich sofort ein positives Lebensgefühl ein (Abb. 3).

Ganz klar: mit der nüchternen Atmosphäre üblicher SB-Waschsalons hat das hier nichts zu tun. Vielmehr befinden Sie sich auf einer Zeitreise: Retro ist angesagt. Sofort springen Ihnen die poppigen Tapeten ins Auge. Es spielen fröhliche Songs aus den 70ern. Ohne es zu merken summen Sie mit und wippen im Takt der Musik. Sie nehmen Platz im Bubble Chair und fühlen sich sofort wie zuhause. Sie lassen ihren Blick weiterschweifen und begreifen schnell, das hier ist mehr als nur ein Ort zum Wäschewaschen.

2.2.1 Waschen. – SB-Wäsche, Wäscheservice, Wäschetaxi
Kerngeschäft Waschen. – Die Umsetzung des Markenversprechens beim Waschen

Wäsche ist etwas sehr persönliches. So konzentrieren wir uns voll und ganz auf jeden Kunden und reagieren jederzeit flexibel auf Bedürfnisse und Wünsche. Was nicht passt

 **Abb. 4** Moderne und energieeffiziente Maschinen für nachhaltiges Waschen

wird passend gemacht. Unsere Kunden reden mit, so beispielsweise in unserem jährlichen Kundenparlament. Hier tauschen wir uns mit unseren Stammkunden am runden Tisch zu aktuellen Themen aus. Wir teilen all unsere Erfahrung und Persönlichkeit, unsere Kompetenz und Hingabe, unsere Problemlösungskreativität und unser Wissen uneingeschränkt mit Kunden und Mitarbeitern. Dieses Mitspracherecht bewirkt eine nachhaltige Identifikation und damit verbunden eine aufrichtige Bindung an die Marke Trommelwirbel (Abb. 3).

Ein Vorschlag, der aus dem Kundenparlament erfolgreich umgesetzt wurde, war z. B. die Organisation von Wasch-Netzwerken. Dazu stellen wir Wäschenetze zur Verfügung, so dass mehrere Kunden eine Maschine teilen können. Das spart Geld, Wasser, Energie, schont die Wäsche und fördert die Kommunikation. So werden Markenwerte zur gelebten Mission. Allerdings kann ein Kundenparlament nur dann zur Markenbindung beitragen, wenn es sehr sensibel moderiert und geführt wird. Sonst kann gut gemeintes Engagement von Kunden schnell ins Gegenteil umschlagen und dem Markenimage eher schaden als nützen. Entscheidend ist, dass jede Form der Kunden- und Markenbindung authentisch ist und die Mission des Unternehmens stimmig erleben lässt.

Viele Kunden wollen ihre Wäsche selber waschen. Dazu stehen energieeffiziente, moderne Maschinen zur Verfügung. Die Maschinenbedienung ist bewusst unkompliziert. Eine Maschine wäscht speziell nur Tierhaardecken, Kissen oder Satteldecken. So können insbesondere Allergiker immer auf saubere Maschinen vertrauen. Sauberkeit ist oberstes Gebot im Trommelwirbel. Gerne erfüllen wir Sonderwünsche und halten unterschiedliche umweltverträgliche Waschmittel, natürliche Fleckenmittel, Wäschenetze, Trocknerbälle und Duftöle kostenlos bereit. Viele Kunden kommen mit besonderen Wäscheteilen, die sie zu Hause nicht waschen können, aber auch nicht in die Reinigung geben wollen. Hier ist freundliche und sachkundige Beratung, die über das normale Maß hinausgeht, ebenso Markenbestandteil des Trommelwirbels, wie unsere kreativen, originellen und immer nützliche Problemlösungen. Wenn wir spontan keine Antwort wissen, geben wir das auch ehrlich zu und kümmern uns zuverlässig um eine Lösung. So ist unser authentisches Expertenwissen ein erfolgreicher Markenbotschafter, der auch von den Medien gerne genutzt wird. (Abb. 4)

Abb. 5 Das Trommelwirbel Wäschetaxi

Auch im Wäscheservice waschen wir alles was man in einer Waschmaschine waschen und in einem Trockner trocknen kann. Wer es besonders eilig hat, erhält seine Wäsche frisch gewaschen, getrocknet und zusammen gelegt ein paar Stunden später wieder zur Abholung. Zusätzliche Flexibilität bringt das Trommelwirbel-Wäschetaxi. Bei Bedarf holen und bringen wir die Wäsche und sorgen dafür, dass der Kunde ganz schnell wieder eine weiße Weste hat. Das Wäschetaxi ist im Corporate Design gestaltet und macht die Marke im Vertrieb erlebbar. Mit dem Wäschetaxi machen wir neugierig und erregen Aufmerksamkeit. Damit ist das Wäschetaxi als Werbebotschafter des Trommelwirbels unterwegs. Der Erfolg zeigt sich dadurch, dass uns Kunden immer wieder Fotografien von unserem Wäschetaxi unterwegs machen und in Facebook posten (Abb. 5).

Getreu dem Trommelwirbel Motto „Grün denken – sauber waschen" kümmern wir uns ganz bewusst um den rücksichtsvollen Umgang mit allen Ressourcen. Gemeinsam mit dem Forum Waschen setzen wir uns konsequent für nachhaltiges Waschen ein. Durch den Einsatz moderner und sparsamer Maschinen sowie die konsequente Nutzung von regenerativen Energien schonen wir die Umwelt bestmöglich. Dabei achten wir auf eine möglichst niedrigen Wasser- und Stromverbrauch. Für den Waschvorgang heizen wir das Wasser mit Gas vor. Das spart nicht nur Energie und Kosten, sondern reduziert auch die Waschzeiten. Den Waschmittelverbrauch senken wir durch das vorher entkalkte Wasser. Wir benutzen umweltschonendes phosphatfreies Waschmittel und kaufen es konzentriert in Nachfüllpackungen ein. Durch ein automatisches Dosiersystem wird nur die Menge, die unbedingt nötig ist, verbraucht. Wir verzichten auf chemische Fleckenmittel und setzen stattdessen auf natürliche Fleckenentferner wie beispielsweise Gallseife. Unsere Waschprogramme sind so eingestellt, dass sogar bei niedrigen Temperaturen ein optimales Waschergebnis erzielt wird. Zum Trocknen stehen umweltverträgliche gasbetriebene Ablufttrockner mit drei verschiedenen Temperaturstufen zur Verfügung. Die mehrmalige Nutzung der erwärmten Luft ist ein weiteres energiesparendes Element. Abb. 2

Dazu gibt es im Trommelwirbel viele nützliche und unterhaltsame Tipps wie das Wäscheleben grüner gestaltet werden kann:

- Vorsortieren der Wäsche
- Optimales Befüllen der Maschine
- Art und Dosierung des Waschmittels
- Verzicht auf Weichspüler
- Möglichst niedrige Temperaturwahl
- Schonendes Trocknen
- Vermeidung von Übertrocknen
- Ordentliches Zusammenlegen erspart das Bügeln

Wir bieten darüber hinaus unsere Seminarreihe zum nachhaltigen Waschen an. Besonders beliebt sind „In wenigen Schritten zum Toploader", „Grüner Waschen ist ganz einfach und macht viel Spaß" und „Powerbügeln für den Ironman". In unseren Seminaren erleben die Kunden die vielen Facetten des Trommelwirbels. Das macht den Besuch eines Seminars zu einem ganz besonderen Markenerlebnis.

Wir glauben, dass sauberes und energiesparendes Waschen keine Zauberei ist und wirken mit unserem Engagement gezielt auf eine Veränderung der Konsumgewohnheiten hin.

2.2.2 Wohlfühlen. – Marke erlebbar machen am POS

Eines war uns von Anfang an wichtig: alle sollen sich hier wohlfühlen und gerne vorbeischauen – auch ohne schmutzige Wäsche. Gemeinsam mit unseren Mitarbeitern und auch Kunden leben wir ein Klima der Offenheit, Toleranz und Harmonie über alle Grenzen hinweg.

Wir sind davon überzeugt, dass unsere Mitarbeiter gemeinsam mit uns im Team maßgeblich zum Unternehmenserfolg beitragen. Dabei ist uns bereits bei der Einstellung der persönliche Fit wichtiger als der fachliche Fit. Fachliches Manko können wir ausgleichen, die Persönlichkeit ist jedoch ausschlaggebend, sowohl im Team als auch im respektvollen Umgang mit Kunden. So geben wir auch Alleinerziehenden, älteren Mitarbeitern und Behinderten eine Chance. Mit professionellen Rahmenbedingungen wie Mitspracherecht, flexiblen Arbeitszeiten, unbefristeten Verträgen, fairer Bezahlung, persönlicher und fachlicher Weiterentwicklung ermöglichen wir ihnen selbstverantwortliches Arbeiten. Wir gehen noch einen Schritt weiter und motivieren unsere Mitarbeiter aktiv, unser Dienstleistungs- und Produktportfolio, die Unternehmenspräsentation und den emotionalen Wert des Unternehmens mitzugestalten und damit ihre persönliche Signatur in den Trommelwirbel einzubringen. Dies fördern wir beispielsweise dadurch, dass wir Ängste vor Fehlern nehmen, indem wir Fehler als Lern- und Wachstumschancen nehmen. Im Trommelwirbel gibt es keinen Leistungsdruck sondern intrinsische Leistungsmotivation. All dies schlägt sich letztendlich in kreativeren, engagierten und innovativen Beschäftigten nieder und trägt zur langfristigen Arbeitsplatzerhaltung und der Schaffung neuer Arbeitsplätze bei. Unsere Mitarbeiter sind gemeinsam mit uns das Gesicht der Marke und leisten als Markenbotschafter einen wichtigen Beitrag zu unserem Erfolg. Indem sie unsere Werte leben, wird die Marke Trommelwirbel für die Kunden am POS erlebbar. Je positiver und authentischer die Mitarbeiter unsere Markenvision leben, desto mehr sind sie auch Markentreiber (Abb. 3).

Mitarbeiter fühlen sich wohl, das merkt jeder, der in den Trommelwirbel kommt und Wohlfühlen steckt an. Dieser Wohlfühlfaktor ist ein wichtiger Teil unserer Markenidentität. Die bis ins letzte Detail liebevolle Einrichtung spiegelt unbewusst den erlebten herzlichen Service wieder: dazu gehören die freundliche Begrüßung mit Namen, das unaufdringliche Wissen um Lieblingsgetränke und – gerichte oder das selbstverständliche Wissen um individuelle Waschgewohnheiten. Der Kunde weiß sich in guten Händen und kann sich entspannt eine Auszeit vom Alltag nehmen. Wir nennen dies die Zeitinseln im Trommelwirbel. Dazu gehört, dass die Mitarbeiter dem Kunden auch im SB-Bereich selbstverständlich und unaufdringlich zur Seite stehen. Und wir unsere Kunden mit vorausschauendem Service verwöhnen.

Unser Selbstverständnis im Umgang mit Kunden gilt gleichermaßen für Nachbarn, Lieferanten und Partner. So wurde der Trommelwirbel im Viertel längst zur Anlaufstelle für Informationsaustausch und Auskünfte, Netzwerken und Geschäftskontakte bis hin zur Lebensberatung. Die ehrliche Herzlichkeit und die liebevollen Details machen das Gesamtbild stimmig und authentisch.

Beim Wohlfühlen darf das leibliche Wohl nicht zu kurz kommen. Kaffee und Tee haben in unserer Gesellschaft längst Kultstatus erreicht und so stehen wir für exzellente Kaffee- und Teespezialitäten. Hausgemachte Suppen und belegte Brote mit all ihrer Vielfalt erfahren ebenso eine Renaissance wie die selbstgebackenen Kuchen und Kekse. Alles wie bei Mutti. Eines haben all unsere Spezialitäten gemeinsam: beim Einkauf konzentrieren wir uns auf Bioqualität, Fair Trade und regionale Produkte und für die Zubereitung nehmen wir uns Zeit. Kochsendungen schießen wie Pilze aus dem Boden, dennoch nehmen sich die wenigsten Menschen Zeit zum Einkaufen und zum Kochen. Wir tun dies stellvertretend für unsere Kunden und vermitteln damit den Menschen ein gutes Gefühl. Von unseren Einkäufen beim Bauern oder dem Kaffeeröster vor Ort bringen wir Geschichten mit. Beim Kochen und Backen greifen wir tatsächlich auf Omas bewährte Rezepte zurück. So weiß der Kunde selbst beim Genuss seines Kuchenstücks und der Tasse Kaffee, dass er uns vertrauen kann.

2.2.3 Wiedersehen. – Markenerlebnis Trommelwirbel

Im Bereich „wiedersehen" nutzen wir den verschütteten Kult rund um den Waschsalon und den Retrotrend, um von Anfang an unserer CSR-Philosophie eine tragfähige Plattform zu geben und damit eine neue Kultmarke Trommelwirbel zu kreieren und zu etablieren.

Abb. 6 Volles Haus bei der Ewald Arenz Lesung

Die Begeisterung entsteht aus dem Unerwarteten. Für den Kunden inszenieren wir ein besonderes Erlebnis und bewirken damit eine persönliche, unvergessliche Verbindung von Nützlichem und Schönem. Wir erfinden den Trommelwirbel immer wieder neu (Abb. 6).

Der Trommelwirbel ist Treffpunkt, Freizeitvergnügen, Ratgeber und fester Bestandteil des Alltags. Erlebnisorientierte Unterhaltung verwandelt den Trommelwirbel in einen Ort, den man einfach besuchen muss. Der Trommelwirbel wird zur Bühne für jedermann. So veranstalten wir mit und für unsere Kunden z. B. Poetry Slams, Band Release Partys, Lesungen junger Autoren, Public Viewing, Flohmärkte, vielfältige Spiel- und Bastelaktionen, 70er Jahre DISCOMANIA Partys mit Karaoke und der Wahl von Mrs. & Mr. Trommelwirbel. Unserer Fantasie und der unserer Kunden sind hier keine Grenzen gesetzt. Jeder Kunde erzählt seine eigene Geschichte. Jeder Kunde ist Teil des Trommelwirbels und stolz darauf, selbst wenn er nur ein einziges Mal hier war. Unser kulturelles und soziales Engagement geht über den Trommelwirbel hinaus. In Zusammenarbeit mit lokalen Kindergärten und Schulen organisieren wir Spiel-, Bastel- oder Filmnachmittage mit geistig- und körperlich behinderten Kindern. Darüber hinaus unterstützen wir sportliche und kulturelle Einrichtungen wie beispielsweise, dass die „weißen Riesen" vom Nürnberger Basketball Club durch uns mit weißen „Westen" gewinnen.

Die Auszeichnung „Kultur- und Kreativpilot Deutschland 2011" bestätigt unseren Ansatz, unsere CSR-Philosophie in den Kult einzubinden.[2]

---

[2] Kultur- und Kreativpiloten Deutschland ist eine bundesweite Auszeichnung, die seit 2010 jährlich an 32 Unternehmen aus der Kultur- und Kreativwirtschaft verliehen wird. Siehe: siehe www.kulturkreativpiloten.de.

3 Schau(m)fenster: die magischen Momente der Wahrheit

Um mit unseren Kunden auf Tuchfühlung zu gehen und unser Markenimage auf den Prüfstand zu stellen nutzen wir die Touchpoints als wichtige Indikatoren. Unsere direkten Touchpoints sind:

- Ladengeschäft
- Wäschetaxi
- Kundenanfragen (persönlich, telefonisch, per Email)
- Unternehmenspräsentationen
- Kundenparlament
- Nachbarschaftskontakte
- Private Netzwerke
- Händlernetzwerk

Eine wesentliche Rolle spielen für die Marke Trommelwirbel insbesondere die indirekten Touchpoints wie z. B.:

- Internetseite
- Userforen
- Testberichte
- Meinungsforen
- Blogbeiträge
- Tweets
- Facebook
- Mundpropaganda
- Presseartikel
- Fernsehbeiträge
- Netzwerke wie XING, Gründernetzwerke, Unternehmensverbände, öffentliche Einrichtungen

Bei jedem Interaktionspunkt mit dem Trommelwirbel achten wir darauf, dass wir eine herausragende Erfahrung bieten und der Kunde unser positives Flair erlebt. Dabei ist es uns wichtig, dass wir halten, was wir versprechen und nur das versprechen, was wir halten können. Touchpoints nutzen wir um aktiv Feedback vom Kunden zu erhalten. Alles was unsere Marke verspricht kann an allen Interaktionspunkten auf den Wahrheitsgehalt überprüft und blitzschnell mit den Erfahrungen anderer Kunden verglichen werden. Kundenfeedback auf Plattformen wie Google, Pointoo, Qype, Yelp, und auch Facebook sind für uns wesentlicher Maßstab unseres Markenimages.

Heute werden die Menschen mit Informationen und Werbebotschaften förmlich überflutet. Wir weichen von der Masse ab, indem wir sehr offen und ehrlich kommunizieren. Dabei setzen wir auf einfache Markenkommunikation und gesunden Menschenverstand.

Klar formulierte und verständliche Leistungsversprechen wie in unserem Slogan „waschen.wohlfühlen.wiedersehen." geben den Kunden ein gutes Gefühl. Weil persönliche Geschichten im Trommelwirbel eine große Rolle spielen, setzen wir diese Geschichten zunehmend auch mit Einverständnis des Kunden in unserer Markenkommunikation ein – ganz authentisch in der eigenen Sprache des Kunden. Das stärkt die Identifikation und das Vertrauen in die Marke Trommelwirbel ungemein.

CSR-Kommunikation erfolgt im Trommelwirbel eher leise, dennoch effektiv. Der erste Schritt der leisen CSR-Kommunikation setzt bei unseren Mitarbeitern an. Unsere Mitarbeiter engagieren sich bereits im Prozess der Ideenfindung und tragen mit ihren Vorschlägen dazu bei Energie und Ressourcen zu sparen. In diesen fortlaufenden Dialog binden wir auch Kunden mit ein. Wichtig ist uns Mitarbeiter und Kunden nicht nur zu informieren. Wir tauschen uns regelmäßig zu aktuellen Themen aus und freuen uns über aktive Mitgestaltung.

Durch den Internetauftritt, durch Auftritte im Kultur- und Kreativbereich und im Rahmen von Kundengesprächen weisen wir immer wieder auf unser CSR Engagement hin. Ideales Medium hierfür ist beispielsweise Facebook. Hier drängen wir uns im Gegensatz zu anderen Werbemaßnahmen unserer Zielgruppe nicht auf, sondern sie konsumiert freiwillig unsere Inhalte. Und in dieser Freiwilligkeit liegt der große Vorteil, da dieses Nicht-Aufdrängen die Glaubwürdigkeit erhöht. Eine weitere Stärke der Social-Media-Kommunikation ist der Dialog. Unsere Fans reden mit. Wichtig in unseren Social Media-Auftritten ist, dass der Inhalt unserer Kommunikation an erster Stelle steht und wir auf den werblichen Charakter ganz verzichten. Wichtig ist der fortlaufende Dialog mit allen Beteiligten.

4   Die perfekte Welle: was unsere Marke bewegt

Um die Marke erfolgreich zu steuern, ist es entscheidend zu wissen, wie sie funktioniert – d. h. welche Eigenschaften die Markenwahrnehmung prägen und wo die Stellschrauben liegen, um den Kurs zu halten oder zu optimieren. Die Markentreiberanalyse ermittelt das Markenimage in all seinen Facetten und gewichtet zentrale Einflussfaktoren und Handlungsfelder gegenüber den weniger relevanten.[3]

So erfassen wir unsere Markenantreiber:

- Spaß & gute Laune
- Vertrauen & Verlässlichkeit
- Gleichbleibende Sauberkeit
- Teil eines Kults zu sein
- Genuss von außergewöhnlichen kreativen und kulturellen Veranstaltungen
- Sich umsorgt und gut aufgehoben fühlen

---

[3] Siehe http://www.phaydon.de/marken-treiber-analyse.html.

Dies sind alles Elemente, die auf unserem CSR Verständnis beruhen und daraus erwachsen, deshalb ist unser CSR Engagement der wichtigste Markenantreiber für den Trommelwirbel.

Andererseits sind die größten Markenbremser der Kosten- und Zeitfaktor.

Für einen Existenzgründer ist es so gut wie unmöglich CSR in die Preisgestaltung miteinzubeziehen. Vielen Verbrauchern sind günstige Preise noch immer wichtiger als Unternehmen, die Verantwortung übernehmen, Produkte aus fairem Handel und umweltschonende Maßnahmen. Im Markt der SB-Waschsalons wirkt auch das Verhalten der Mitbewerber hemmend, die z. B. mit veralteter Technik kaum ressourcenschonend arbeiten, dafür jedoch günstige Preise bieten.

Die Marktnische der CSR-Marke Erlebniswaschsalon Trommelwirbel muss komplett neu erschlossen werden. Wir setzen darauf, dass unsere Kunden stärker auf die Argumente geringerer Energieverbrauch und Umweltschutz achten. Die aktuelle Klimaschutzdebatte, die steigenden Energiepreise und die Diskussion um die Verantwortung der Wirtschaft fördern zunehmend diese Entwicklung, brauchen aber Zeit.

5 WEISSheiten: Glaubwürdigkeit und Spannungsfelder der CSR-Marke Trommelwirbel

CSR im Trommelwirbel hat mehrere Wurzeln: Lebendige Werte, Aktivitäten zur gesellschaftlichen Verantwortung, eine gute Personalpolitik, Verantwortung für die Umwelt sowie die Förderung von Kultur. Innerhalb unseres Wirkungsbereiches übernehmen wir aktiv die ökologische, ökonomische und soziale Verantwortung dafür, eine nachhaltige Entwicklung in optimaler Art und Weise zu fördern. Dabei hat die Glaubwürdigkeit und Transparenz unseres Tuns einen sehr hohen Stellenwert. Der schönste Beweis ist, wenn neue Kunden kommen und meinen, es ist im Trommelwirbel ja alles noch viel besser als ihnen erzählt wurde und unsere Internetseite spiegelt ja wirklich den Laden wider.

Die Kunden spüren unsere Authentizität und die gelebte Verantwortung für Mensch, Umwelt und Ressourcen. Dies erhöht die Motivation und Leistungsbereitschaft der Mitarbeiter durch Identifikation mit der Unternehmensphilosophie. Die Kundenbindung wächst durch unsere soziale und ökologische Ausrichtung und durch das faire Agieren am Markt. Mit dem zunehmenden Vertrauen der Kunden steigt die Markenbindung. So werden Kunden zu Multiplikatoren und empfehlen uns immer häufiger weiter. Dies und die ausschließlich positiven Bewertungen in den Social Media zeigen, dass die CSR-Marke Trommelwirbel funktioniert.

Dass unsere CSR-Marke glaubwürdig ist, zeigt auch, dass der Trommelwirbel immer mehr als beliebter Nachbarschaftstreff und Informationsbörse genutzt wird. Man trifft sich wie bei einem Familientreffen, tauscht sich aus und hilft sich gegenseitig. Schwächere Mitglieder der großen Trommelwirbelfamilie werden unterstützt. Beispielsweise mit kostenlosen Zeitschriften oder einem SOSPESO, das ist ein sogenannter „aufgehobener Espresso". Wer solch einen „Aufgehobenen" bestellt, trinkt selbst einen Espresso, Cappuccino oder

Ähnliches, zahlt aber für zwei Tassen. Die zweite Tasse wird aufgehoben für eine Person, die sich den Kaffee gerade nicht leisten kann. In Form von bunten Holzkugeln heben wir die so bezahlten Kaffeespezialitäten in einer Schale an der Theke auf und können so ohne Hindernisse entnommen werden – ohne schlechtes Gewissen und ohne Scham. Das ist echte Nachbarschaftshilfe.

Seine Marke nach CSR-Richtlinien zu leben eröffnet auch viele Spannungsfelder in ökonomischer, ökologischer und sozialer Hinsicht.

Ökonomisch ist der Aufbau unserer komplexen Trommelwirbel-Marke eine ständige Herausforderung, in die wir viel Zeit, Energie und Herzblut investieren. Wir müssen echte Überzeugungsarbeit liefern, dass das Waschen im Trommelwirbel eine ökologisch sinnvolle und vergleichsweise kostengünstige Variante ist. Dies bringt uns als Existenzgründer immer wieder an unsere physischen und finanziellen Grenzen. Es ist aber gerade das Festhalten an unseren Überzeugungen, das die Glaubwürdigkeit der CSR-Marke stärkt und Vertrauen aufbaut. Dennoch bleibt es immer eine Herausforderung, ökologische Effizienzargumente möglichst gut auf den Punkt zu bringen.

Die sozialen Aspekte unseres CSR-Engagements wie Stadtteiltreffpunkt, Nachbarschaftshilfe, Unterstützung von Vereinen und soziale Einrichtungen können wir nicht in die Preisgestaltung miteinbeziehen. Als langfristiges Kundenbindungselement sind sie jedoch unentbehrlich.

Ökologische Spannungsfelder ergeben sich beispielsweise beim Einsatz von Waschmitteln, indem die Psychologie bei nicht wenigen Kunden eine kontraproduktive Rolle spielt. In den Köpfen der Verbraucher ist immer noch fest verankert, dass viel angeblich auch viel hilft: viel Waschmittel, viel Wasser, viel Zeit. Wir hingegen arbeiten z. B. mit kurzen, zeitsparenden Programmen und exakt dosierten Wasser- und Waschmittelmengen. Gegen den Unglauben des Kunden leisten wir viel positive Überzeugungsarbeit: optimale Waschergebnisse und Umweltverträglichkeit gehen Hand in Hand.

Generell sind die Spannungsfelder zwischen der eigenen Überzeugung und den Vorstellungen und Reaktionen des Marktes immer gegeben. Wichtig ist, dass wir uns als CSR-Engagierte in diesem Spannungsfeld bewegen können und in der Lage sind, Konflikte auszuhandeln bzw. auszuhalten. Hier gilt es eine Balance zwischen den Erwartungen von außen und den Anforderungen von innen zu finden. Ohne wirkliche innere Überzeugung und Begeisterungsfähigkeit für die eigene Sache wird es enorm schwierig sein, eine glaubwürdige CSR-Marke aufzubauen. Der Weg zu einer authentischen CSR-Marke erfordert einen langen Atem und viel Geduld, weil das Engagement des Unternehmens für gesellschaftliche Verantwortung und Umweltschutz fest in den Unternehmenswerten verankert sein und gelebt werden muss. Nur wenn es eine echte Kohärenz zwischen Worten und Taten gibt, gewinnt man langfristig das Vertrauen seiner Kunden und CSR wird zum Markentreiber. Für eine starke CSR-Marke Erlebniswaschsalon Trommelwirbel werden wir uns dieser vielfältigen Spannungsfelder bewusst bleiben und vor allem: nach unsren Überzeugungen handeln und „Vorbilder sein, für die Veränderung, die wir in der Welt sehen wollen."

Markenführung bei hessnatur – dem CR „Pure Player" für Mode und Lebensstil

Marc Sommer

Zusammenfassung

Der Pionier der nachhaltigen Mode – so kann man Hess Natur umschreiben. Seit 1976 steht die Marke für konsequent natürliche Kleidung, die weder Mensch noch Natur schadet und die unter Einhaltung strenger ökologischer und sozialer Standards gefertigt wird. Und damit befand sich die Marke schon immer im Haifischbecken – wie überleben als nachhaltige Marke in einer schnelllebigen Branche, die auf Masse und Trends ausgelegt ist und blind ist in Hinblick auf Arbeitsbedingungen und Ökologie? Und dies parallel mit dem Verkauf des Unternehmens.

Nach über 30 Jahren stehen die Marke und das Unternehmen vor großen Herausforderungen, seine Rolle als Pionier neu zu erfinden. Bio und Öko ist in der Mitte der Gesellschaft angekommen, die Einzigartigkeit in der Positionierung droht durch ein Umdenken bei Wettbewerbern verloren zu gehen. Wie aber bewirbt man ein Produkt bei Menschen, die grundsätzlich Werbung ablehnend gegenüber stehen? Wie aus der Nische wachsen und neue Kunden erreichen ohne die alten zu verlieren? Die Antwort in Schlagworten: Als Basis eine Kombination aus Fokusgruppen und Conjoint-Analyse, Kommunikation zu den relevanten Zielgruppen intensivieren und neu strukturieren, stärkere Orientierung an Lebensstilen und gemeinsames Wachstum mit den Kunden.

M. Sommer (✉)
Hess Natur-Textilien GmbH, Marie-Curie-Straße 7,
35510 Butzbach, Deutschland
E-Mail: marc.sommer@hess-natur.com

A.-K. Kirchhof, O. Nickel (Hrsg.), *CSR und Brand Management*, Management-Reihe Corporate Social Responsibility, DOI 10.1007/978-3-642-55188-8_14,

1 Das Unternehmen

hessnatur steht seit 1976 für konsequent natürliche Kleidung, die weder Mensch noch Natur schadet und die unter Einhaltung strenger ökologischer und sozialer Standards gefertigt wird. Über Jahrzehnte hinweg hat hessnatur die textile Wertschöpfungskette optimiert und als Pionier für nachhaltige Kleidungsproduktion auch den konventionellen Markt beeinflusst. Mit der Modernisierung von Stil, Kommunikation und Marketing trat hessnatur vor rund zehn Jahren aus der „Ökonische", um Bekanntheit und Kundenkreis zu erweitern. Firmensitz von hessnatur ist das mittelhessische Butzbach in der Nähe von Frankfurt. Rund 340 Mitarbeiter arbeiten in der Unternehmenszentrale, in den drei Läden in Butzbach, Hamburg und München und in der Kundenbetreuung im schweizerischen Langenthal. Im Geschäftsjahr 2011/2012 erzielte hessnatur einen Umsatz von rund 70 Mio. €.

2 Die Herausforderung

hessnatur steht heute als Marke und als Unternehmen vor der großen Herausforderung, seine Rolle als wegweisender Pionier neu zu erfinden. Vor dem Hintergrund einer irreversiblen und tiefgreifenden Öffnung vermehrter Gesellschaftsschichten, in Hinblick auf die Herkunft und den Weg von Produkten sowie auf die Wirkung des Konsums auf Umwelt und zukünftige Generationen, verlieren ursprünglich stark differenzierende Kompetenzen von hessnatur an Einzigartigkeit. So, wie sich die einst sehr radikalen Ideen der grünen Partei in die Programme der anderen großen Volksparteien verbreitet haben oder auch die Bio-Lebensmittel von den Reformhäusern ihren Weg in die großen Supermärkte gefunden haben. Gerade in einer Phase, in der die visionären Ideen eines Heinz Hess einen breiten Zuspruch zu erfahren beginnen und selbst die großen Modemarken den Kurs in Richtung ökologische und sozial faire Produktion einschlagen, droht der Verlust des Vorsprungs, den jahrelange Innovationskraft geschaffen hat. Dabei muss sich auf der einen Seite vieles ändern, damit es so bleibt, wie es war. Auf der anderen Seite muss sich das Unternehmen mit neuen Ideen selbst treu bleiben.

3   Vom Gründer zur Marke

3.1   Der Gründer ist die Marke

Heinz und Dorothea Hess haben mit naturbelassener Babybekleidung ein Produkt entwickelt, das es so am Markt nicht gab. In der zweiten Hälfte der 1970er Jahre suchte man vergeblich nach schadstofffreien und naturbelassenen Textilien. Die Geburt ihres ersten Sohnes war für sie der Auslöser, reine Naturtextilien zu entwickeln. Somit war es die primäre Aufgabe des Unternehmers, ein neues Produkt zu kommunizieren, und nicht eine Marke zu positionieren oder zu repositionieren.

3.2   Professionalisierung der Markenführung

Mit der Übernahme von hessnatur durch die Neckermann AG Ende 2000 hat sich nicht nur die Gesellschafterstruktur verändert, sondern auch das Markenmanagement. Die individuelle Kreativität des Unternehmers wurde schrittweise ersetzt durch eine Systematisierung der Markenarbeit. Peter Zernisch, Experte für bionische Markenführung und Begründer des Konzepts der Markenmythomotorik, hat mit dem Management die Grundlagen für die konzeptionelle Arbeit an der Marke hessnatur gelegt, die er in den darauffolgenden zehn Jahren in enger Begleitung der Geschäftsführung weiterentwickelt hat. Dabei wurde die Markenbildung, die unter Heinz Hess originär und intuitiv über mehr als zwei Jahrzehnte stattgefunden hatte, analytisch durchleuchtet. Der Markenkern wurde sorgfältig freigelegt, Markenmanagement und Wachstumsstrategie behutsam darauf aufgebaut. Zum einen wurde das Thema „Natur" als wesentlich identifiziert, zum anderen wurde der Bezug zum Mythos zu Noah und der Arche angedacht.

Die wichtigsten Neuerungen waren die Erweiterung der ökologischen Markenwurzeln um den Aspekt der sozialen Fairness und die Transformation eines Ökoversenders zum nachhaltigen Modelabel. Erlebbare Projekte wie die Erhaltung des Rhönschafs, die Förderung des Anbaus von Bio-Baumwolle in Westafrika und der Bau eines rundum ökologischen Flagship-Stores am Unternehmenssitz Butzbach waren erweiternde Maßnahmen zum traditionellen Katalogmarketing. Während dieser Zeit wurden die ökologischen und sozialen Standards von hessnatur konsequent weiterentwickelt. Der Beitritt zur Fair Wear Foundation 2005 als erste deutsches Mitglied war ein weiterer logischer Schritt des Marktführers hessnatur.

3.3 Vom Öko zum LOHAS

Der Weg aus der Nische war eingeschlagen. Der Meilenstein in der Markengestaltung war die im Jahr 2000 in den USA erstmals beschriebene Bewegung der LOHAS (Lifestyle of Health and Sustainability). So wie bereits im Lebensmitteleinzelhandel der smarte und selektive Käufertypus (sowohl ALDI als auch Feinkostladen) den „Verlust" der Mitte heraufbeschwor, vereint der LOHAS-geprägte Konsument die vermeintlichen Widersprüche Genuss, Ästhetik und Zeitgeist mit gesellschaftlicher Verantwortung unter einem Dach. Aus dem Reformhausjünger mit selbstgestricktem Ringelpulli wurde der kaufkräftige Yuppie mit Sehnsucht nach der Natur. Diese Entwicklung mündete bei hessnatur in das Engagement des hippen mallorquinischen Mode-Designers Miguel Adrover und den Schritt über den Atlantik im September 2008 zur New York Fashion Show, quasi als markenbildendes Über-Echo aus der neuen Welt. Konsequente Schritte, folgerichtig abgeleitet aus den vorliegenden Erkenntnissen. Doch die Kundenreaktion blieb trotz zahlreicher PR-Geschichten über Miguel Adrover und hessnatur verhalten. Der Konflikt zwischen der treuen Kernzielgruppe der Anfangszeiten und der nächsten Generation der Eco-Fashionisten trat ans Licht. Die Herausforderung der Markenführung hatte gerade erst begonnen.

4 Die Herausforderung der Zielgruppe

Von nun an hätte das Marketing so einfach werden können. Wurde es aber nicht. Nach einer gut durchdachten Zielgruppenanalyse war die attraktive Kundin zwar mittlerweile klar definiert (Abb. 1):

Gleichwohl verbarg sich hinter dieser korrekt und sauber ausgearbeiteten Zielkundin eine doppelte Herausforderung: ihre überaus kritische Intelligenz und die vermeintliche Homogenität.

4.1 Nur keine Werbung

Wie bewirbt man ein Produkt bei Menschen, die grundsätzlich der Werbung ablehnend gegenüber stehen? Wie stellt man einen deutlichen objektiven Vorsprung gegenüber der Mitstreitern dar, der aber recht komplex und teilweise sehr technisch bedingt ist? Eine spannende Aufgabe.

4.2 Der „harte Kern" und die anderen

Der Kern der hessnatur-Familie darf im übertragenen Sinne als eine echte „Glaubensgemeinschaft" interpretiert werden. Menschen mit klaren Überzeugungen und Prinzipien, mit gemeinsamen Werten, die sich in direkter Linie aus dem Gedankengut der Umwelt-

Profil der Kern-Kundin

* Weiblich, 42 Jahre, Verheiratet, 2 Kinder
  (4 und 7 Jahre)

* Hohes Bildungsniveau (Abitur, Hochschulabschluss)

* >3.000 € netto Haushaltseinkommen

* Urban aber ländlich, im eigenen Haus

* Berufstätig (Teilzeit)

* VW Touran ecofuel, würde aber gerne
  Mini Cooper fahren

* Urlaub an der See – entspannen –
  „Zeit für sich haben"

* Hört gerne Klassik, Jazz, Rock –
  Lieblingssängerin Nora Jones

* Macht Yoga und ist sehr gesundheitsbewusst

Abb. 1 Profil der Kernkundin

bewegung der späten 1970er Jahre gebildet haben, die „Grenzen des Wachstums" fest im Auge. Dabei waren die Kunden erkennbar nicht dogmatisch stehen geblieben, sondern sind aktiv mit der Zeit gegangen, so wie in analoger Weise die Partei der Grünen. Aus der Protesthaltung wurde der verantwortliche Gestaltungswille. Doch gibt es keinen fließenden Übergang zu der vermeintlichen LOHAS-Gruppe. Ein echter Klassik-Kenner wird auch nicht über Nacht zum Fan von Crossover und Nigel Kennedy.

War die schrittweise Erweiterung der Zielgruppe von den „dunkelgrünen" zu den „hellgrünen" also nur eine Marktforschungs-Chimäre? Lag die Antwort eher im entweder-oder als im sowohl-als auch?

5 Authentizität und Marketing – ein Widerspruch?

Die grundlegende Herausforderung der ökologisch und sozial verantwortlich entwickelten Mode liegt in der Komplexität des Kundennutzens. Dabei begründet sich die Komplexität zunächst in der sehr spezifischen textilen Kette. Bei Bio-Lebensmitteln ist der Unterschied zwischen einem gespritzten und einem ungespritzten Apfel schnell erklärt. Bei nachhaltigen Textilien liegt der Fall etwas anders: vermag der geübte Kommunikator noch den besonderen Gehalt von Bio-Baumwolle schlüssig und überschaubar darzulegen, beginnt er den potenziellen Kunden bald zu verlieren, wenn er dann die textile Kette weiter marschiert und entdeckt, dass sein Shirt aus zertifizierter Fairtrade- und Bio-Baumwolle made in Bangladesch ist. Was beim Apfel entweder bio oder konventionell ist, ist beim T-Shirt alles andere als einfach. Denn bio heißt nicht automatisch gleich fair hergestellt. Und wenn dann die Rede auf die acht Kernarbeitsnormen der Internationalen Arbeitsorganisation kommt, bewegt sich die Markenarbeit langsam in Richtung Nachhaltigkeitsbericht. Sollte diese Quadratur des Kreises gelingen, kommt als nächstes der nicht unberechtigte Verdacht auf, einen Anfängerfehler im klassischen Marketing zu begehen. Damit ist gemeint die berühmte Hersteller-Perspektive anstelle der geforderten Kundenperspektive. Und nun wird es langsam spannend. Die nicht triviale Frage lautet nämlich: Was verursacht das gute Gefühl der Kundin beim Kauf eines hessnatur-Produkts?

a. das Bewusstsein, ökologisch und sozial korrekt gehandelt zu haben?
b. die Gewissheit, keine Schadstoffe auf der Haut zu tragen?
c. die besonders angenehme Qualität und das haptische Erleben der exquisiten Naturstoffe?
d. die modische Attraktivität?

Je nachdem, wo man den Schwerpunkt setzt, verändert sich die Kommunikationslinie deutlich.

5.1 Rationale versus emotionale Ansprache

Die eindeutige Beantwortung dieser entscheidenden Frage führt unweigerlich zu der notwendigen Entscheidung zwischen rationaler und emotionaler Kundenansprache. Der Weg der rationalen Ansprache ist umso verführerischer, als die Marke hessnatur objektiv den Wettbewerbern in der Konsequenz und Nachprüfbarkeit seines ganzheitlichen Ansatzes deutlich überlegen ist. Der Stil des Hauses war und ist es aber nicht, das eigene Profil durch den oberlehrerhaften Fingerzeig auf die Mitbewerber zu schärfen. Noch gravierender ist aber die Fragestellung, ob es richtig sein kann, einen Kundenkreis mit zu 90 % Frauen auf dem rationalen Weg gewinnen zu wollen.

Der berechtigte Einwand, dass nichts schwarz oder weiß ist, mag gelten. Daher muss die Fragestellung etwas differenzierter erfolgen. Vereinfacht gefragt: Ist hessnatur der modischste unter den Öko-Textilherstellern oder die nachhaltigste Modemarke?

Now we are talking! So locker diese Diskussion erscheinen mag – von der ernsthaften Beantwortung dieser Frage hängt die Wahl sehr unterschiedlicher Markenstrategien ab.

5.2 Die richtige Orchestrierung

Wie gewinne ich eine Kundin, die nicht durch Werbung beeinflusst werden will? Wie setze ich den richtigen Marktauftritt und die richtige Marktoffensive in Bewegung, um nachhaltiges Wachstum zu erzielen? Unsere erste wichtige Erkenntnis war ja, dass der Weg der klassischen Werbung und der traditionellem Markenkommunikation in diesem Falle nicht erfolgversprechend ist. Eine weitere Erkenntnis betrifft die Vorgehensweise. Je anspruchsvoller die Kommunikationswege, desto klarer muss der Inhalt sein!

6 Erst die Relevanz, dann die Reichweite

Jedes Unternehmen möchte und muss wachsen. Wachstum bedeutet insbesondere, kontinuierlich neue Kunden von der Wertschöpfung des Unternehmens und der Marke zu überzeugen. Dies erfordert Reichweite. Ich kann mich nur für eine Marke oder ein Produkt begeistern, wenn ich es wahrnehme und mich dafür entscheide, es zu erleben. Vor die Reichweite hat der kluge Markenstratege aber die Relevanz gelegt. Wenn mich etwas nicht interessiert, kann es mir jemand noch so laut zuschreien, meine Ablehnung wird bleiben. Die Botschaft muss Relevanz für mich haben, mich berühren. Und dies ist nichts anderes als die Differenzierung, das Besondere, das Reizvolle einer Marke. Vom Kenner zum Käufer und Wiederkäufer – Erotik statt Pornographie. Dies erfordert ein tieferes Verständnis der Menschen, die ich erreichen möchte. Um eine solide Basisarbeit der Marktforschung kommt auch der kreativste Nachhaltigkeitsunternehmer nicht herum. Deshalb haben wir bei hessnatur in 2012 und 2013 noch einmal Grundlagenarbeit durchgeführt, um ein gesichertes Verständnis unserer Kunden zu gewinnen.

6.1 Marktforschung und danach

Die Möglichkeiten sind vielfältig. Bei hessnatur haben wir die Kombination aus Fokusgruppen und Conjoint-Analyse gewählt. Die Fokusgruppen von jeweils 10 bis 12 Teilnehmern haben wir in vier Segmente unterteilt:

* langjährige gute Kunden
* Neukunden
* ehemalige Kunden, die nicht mehr aktiv sind
* Nichtkunden

Die qualitativen Ergebnisse dieser Diskussionen wurden dann die Basis einer sehr umfangreichen quantitativen Conjoint-Analyse. Aufgrund der hohen Teilnehmerzahl von über 20.000 konnten äußerst valide und in sich stimmige Erkenntnisse gewonnen werden. Eine wichtige Frage war zum Beispiel die Bedeutung von ökologischen und sozialen Aspekten in der Produktentwicklung – was ist wichtiger? Das Ergebnis war sehr eindeutig: Beide Aspekte sind nicht mehr voneinander zu dissoziieren und wurden von allen Teilgruppen als gleichwertig bewertet (Abb. 2).

Die spannendste und entscheidende Frage für uns war aber die Bedeutung unserer ökologischen und sozialen Aspekte bei Naturtextilien. Vereinfacht ausgedrückt: Sind alle

Nichtkunden

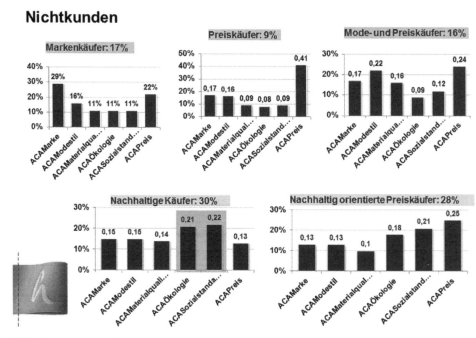

Abb. 2 Conjoint-Analyse 1

Menschen, die einen hohen Anspruch an Nachhaltigkeit in der Mode haben, bereits hess-natur-Kunden? Oder aber gibt es ein mehr oder weniger großes Potenzial an Menschen, die wir für unsere besonderen Produkte begeistern können?

Das Ergebnis war überwältigend und hat unsere Erwartungen weit übertroffen: etwa 30 % der Textilkäufer im relevanten Bereich (Frauen, ohne Discounttextilien) teilen die gleichen Werte im Hinblick auf Nachhaltigkeit wie unsere Stammkunden (Abb. 3):

Mit anderen Worten: Es gibt eine substantielle potenzielle Nachfrage, für die aber noch das Angebot fehlt. Die subjektive Wahrnehmung des fehlenden Angebots mag zum einen an den Vertriebswegen liegen – nachhaltige Mode hat noch keinen Platz im textilen Einzelhandel gefunden, im Gegensatz zu dem Bio-Lebensmittelbereich. Zum anderen liegt die Ursache aber auch in dem noch nicht als ausreichend empfundenen Stil und Design der Ökomode. Die Anbieter haben den Wandel der zweiten Generation noch nicht mit vollzogen.

Die überraschende Erkenntnis war also die Größe der affinen Zielgruppe. Mit 30 % der relevanten Konsumenten (Frauen mit Kauf im mittleren bis gehobenen Preissegment bei Mode) war die bereits geahnte Einschätzung, dass sich der Markt der Ökotextilien bzw. Eco-Fashion aus der Nische in Richtung Mainstream bewegt, eine weitgehend gesicherte Erkenntnis geworden. Die gute Nachricht: Die (potenzielle) Nachfrage ist um ein Vielfaches größer als das Angebot. Die schlechte Nachricht: Die Menschen, um die es geht, signalisieren eine deutliche Ablehnung von Werbung und Marketing. Greenwashing wird relativ schnell dekodiert, zu direkte Maßnahmen werden als Eingriff in die persönliche

Conjoint – Analyse – „Kauftreiber"

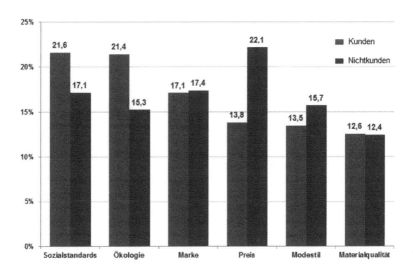

* Bei Kunden Sozialstandards und Ökologie am wichtigsten
* Bei Nichtkunden ragt der Preis heraus

Abb. 3 Conjoint-Analyse 2

Privatsphäre empfunden. Die „neuen" Grünen zeichnen sich durch einen bewussten Lebensstil aus, mit aktiver, aus dem freien Willen empfundener, Haltung zum Konsum und einer grundtiefen Ablehnung von äußerer Beeinflussung und versuchter Manipulation.

6.2 Der Marktauftritt muss sitzen

Das Schlüsselwort für die Kommunikation ist die Authentizität. Nicht ohne Grund wurde in 2013 bei der Überprüfung und teilweise Neufassung der Grundwerte des Unternehmens hessnatur neben die beiden historischen Kernkompetenzen ökologisch und sozial die Eigenschaft authentisch als dritte Säule etabliert. Die vierte knüpft übrigens an die Pionierrolle der Heinz Hess Ära-an: wegweisend.

Nun ist kaum ein Begriff so einfach und komplex wie die Authentizität. Synonym von echt und natürlich führt er eigentlich bei konsequenter Anwendung zur Negierung jeglicher Marketingarbeit. Aber die naheliegende Schlussfolgerung: Menschen statt Models im Katalog, junge und alte, wie schöne und weniger schöne, lassen das Herz der Kundinnen nicht höher schlagen. Dies konnten einige andere recht bekannte Marketingkampagnen in dieser Richtung bereits erleben. Authentisch, ja. Aber bitte auch die Phantasie anregen, Attraktivität und Begehrlichkeit zeigen. Aber glaubwürdig, vor allem glaubwürdig. Auch

hier zeigt sich die immer wiederkehrende Erkenntnis, dass nichts schwieriger ist als einfach zu sein.

7 Neue Formen der Kommunikation- die Kunden übernehmen die Führung

7.1 Wenn Kunden zu Insidern werden

Nichts ist für den Direktmarketing-Spezialisten verlockender, als die Kunden mit einem
besonders attraktiven Rabatt, einer kostenlosen Zugabe, der portofreien Lieferung und
Gutscheinen zu ködern. Die Botschaft lautet: „Hier ist Dein Geschenk – also kauf!". Aus
der eigenen Marktforschung wissen wir, dass mehr als 80 % der Kunden – wenn sie mit
anderen über die Marke hessnatur sprechen – allerdings nicht das aktuelle Schnäppchen
diskutieren oder sich über die Gründergeschichte auslassen, sondern als erstes über das
sprechen, was den Geschäftserfolg maßgeblich bestimmt: das Produkt. Warum also diese
80 % nicht nutzen, um den vielen Gesprächen über die hessnatur-Produktqualität – gewiss
funktional als auch emotional – einen attraktiven und zeitgemäßen Rahmen zu geben? Mit
einzelnen Produkttester-Treffen in den Läden, Kundentreffen und einer Kundenreise nach
Peru entwickelte hessnatur seit 2008 Konzepte, um langfristig mit Word-of-Mouth-Akti-
onen und Social Marketing-Kampagnen vom Push- zum Pull-Marketing zu gelangen und
Neukunden durch gezielte Weiterempfehlung von Produkten, Dienstleistungen und Mar-
kenerlebnissen zu generieren. Diese Maßnahmen wurden im Sommer 2012 auf der ersten
grünen Produkttester-Plattform www.hessnatur-Insider.com zentral gebündelt. Wer sich
als Insider registriert und Meinungsführer zu Mode und nachhaltigem Lebensstil in seinem Umfeld ist, testet hessnatur-Produkte, nimmt an ausgewählten Kundenevents teil und
generiert somit Gespräche und Online-Content über die Marke und ihre Produkte. Und
das Wichtigste: Er erlebt sie, rückt näher an sie, auch im Dialog mit ihren Mitarbeitern.
Das schafft Bindung, Vertrauen – und neue Fans. Übrigens: Die Insider-Plattform steht
auch Kooperationspartnern von hessnatur zur Verfügung.

7.2 Inputgeber für das Management

Die hessnatur-Kunden, das ist bis hierhin sicherlich klar geworden, haben seit jeher eine
enge Verbindung zum Unternehmen und spielen eine wichtige Rolle. Um sie – nicht auf
Marketing- und Produktebene, sondern auf unternehmenspolitischer Ebene – an der weiteren Entwicklung und zukünftigen Ausrichtung teilhaben zu lassen, um von ihnen zu
lernen und Feedback zu aktuellen Themen und Strategien zu bekommen, wurde 2013 der
hessnatur-Kundenrat installiert. Der Kundenrat ist ein Ehrenamt – auch wenn Fahrtkos-
ten für Treffen in Butzbach oder Reisekosten zu Projekten übernommen werden, gibt es
kein „Beraterhonorar", ja noch nicht mal Rabatte oder Gutscheine über die gängigen Ver-

triebsmaßnahmen hinaus. Denn als Vertrauenspersonen der Geschäftsführung, die alle sechs Monate mit 12 gewählten Delegierten der insgesamt 200 hessnatur-Kundenräte tagt, sollen sie neutral und unparteiisch auch gegenüber den hesnatur-Kunden sein, denen sie über ihre Arbeit auf einer eigenen Plattform berichten. Neben dem intensiven Dialog zwischen Kundenräten und Unternehmen und dem Faktor des voneinander Lernens geht es auch darum, Transparenz und Glaubwürdigkeit im Tun und in der Kommunikation darüber zu fördern – ganz im Sinne der angesprochenen Gemeinschaft, die Kunden zu Fans und Teilhabern an der Unternehmensentwicklung werden lässt.

7.3   Multiplikatoren in der realen und digitalen Welt

Das „Social Marketing" ist im Internet wieder geboren worden. In der „alten Welt" waren es Multiplikatoren und Vertriebsformen wie Sammelbesteller oder Tupperware-Parties. Diesen kommt immer dann eine besondere Rolle zu, wenn das Produkt erklärungsbedürftig ist. Wie zum Beispiel der klassische Thermo-Mix oder der Staubsauger aus dem Hause Vorwerk. Ökologische und fair produzierte Naturtextilien sind wie Thermo-Mixer. Ihre Besonderheit muss erklärt werden. Denn die wahre Größe dieser Produkte sieht man nicht. Der gravierende Unterschied liegt im Weg, den eine Baumwoll-Seide Bluse zurückgelegt hat und darin, was auf diesem Weg passiert oder eben nicht passiert ist. Die Umwelt wurde dabei nicht belastet. Die Baumwolle wurde nicht mit Pestiziden behandelt, deren Wirkung zum Tode von jährliche zehntausenden Menschen führt. In der Konfektion wurden keine Menschen in menschenunwürdigen Umgebungen ausgebeutet. Wenn ein Unternehmen dies kommuniziert, so richtig und glaubwürdig es auch sein mag wie bei hessnatur, so bleibt doch immer der Beigeschmack des gehobenen Zeigefingers, der gefühlte Appell an das gute Gewissen. Wenn dies aber von Dritten überzeugend weitergetragen wird – wie im Falle der hessnatur-Botschafter in Peru, die vom Alpaka in den Anden bis zur Strickerei die textile Kette eines Pullovers entdeckt und darüber berichtet haben, dann entsteht Authentizität, werden Neugierde und Begehrlichkeit geweckt.

8   Wie „dehnbar" ist die Marke?

Die entscheidende Frage für eine marken-kohärente Wachstumsstrategie ist die Dehnbarkeit der Marke. Bei jeder Marke, die sich aus einer klar definierten Nische in Richtung Mehrheitsfähigkeit entwickeln möchte, besteht das Risiko der Verwässerung. Es ist wie der Zusammenhalt einer kleinen, eingeschworenen Gruppe, deren Anzahl von Mitgliedern sich nach und nach vergrößert. Eine Marke bildet sich aus Opposition und klarer Abgrenzung. Damit ermöglicht sie ihren Fans – insbesondere denen „der ersten Stunde" – eine ausreichend starke Identifikationsplattform. Das Erfolgsgeheimnis liegt in der Stärke des intersubjektiven Zusammenhalts und Zugehörigkeitsgefühls, das eine Marke vermittelt. Diese Stärke entsteht im Bereich der nachhaltigen Unternehmenswelt sowohl durch eine

authentische Realität des Produktes und des Anbieters, als auch durch eine klare, mitrei-
ßende Kommunikation.

8.1 Weder „Öko-Märtyrer" noch LOHAS-Greenwashing

Die Spannkraft von hessnatur bewegt sich zwischen zwei Eckpunkten im Positionierungs-
Koordinatensystem: Auf der einen Seite der harte Kern einer sehr puristischen und asketi-
schen Öko-Community, die sich durch bewussten Verzicht auf Komfort und Äußerlichkei-
ten auszeichnet. Diese fast schon gefühlt als „dunkelgrüne Öko-Fundis" zu charakterisie-
rende Community hat einen maximalen Identifikationsgrad, eine durch radikale Opposition und Abgrenzung definierte Haltung, steht gleichwohl jeder stärkeren Ausdehnung der
Marke und Ausweitung der Zielgruppe äußerst kritisch gegenüber. Diese Community ist
trotzdem, oder besser gesagt gerade deswegen, die „Nagelprobe" für die Glaubwürdigkeit
eines Unternehmens und seines Angebotes. Auf der gegenüberliegenden Seite bilden die
sogenannten LOHAS („Lifestyle of Health and Sustainibility") eine immens große potenzielle Zielgruppe, deren Affinität zu nachhaltigen Produkten auf den ersten Blick ähnlich
hoch zu sein scheint, deren Priorität de facto aber mehr auf Design, Ästhetik und Genuss
liegt. In diesem Spannungsfeld muss sich hessnatur, wie jede andere Marke positionieren,
die in diesem hoch komplexen Umfeld eine Erweiterung seines Kundenkreises zum Ziel
hat. Und diese Positionierung bedeutet eine klare Antwort auf die Frage: Was ist das ausreichend starke verbindende Element für all unsere Kunden?

8.2 Lebensstil als innerer Zusammenhalt

hessnatur hat für sich diese Frage beantwortet: Es ist eine gemeinsame Haltung, die die
bestehenden und zukünftigen Kunden verbindet. Wenn man es sehr vereinfachen würde, dann würde sich am ehesten die „verantwortungsvolle Lebensfreude" als Kern heraus-
schälen. Hinter diesem Begriff liegt die als einheitlich gefühlte Synthese einer positiven,
bejahenden Einstellung zu Mensch und Natur, aber auch zur modernen Gesellschaft und
Ästhetik mit einem Verantwortungsbewusstsein für die Umwelt, soziale Gerechtigkeit und
die nachfolgenden Generationen. Damit einher geht ein bewusster Lebensstil mit einer
kritischen Sicht auf das eigene Konsumverhalten. Ebenso stark ausgeprägt sind auch die
Liebe zur Qualität und die Freude am Genuss. Es ist somit kein rückwärtsgerichtetes „zurück zur Natur", sondern ein Bedürfnis der aktiven Mitgestaltung zukünftiger Entwicklungen, und sei es nur auf der Ebene des eigenen persönlichen Umfeldes. Um dieser Haltung
auf Unternehmensseite ein klares Gesicht zu geben, hat sich hessnatur der oben bereits an-
geführten Maxime der Nachhaltigkeit (ökologisch, sozial), verbunden mit einer vorwärts
gerichteten Glaubwürdigkeit (wegweisend, authentisch) verpflichtet.

9 Wo endet die Markenführung und wo beginnt die werteorientierte Unternehmensführung?

Wenn wir diese verschiedenen dargelegten Aspekte zusammenfassen, drängt sich natürlich die Frage auf, inwieweit sich Markenführung im Umfeld von Corporate Responsibility auf eine Marketingaufgabe beschränkt, oder diesen Rahmen deutlich sprengt.

9.1 Was bleibt vom Marketing?

„Kultur ist das, was übrig bleibt, wenn man vergessen hat, was man gelernt hat!" – dieser Spruch, der dem englischen Staatsmann Marquis of Halifax zugeordnet wird, lässt sich recht gut auf unser Thema übertragen. Eine starke Marke im Bereich ernsthaftiger Nachhaltigkeit ist das, was übrigbleibt, wenn sich das Marketing entzaubert hat. Die Intelligenz der Menschen, die in diesem Umfeld die empfänglichste Kundengruppe bilden, kann dank ihrer Sach- und Medienkompetenz alle Marketing-Mechanismen blitzschnell dekodieren – und entsprechen bewerten. Die sozialen Netzwerke tun das ihre, um diese gewonnenen Erkenntnisse zügig und wirkungsvoll zu verbreiten.

Heißt das, dass man am besten auf Marketing verzichtet, wenn man sich in diesem Umfeld bewusster Nachhaltigkeit unternehmerisch erfolgreich bewähren will? Ein genialer Pionier-Gründer mag sich dies leisten können, für alle anderen gewöhnlichen Sterblichen erscheint dies doch äußerst zweifelhaft. Die Instrumente des Marketing zwingen zu einer intensiven, strukturierten Auseinandersetzung mit den Menschen, die man als Kunden erreichen möchte. Sie schärfen das Denken und erfordern klare Entscheidungen und eine verständliche Kommunikation. Sie können aber immer nur einen Teil der gesuchten Lösung bereitstellen, der verbleibende Teil erfordert Kreativität und Gestaltungskraft – und einen gesunden Menschenverstand. Wenn es dann noch gelingt, komplexe Sachverhalte einfach zu machen, dann sind die Chancen groß, erhört zu werden.

9.2 Marktführer im kleinen Teich oder kleiner Fisch im Haifischbecken?

Für das Unternehmen und die Marke hessnatur war die Position über lange Jahre recht eindeutig: klarer Marktführer mit etwa 35 % in dem Segment der Naturtextilien. Im Grunde genommen ein komfortable Situation. Der deutliche Abstand zum nächsten Mitbewerber und die hohe, über Jahrzehnte aufgebaute Kompetenz vermittelten Sicherheit und Bestätigung für die unternehmerische Ausrichtung. Doch um das Bild des Hecht im Karpfenteiches ein wenig zu strapazieren, waren der kleine Teich und der Ozean auf einmal miteinander verbunden. Und nun stellte sich die Frage: Im kleinen bekannten Teich bleiben oder aber rausschwimmen auf den großen, unbekannten Ozean? Große Chancen deuteten sich an, aber auch erhebliche Risiken. Da aber abzusehen war, dass – wenn kleine Teichfische nach draußen schwimmen können – auch große Ozeanfische in den Teich

kommen werden, war die Entscheidung geradezu „alternativlos". Deswegen hat sich hessnatur für zweiteres entschieden.

Doch wie?

9.3   Wachstum als Aufgabe für die Phantasie

Der klassische Fehler bei der Entwicklung einer nachhaltigen Wachstumsstrategie für
eine Marke liegt in dem Glauben, dass die Zukunft eine lineare Verlängerung der Vergangenheit ist oder, wie Götz Werner sagt, auf Empirie statt auf Evidenz zu setzten. Die
Veränderungsgeschwindigkeit in der aktuellen globalen Welt und in der Gesellschaft lassen ein solche geradlinige Betrachtung kaum mehr zu. Wachstum gestalten bedeutet also
den konsequenten Mut zum Wandel, eine hohe Reaktionsfähigkeit – denn kein Mensch
kann wirklich hellsehen – und ein gutes Gespür für die Menschen, die man erreichen will.
Wachstum per se kann kein Ziel sein. Vielmehr ist es die Konsequenz einer permanenten
Verwandlung, einer Metamorphose. Und wenn diese Metamorphose im Einklang mit dem
Kunden stattfindet, um noch einmal den Beiratsvorsitzenden von hessnatur zu zitieren,
entsteht Wachstum.

9.4   Wer wird mein Wettbewerber?

Im Zusammenhang mit dieser dynamischen Entwicklung der Umwelt muss eine nachhaltige Markenarbeit zuallererst den Kunden im Auge haben. Sie erfordert auch ein gutes
Verständnis der potenziellen Mitbewerber. Neugierde, Offenheit und Lernfähigkeit sind
dabei ebenso wichtig wie strategisches Marketingdenken.

Zusammenfassend möchte ich gerne das Bild des „Dreiklangs" aus der Musik bemühen:
Unsere Erfahrung bei hessnatur lässt die Erfolgsformel in dem gut abgestimmten Zusammenspiel dreier Noten erkennen. Zum einen bietet eine solide und fundierte Arbeit in der
Marktforschung einen geschärften Blick auf die Bedürfnisse der Kunden. Ergänzend dazu
hilft ein zuhörender, gesunder Menschenverstand, um das Gespür für die Verwandlung
der Kunden zu verfeinern. Beides bedarf aber noch einer phantasievollen Gestaltungskraft, um die Zukunft neu zu denken. Es sollte kein Schlussakkord sein, sondern fließend
in neue Modulationen überführen. Und natürlich vorzugsweise in Dur.

Printed in Great Britain
by Amazon